穿行 诗与思的边界

为动物的正义

我们的集体责任

JUSTICE FOR ANIMALS
Our Collective Responsibility

[美] 玛莎·C. 努斯鲍姆 著

王珀 译

中信出版集团 | 北京

图书在版编目（CIP）数据

为动物的正义：我们的集体责任 /（美）玛莎·C.
努斯鲍姆著；王珀译. -- 北京：中信出版社，2024.4
ISBN 978-7-5217-6435-2

Ⅰ.①为… Ⅱ.①玛… ②王… Ⅲ.①动物－伦理学
Ⅳ.① B82-069

中国国家版本馆 CIP 数据核字 (2024) 第 054540 号

JUSTICE FOR ANIMALS: Our Collective Responsibility
Original English Language edition Copyright © 2022 by Martha Nussbaum
All Rights Reserved.
Published by arrangement with the original publisher, Simon & Schuster, Inc.
Simplified Chinese Translation copyright © 2024 By CITIC PRESS CORPORATION
本书仅限中国大陆地区发行销售

为动物的正义：我们的集体责任

著者：　　　[美] 玛莎·C. 努斯鲍姆
译者：　　　王珀
出版发行：中信出版集团股份有限公司
　　　　　（北京市朝阳区东三环北路 27 号嘉铭中心　邮编　100020）
承印者：　　北京通州皇家印刷厂

开本：880mm×1230mm 1/32　　印张：15.5　　字数：308 千字
版次：2024 年 4 月第 1 版　　印次：2024 年 4 月第 1 次印刷
京权图字：01-2024-1163　　　书号：ISBN 978-7-5217-6435-2
定价：98.00 元

版权所有·侵权必究
如有印刷、装订问题，本公司负责调换。
服务热线：400-600-8099
投稿邮箱：author@citicpub.com

为纪念蕾切尔

也为所有鲸鱼

致中国读者

我很激动地向读者们介绍我的新书的中译本。我知道这是一个非常细致和出色的译本,因为译者向我提出了一些高质量的问题。(有一次,他发现了一个我和几位英文编辑都没发现的错误!)我欢迎中国的读者阅读这本书,希望你们会发现这本书具有启发性和吸引力。

我的理论适用于所有国家,尽管我主要以美国为例。动物面临的问题在所有国家都非常相似,我的理论确立了一个适用于一切有感受的生物的实践目标,我称之为一部"虚拟宪章"。我相信它可以而且应当应用于所有地方。此外,我还指出,许多动物是跨越国界的,需要通过国际合作来保护它们的未来。

因此,我邀请读者带着惊奇、同情和偶尔的愤慨,真切地想象我所描述的那些动物的生活,并根据对自己的环境及其问题的了解,考察我的理论以及建议。我会很乐意听到读者的反馈。

玛莎·努斯鲍姆
2023 年 8 月 27 日

目 录

001　导言

023　第1章
　　　残忍与忽视：动物生活中的不正义

047　第2章
　　　自然阶梯观与"如此像我们"进路

075　第3章
　　　功利主义者：快乐与痛苦

097　第4章
　　　克里斯汀·科斯嘉德的康德式进路

127　第5章
　　　能力论：生活形式以及尊重那些如此生活的生物

175　第6章
　　　感受与努力：一个初步可用的边界

221　第7章
　　　死亡的伤害

247	第 8 章
	悲剧性冲突及其超越
273	第 9 章
	与我们一起生活的动物
311	第 10 章
	野生动物与人类责任
353	第 11 章
	友谊的能力
383	第 12 章
	法律的作用
425	结　语
435	致　谢
439	注　释
467	参考文献
485	玛莎·努斯鲍姆主要作品

导　言

全世界的动物都处于困境中。[1]人类支配着我们这个世界的每个地方,从陆地、海洋到天空。任何非人动物都无法逃脱人类的支配。很多时候,这种支配都对动物造成不正当的伤害,无论通过工厂化肉食工业的野蛮虐待,通过偷猎和娱乐性狩猎,通过破坏栖息地,通过污染空气和海洋,还是通过对人们声称喜爱的伴侣动物的忽视。

从某种意义上说,这个问题有着悠久历史。大约 2 000 年来,西方和非西方的哲学传统都在谴责人类虐待动物的行为。皈依佛教的印度皇帝阿育王(约公元前 304—前 232)写道,他努力放弃肉食,并努力放弃所有伤害动物的行为。在希腊,柏拉图主义哲学家普鲁塔克(46—119)和波菲利(约 234—305)通过细致的论述谴责人类对动物的虐待,描述了它们的敏锐智力和社会生活能力,并呼吁人类改变自己的饮食和生活方式。但总的来说,这些声音被置若罔闻,即使在哲学家所谓的道德领域也是如此,大多数人类继续把大多数动物当作物品，不重视它们的痛苦，尽管他们有时会将伴侣动物视为例外。与此同时，无数动物遭受虐待、剥夺与忽视。

因此，今天我们有一笔拖欠已久的道德债务：应当去聆听我们一直拒绝听取的论点，关心我们一直漠然无视的事情，并根据那些很容易获得的关于我们恶行的知识去采取行动。但在今天，我们有之前人类从未有过的理由，来为人类对动物犯下的错误做一些事情。第一个理由是，在过去的两个世纪里，人类的支配力量呈指数级增长。在波菲利的世界里，动物在被杀死变成肉食时会遭受痛苦，但在此前，它们过着合宜的生活（decent lives）。当时没有工厂化肉食工业，而在今天，肉食工业把动物当作已死的肉来饲养，将其囚禁在可怕的狭窄而封闭的环境中，它们还没过上合宜的生活就被杀死。野外的动物长期以来一直在遭受猎杀，但在过去，它们的栖息地大多还没有被人类占据，也没有被偷猎者入侵，这些偷猎者试图通过谋杀大象或犀牛等智能生物来赚钱。在海洋中，人类一直在为获取食物而捕鱼，鲸鱼长期以来一直因其商业价值而被猎杀。但在过去，海洋还没有充满塑料垃圾，这些垃圾会诱使动物误食，并使其窒息而死。过去也没有钻探海底石油的公司，它们到处制造噪声污染（如钻探、用气爆来绘制海底地形图），使那些以听觉为主要交流方式的社会性动物越来越难以生活。人们曾为获取食物而射杀鸟类，但那时逃脱射杀的鸟并不会因空气污染而窒息，也不会因被灯光吸引而撞向城市里的摩天大厦。简言之，过去人类虐待和忽视动物的方式较少。今天，虐待动物的新形式层出不穷，它们甚至不被视为虐待行为，因为它们对智能生物的生活产生的影响几乎没有被考虑到。因此，我们不仅负有长期拖欠的债务，还负有新的道德债务，这种债务已经增长了上千倍，并且在不断增长。

人类虐待行为的范围已经扩大，因此几乎所有人都参与其中。即使那些不食用工厂化养殖业生产的肉类的人，也可能使用一次性塑料制品，使用在海底开采的、污染空气的化石燃料，他们可能居住在大象和熊曾经游荡的地方，或生活在导致候鸟死亡的高层建筑中。我们自己在方方面面都参与了对动物的伤害，这应当促使每一个有良知的人去思考，我们都能做些什么来改变这种状况。只确认罪责是不够的，更重要的是我们应当接受这样一个事实：人类作为一个整体，负有集体责任去面对和解决这些问题。

至此，我没有谈到动物物种的灭绝，因为本书关注的是个体生物所遭受的损害与剥夺。每一个体都是重要的。物种并不会因受损害而感到痛苦。然而，物种灭绝总是伴随着个体生物的巨大痛苦：一只北极熊在一块浮冰上挨饿，无法渡海捕猎；一头大象孤儿在悲伤，因为物种规模迅速缩减，它失去了家人的照顾和自己的社群；各种鸣禽在大规模灭绝，它们死于不适宜呼吸的空气，这是一种很可怕的死法。当人类的活动将物种推向灭绝时，作为物种成员的动物总是遭受巨大的痛苦，过着被压制和挫败的生活。此外，物种本身对于营造多样化的生态系统是很重要的，动物在其中能够好好地生活（详见第 5 章）。

就算没有人类的干预，物种也会灭绝。即使在这种情况下，基于生物多样性的重要性，我们可能也有理由通过干预来阻止物种灭绝。但科学家一致认为，今天的灭绝率比自然灭绝率高 1 000~10 000 倍。[2]（我们面临极大的不确定性，因为我们对于实际存在多少物种非常无知，特别是对于鱼类和昆虫。）在世界范围内，大约 1/4 的哺乳动物和超过 40% 的两栖动物目前正面临灭绝的威胁。[3] 其中包括几种熊、亚洲象（濒危）、非洲象（受威胁）、虎、6 种鲸鱼、灰狼，以及许多其他物种。根据美国《濒危物种法》（Endangered Species Act）的标准，总共有 370 种以上的动物物种处于濒危或受威胁状态，这还不包括鸟类，鸟类另有一份类似长度的名单。由于奢侈品的贸易利润丰厚，亚洲的鸣禽在野外几乎灭绝了[4]，而许多其他种类的鸟类最近也已经灭绝。[5] 同时，被称为 CITES[1] 的国际条约本应保护鸟类（和其他许多生物），但它没有效力，没有得到执行。[6] 然而，本书并不是要讲述大规模物种灭绝的故事，而是要在人类漠视生物多样性的背景下考察单个生物遭受的痛苦。

基于另外一个理由，我们现在也必须结束过去的道德逃避。我们今天对动物生活的了解甚至比 50 年前都要多得多。

1　CITES 是 Convention on International Trade in Endangered Species of Wild Fauna and Flora 的缩写，即《濒危野生动植物种国际贸易公约》。（本书脚注均为译者注）

过去，人们不知廉耻地提出那些油嘴滑舌的借口，对此我们知道得太多了。波菲利和普鲁塔克（以及在他们之前的亚里士多德）非常了解动物的智力和敏感性。但人类总能找到某种方法忘记过去的科学已经清楚揭示的东西，许多世纪以来，大多数人（包括大多数哲学家）都认为动物是"粗野的畜牲"，是对世界没有主观意识的自动机器，认为它们没有情感，没有社会，甚至可能感受不到疼痛。

然而近几十年来，涵盖动物世界所有领域的高水平研究都出现了爆炸式增长。我写这本书的最大乐趣之一，就是沉浸在这种研究中。我们现在不仅对长期以来被密切研究的动物（如灵长类动物和伴侣动物）有了更多了解，而且也对难以研究的动物（如海洋哺乳动物尤其是鲸鱼、鱼类、鸟类、爬行动物和头足类动物等）有了更多了解。

我们知道些什么？我们不仅通过观察，而且通过精心设计的实验工作，知道了所有脊椎动物和许多无脊椎动物都能主观地感觉到疼痛；更普遍地说，它们都拥有一种对世界的主观感受视角：世界在它们看来呈现为某种样子。我们知道，所有这些动物都能体验到至少某些情绪（最普遍的是恐惧），许多动物还能体验到像同情和悲伤这样的情绪，这些情绪涉及对某个情景的更复杂的看法。我们知道，像海豚和乌鸦等各种不同的动物都能够解决复杂的问题，并学着使用工具来解决问题。我们知道，动物有复杂的社会组织形式和社交行为。最近，我们了解到，这些社会群体中的动物并不只是按部就班地上演遗传的剧目,而是在进行复杂的社会性学习。像鲸鱼、狗和多种鸟类等迥然不同的物种,显然都是以社会性的方式,而不仅仅是以遗传的方式,将其物种剧目表的关键内容传递给其后代。

我将在本书中大量引用这种研究。它对伦理学有什么影响?显然有巨大影响。我们再也不能像以前那样,在我们自己的物种和"那些畜牲"之间划出界线,一条用来区分聪慧、情绪和感受与"粗野畜牲"的愚钝生活的界线。我们甚至无法在一群我们已知有些"像我们"的动物(如猿类、大象、鲸鱼、狗等)和其他被认为缺乏智力的动物之间划出界线。在现实世界中,智力体现为多种多样令人着迷的形式,鸟类的演化路径与人类截然不同,却演化出许多与人类相似的能力。即使像章鱼这样的无脊椎动物,也有令人惊讶的、聪慧的感知能力:章鱼能识别人类个体,并能解决复杂的问题,只靠眼睛就能指引其一条手臂穿过迷宫获得食物。[7]一旦我们认识到这一切,我们的伦理思想就很难不发生变化。把一只"粗野的畜牲"关进笼子里,似乎并不比把一块石头放在水族箱里更错误。但我们面对的并不是一块石头。我们正在改变那些聪慧的、复杂的、有感受的生命的存在方式。这些动物中的每一个都在努力追求一种繁兴生活(flourishing life),每一个都有社会性和个体性能力,使其能够在这个给动物带来困难挑战的世界上,争取过上合宜的生活。人类所做的却是阻挠这种努力,这看上去是错误的。(在第 1 章,我将把这种伦理直觉发展成一个初步的正义观念。)

然而，尽管现在已经到了必须承认我们对其他动物的伦理责任的时候了，我们却没有什么理论工具来实现有意义的改变。今天，我们还有第三个理由促使我们正视自己对动物所做的一切：在我们建立的这个世界上，法律和政治理论是推动人类进步的两个最好的工具，但二者至今还没有或很少提供帮助。正如本书将要论述的，法律（包括国内法律和国际法律）对伴侣动物的生活有相当多的规定，却对其他动物所言甚少。在大多数国家，动物也没有律师们所说的"地位"（standing），即在受到不正当对待时提出法律诉求的地位。当然，动物本身不能提出法律诉求，但大多数人也不能，包括儿童、有认知障碍的人。说实话，几乎所有人都不能，因为人们对法律所知甚少。我们所有人都需要一个律师来伸张我们的诉求。但我提到的所有人类（包括有终身认知障碍的人）都被考虑到了，都可以在一个有能力的辩护人的协助下提出法律诉求。在我们为这个世界设计的法律体系中，动物却得不到这种简单的待遇。它们不被考虑在内。

法律是由人类用自己的理论建立的。当这些理论是种族主义的时候，法律就是种族主义的。当关于性和性别的理论排斥女人时，法律也是如此。毋庸置疑，全世界人类的大部分政治思想都是以人类为中心的，将动物排除在外。即使那些旨在推动反虐待运动的理论，也存在严重缺陷，而建立在对动物生活和动物努力的不恰当描述之上。我作为一名深深沉浸于法律和法律教学的哲学家和政治理论家，希望通过本书来改变一些事情，提供一种基于对动物生活的正确看法的哲学理论，并为法律提供良好的建议。

我说过，关键在于把事情摆正，把理论建立在对各种动物生活的准确理解上（在当前最好的科学研究的支持下），看看动物是如何努力地繁荣发展，以及它们是如何被人类的各种做法所阻挠的。那么，我首先邀请你考虑 5 只动物，我选取它们来代表这个世界上动物遭受伤害的几个领域：陆地、海洋、肉类养殖业、天空和家庭陪伴。

我举的例子只是用来展示动物遭遇的最小样本，只是对很多动物种类的一个抽样。我描述的动物曾经过着自己的繁兴生活，然后因人类的不正当对待而陷入惨境。

因为非人动物经常被当作物品，不被当作有感受的个体生命，又因为被当作物品来对待的东西是得不到专有名字的，所以今天的科学家坚持给他们研究的动物个体起一个专有的名字。我在这里遵循这种做法，根据事实和虚构来命名。

在我给出的所有例子中，在我（或其他人）观察和描述这些动物时，它们都过着繁兴生活，唯一的例外是卢帕，她既经历过坏日子，也有过好日子。我描述的第二个例子是假想的，却以这类动物的生活中惯常发生的灾难为基础。

母象弗吉尼亚的故事

弗吉尼亚是肯尼亚的一头敏感的母象，研究大象的科学家乔伊斯·普尔（Joyce Poole）在其回忆录《与大象一起成长》(Coming of Age with Elephants)中对她进行了描述(和命名)。[8]弗吉尼亚有一双琥珀色的大眼睛,当她听到喜欢的音乐时,会站立不动,眼睑下垂。乔伊斯·普尔每天都和这个母系族群在一起,象群中较年长的一位女家长叫维多利亚,而弗吉尼亚比她年轻。乔伊斯发现弗吉尼亚特别喜欢自己的歌声,最爱听她唱《奇异恩典》。弗吉尼亚经常是在走动,移动范围覆盖广阔的草原,她的大脚静静地踏在肯尼亚安博塞利国家公园的土地上。她刚出生的象宝宝在她的肚皮下面走着,被那巨大的母体庇护着。(母象是了不起的母亲,非常护崽,人们甚至发现她们会牺牲自己的生命来拯救身处险境的小象。)

现在,想象一下可能会发生的事情,这确实经常发生。弗吉尼亚侧躺着,死了,她的牙和鼻子被砍刀或钢锯砍掉了,她的脸变成了一个血淋淋的红色的洞。[尽管人们在试图遏制象牙贸易,但象牙贸易仍然兴盛。动物战利品(例如象尾和象鼻)的市场发展几乎不受阻碍,将这种战利品进口到美国甚至是不违法的。]其他母象聚集在她身边,徒劳地尝试用她们的鼻子扶起她的身体。最终,她们放弃了努力,把土和草洒在她身上。[9]那只小象不见了,很可能被卖给了美国某个不太关心动物来源的动物园。[10]

座头鲸哈尔的故事

哈尔·怀特黑德(Hal Whitehead)是一位著名的鲸鱼科学家,特别专注于研究鲸歌[11],因此我用他的名字来命名一只精通歌唱的座头鲸,这头鲸鱼是我在澳大利亚大堡礁附近的观鲸船上观察到的一群鲸鱼之一。我们的小船划过汹涌的海浪。远处出现了几群座头鲸,它们拍打着尾巴和前鳍,庞大的脊背在阳光下闪闪发光。哈尔是其中一只。在船的马达声中,我们听到鲸鱼的歌唱,声音模式过于复杂,超出了我们的耳朵可以辨认的程度,但我们知道座头鲸的歌声有复杂的旋律结构和丰富的变化,而且在不断变化,有时,这种变化明显体现了纯粹的时尚和对新奇曲调的兴趣。由于鲸鱼之间的相互模仿,发源于此地的曲调变式可能在一年后就会传到夏威夷。这种声音对我们来说是美妙的,而且具有极大的神秘感。

现在想象一下:哈尔被冲到菲律宾的海滩上,死了。[12]他曾经健硕的躯体已经骨瘦如柴。研究人员在他体内发现了88磅(约合40千克)塑料垃圾,包括袋子、杯子和其他一次性用品。(在另一头同样死于塑料堵塞的鲸鱼体内堆积的垃圾中,发现了一双人字拖。)哈尔是饿死的。塑料给鲸鱼一种饱腹感,但没有营养。最终,他体内没有空间让真正的食物进入。哈尔胃里的一些塑料已经存在太久,以至于固化成了一个塑料砖块。他无法再歌唱了。

母猪布兰丁斯皇后的故事

因为我知道现实生活中的猪都没有得到很好的对待,所以我选择了一部以生活为灵感的小说。没有哪头虚构的猪能比 P. G. 伍德豪斯(P. G. Wodehouse)小说中的布兰丁斯皇后更威风、更引人注目了,她是一头高贵的黑色巴克夏猪,处境优裕,赢得了许多奖章。因为伍德豪斯是一个著名的喜爱动物者和动物保护倡导者,所以我们知道他小说中的描述基于充满爱意的观察。布兰丁斯皇后身材硕大,她作为布兰丁斯城堡的一只备受喜爱的伴侣动物而得到照顾。她喜爱她的食槽,她的人类照顾者西里尔·韦尔贝勒夫总是为她的食槽添加可口的食物。然而,当韦尔贝勒夫因醉酒和扰乱治安而被短期关进监狱时,她开始难过并食欲不振。她的人类家人,尤其是非常关心猪的埃姆斯沃斯勋爵,担心她的安康,却无能为力,用各种食物吸引她,都没起作用。幸运的是,詹姆斯·贝尔福来到了布兰丁斯,他用自己在内布拉斯加州的一个农场工作期间学到的猪语技巧,使皇后恢复了过去的好心情。她开始吃得津津有味,发出"一种啊呜、咕嘟、噗噜比、嘶喷喷、喔呜呜的声音",这让埃姆斯沃斯勋爵很高兴。此后不久,她在第 87 届什罗普郡农业展的胖猪组获得了她的第一枚银牌。[13]

现在,想象一下皇后的另一种生活:她没有在布兰丁斯城堡的好心人和养育环境中茁壮成长,没有生活在 P. G. 伍德豪斯描绘的温柔世界中,在那里所有的生命都受到有爱和幽默的对待,而是运气不佳地生活在 21 世纪初期艾奥瓦州的一个养猪场。[14] 刚刚怀孕的她被塞进"怀孕箱",这是一个与她身体同样大的狭小金属围栏,没有垫草,地面由混凝土或金属板条铺成,排泄物淌入下方的"污池"。她不能行走或转身,甚至不能躺下。没有好心的猪语者跟她说话,没有爱猪的人类去欣赏和喜爱她，没有其他猪或其他农场动物跟她互动。她只是一个物品、一台生育机器。美国有近 600 万头母猪生活在工厂化农场，这种箱子在大多数州都被使用，尽管在 9 个州和其他一些国家被禁止使用。[15] 怀孕箱会使动物因缺乏运动而遭受肌肉和骨骼质量下降。这种箱子迫使猪在它们居住的地方排泄，而猪是非常爱干净的动物，它们讨厌那样。而且，这种箱子剥夺了这些社会性动物的一切社交。[16]

雀鸟让-皮埃尔的故事

著名长笛演奏家让-皮埃尔·朗帕尔（Jean-Pierre Rampal，1922—2000）在其录制的许多作品中，为长笛乐曲编配了鸟的啼鸣，因此我以他的名字为我这只精通歌唱的雀鸟命名，我在康奈尔鸟类学实验室的网站上听到了他的声音。让-皮埃尔是一只雄性家朱雀。[17] 他的喙上方有鲜红色羽毛，从他的前额到枕部，红色渐变为红灰色。在他的喙下方，红色渐变为粉色和白色，到了腹部则变为条纹状灰色。他的翅膀上是灰白相间的条纹。他的歌唱是由短音符组成的快速鸣啭，以一个向上或向下的滑音结束。[18] 让-皮埃尔的样貌引人注目：他羽毛上的色彩层次如此细腻，当他与其他鸟交往时表现得如此活跃和聪明。最重要的是，他鸣唱的婉转复杂曲调听起来令人入迷。他对歌唱永不厌倦。

现在想象一下：让-皮埃尔因呼吸系统受损而气喘吁吁，死在一棵树下，那棵树曾经是他畅快歌唱的地方。据研究，每年有大量小型候鸟（雀科鸣鸟、麻雀、莺类，占北美陆地上鸟类物种的 86%）死于空气污染的影响。臭氧损害了鸟类的呼吸系统，也伤害了那些吸引昆虫（作为鸟类食物）的植物。这里有一些好消息：《清洁空气法案》（Clean Air Act）推动了一些减少臭氧污染的项目，这对鸟类也有帮助。据估计，这些项目在 40 年里避免了 15 亿只鸟的丧生，这几乎占当今美国鸟类总数的 20%。然而，这对让-皮埃尔来说太不够，也太晚了。他跟哈尔一样，再也无法歌唱了。

母狗卢帕的故事

卢帕是一只遭受过虐待的狗，她曾在野外生活过一段时间，后来在普林斯顿大学教授乔治·皮彻（George Pitcher，1925—2018）和埃德·科恩（Ed Cone，1917—2004）那里找到了一个幸福的家，她的故事被记述在皮彻的书《驻留的狗》（The Dogs Who Came to Stay）中。[19] 卢帕在普林斯顿大学的高尔夫球场上快速奔跑，没拴绳，超过了她的同伴——哲学家乔治·皮彻，以及作为访客的我，但没有超过她的小儿子雷穆斯。雷穆斯在她前面嗅来嗅去，然后转了一圈儿回到她身旁。她是一只中等体形的粗壮的狗，一部分血统是德国牧羊犬，另一部分血统不明；他身材瘦小，毛发较短，牧羊犬的特征不太明显。两只狗都毛发亮泽，玩得很开心。虽然卢帕在我面前很害羞，但她对乔治表现出深厚情感，而雷穆斯对我们俩都很有好感，喜欢跟我们俩玩。这两只狗显然都活得生机勃勃，它们与乔治及其伴侣埃德,与彼此,与其他各种来访的动物和人类一起过着共生的生活。

在这个例子中,糟糕的故事已成过去。在乔治和埃德发现卢帕之前,她曾有一段时间是野狗,当时她选择在他们土地上的一个棚子里产下一窝小狗。她的身体状况不佳:对狗来说,野外生活是很艰难的。从她的恐惧反应中可以看出她之前的生活状况。即使在很久之后,某些事物仍一直令她恐惧,例如一只抬起的手,以及从一楼某部特定的电话里传来的铃声。所有新出现的人类都必须用很长一段时间向卢帕证明自己,而很少有人能通过测试。她更愿意蜷缩在大钢琴底下。虐待和疏于照顾都清晰地刻在她的记忆中。雷穆斯则不同,他只知道好的生活。

我本可以讲述很多其他各种动物的故事:猫、马、奶牛、鸡、海豚,以及每一种大型陆地哺乳动物。我们会听到更多关于章鱼、各种鸟类、鱼类的故事,而且我可以想象我所"描述"的动物会遇到另外一些障碍。对大象来说,由于人类侵占了大象的土地,其栖息地不断缩小,从而遭受饥饿;对鲸鱼来说,海洋噪声对其日常生活造成干扰,包括美国海军的声呐项目,扰乱了鲸鱼的迁徙和繁殖模式;对农场动物来说,是工厂化养殖业的一整套制度和做法;对鸟类来说,是休闲猎人的射杀;对狗来说,是在幼犬繁殖厂的出生和早期生活,以及与这个过程伴随的所有疾病,或者是被饲养用于斗狗,或者仅仅是因为缺乏运动锻炼和关注而感到无聊。残忍和忽视的故事在不断地发生。

本书的一个核心思想，就是在繁兴生活和受阻碍的生活之间做对比。这是正义概念的核心，我将在第 1 章对此进行论证。建立一个好的动物正义理论，其关键在于认真思考这一对比。我将论证，关于这一主题的三个主要理论的错误之处在于，它们没有关注这种对比，及其在动物的多样化生活中的多样化表现方式。我将建立一个新的理论基础，以此来思考对动物的正义和不正义，它基于动物按自己的典型生活形式（characteristic form of life）生活的能力；我将论证，由于其核心是对繁兴生活和受阻碍生活进行对比，它能够克服其他理论无法克服的挑战。理论指导行动，而坏的理论会以坏的方式指导行动。我认为这个领域的主流理论是有缺陷的，而我的理论可以更好地指导行动。

但对我来说，本书是一部爱的作品，现在，我可以称之为建设性的哀悼：它试图推进一个人所投身的事业，这个世界已经不幸失去了这个人。我的女儿蕾切尔·努斯鲍姆·维歇特（Rachel Nussbaum Wichert，1972—2019），她是我的导师，也是我的灵感来源，因为我到晚年才开始密切关注非人动物的困境。她在获得博士学位后，从事了一段时间的德国思想史教学工作，然后她决定追随自己对动物的热情进入法学院，并幸运地进入了华盛顿大学法学院，该学院开设了很多关于动物法和相关主题的课程。当时，她和她的丈夫住在西雅图，家附近就是适合观看鲸鱼和虎鲸的地方,那是她最热爱的事情。更幸运的是,她得到了她的理想工作,她在动物法律组织"动物之友"担任律师,在丹佛的野生动物部门工作,该部门由杰出的动物法专家迈克尔·哈里斯(Michael Harris)领导。她用了5年时间致力于解决野生动物相关的法律问题,涉及被贩卖到美国动物园的大象、面临农场主捕杀威胁的野马、濒危的野牛,以及其他许多动物。她负责撰写辩护状。当州立法机构审议动物保护法规的时候,她出庭做证。

她与她的母亲交谈,让母亲分享她对野生动物的热情和关切。她致力于改善那些遭受虐待和痛苦的生物的生活,这种奉献精神是强烈的,也是美好的。这种精神一直激励着我。我们开始联名撰写一系列关于海洋哺乳动物的法律地位,以及野生动物与人类的关系等更普遍问题的文章。(我提供了哲学理论,将我的能力论推向了一个新的方向;她提供了事实和法律。[20])

蕾切尔于 2019 年 12 月去世,终年 47 岁,死于一次成功的器官移植手术后的抗药性真菌感染。事实表明,那个捐赠的器官存在一个结构缺陷,导致它滋生感染并将其输入体内。这个缺陷直到尸检时才被发现。因为捐赠的器官明显由于某种原因没有起到作用,所以她被安排进行重新移植。后来又找到了一个器官,但在她刚要被推到手术室时,却发现了真菌感染。事实表明它具有抗药性。从首次移植到她死亡只过了 5 个月。在那段时间里,她的丈夫格尔德·维歇特(Gerd Wichert)和我几乎每天都在医院陪她,唯一一次例外是她鼓励我去伦敦向"人类发展与能力协会"(Human Development and Capability Association,HDCA)提交我们的最后一篇合作论文,当时她的情况很好,即将被送回家。她在越洋电话中与她在 HDCA 的朋友们交谈,并高兴地期待着下一年加入他们。在那些日子里,我们经常谈论我们所爱的那些动物。幸运的是,那是在新冠疫情之前,因此她父亲和她在"动物之友"的领导可以经常与格尔德和我一起去探望她,在她的最后一天,我们所有人都跟她在一起。

只要我活着,我就会看到她绿色眼眸中的闪光和叛逆的微笑。我们俩形成鲜明对比:我留着一头卷曲的金发,她留着几乎是寸头的黑色短发;我穿女性化的彩裙,她穿全黑的裤装。但我们的心是如此紧密相连。

这不是一本关于那场悲剧的书。这本书另有目标,它是向前看的,它试图用她所熟知和支持的理论来推进她所热爱的事业。这个理论就是我的版本的能力论(Capabilities Approach),它衡量正义的方式是询问法律和机构能否使人们(在这里则是指有感受的动物)过上合宜的繁兴生活,这种生活是由一个生物在其所处的政治和法律背景下,所拥有(或缺乏)的一系列选择和活动的机会来界定的。蕾切尔甚至在她工作单位附近的丹佛大学讲授过能力论。她读了我写的《正义的前沿》

(*Frontiers of Justice*, 2006)一书[1], 我在那本书中用能力论对动物问题进行过简要探索。我们经常讨论本书的计划，我甚至给她看了一些手稿，特别是关于野生动物的章节。我们的合作研究在本书中占很大篇幅，特别是在关于法律的章节和关于人与动物友谊的章节中。因此，我觉得她在通过我说话，我在传达我所爱之人的声音。

罗马哲学家和政治家西塞罗的女儿图利亚在比蕾切尔还年轻一点儿的时候就去世了，他在生命的最后几年里计划建造一座纪念女儿的祠堂，以此表达他深切的悲痛和哀思。我希望本书能让蕾切尔的志业在世界范围内延续，并鼓励其他人继续她的志业，这本书也许能比那座祠堂更好地表达爱和悲伤，因为它将展现她的价值观，并将其传向全世界。

什么是能力论？为什么热心于动物正义事业的律师会关心它？[21]讲清楚它不是什么，这很容易。能力论不像其他一些流行的理论那样，按照与人类的相似程度对动物进行排序，或者为那些被认为最"像我们"的动物寻求特权。能力论对雀鸟和猪的关注不亚于对鲸鱼和大象的关注。它认为，当我们考虑每一种动物的需要和应得是什么时，人类生活形式是根本不相关的。重要的是它们自己的生活形式。正如人类寻求一个人类的生活中特有的善，雀鸟也寻求一只雀鸟的生活，鲸鱼也寻

---

1 中译本参见玛莎·努斯鲍姆：《正义的前沿》，陈文娟、谢惠媛、朱慧玲译，北京，中国人民大学出版社，2016年。

求一头鲸鱼的生活。（对每一个体来说，个体差异性的空间属于它们所寻求的生活的一部分。）我们应该扩展自己，去学习，而不是懒惰地将动物想象成较低级的人类，认为它们在寻求一种与我们相似的生活。根据能力论，每个有感受的生物（能够对世界有一个主观视角，并且能够感受到疼痛和快乐）都应该有机会以该生物的典型生活形式过繁兴生活。

能力论也不像今天最著名的那个动物正义理论那样只关心痛苦和快乐，该理论基于18世纪英国哲学家杰里米·边沁（1748—1832）的古典功利主义（Utilitarianism），并由当代澳大利亚哲学家彼得·辛格（Peter Singer, 1946— ）进一步发展。痛苦是非常需要重视的，是动物生活中的不正义和伤害的重要来源之一。但它并不是唯一需要重视的事情。动物还需要社交互动，通常是与一大群同物种成员进行互动。它们需要足够的空间来活动。它们需要玩耍和刺激。我们当然应该防止无益的痛苦，但我们也应该考虑到一只动物的繁兴生活的其他方面。如果一种无痛的生活意味着放弃爱、友谊、活动力和其他我们有理由关心的东西，我们就不会选择这种生活。动物关心的事物也是多元的。有缺陷的理论会给出有缺陷的建议。

这本书要论述的主题是：当我们试图履行对上述5只动物以及其他许多动物的伦理责任时，为什么需要一种新的理论来指导政治和法律，以及为什么能力论是一个最佳模板——我们可以根据它来对损害和阻碍这些动物生活的做法进行道德的和政治的干预。

我在第 1 章首先讨论正义的含义,并讨论我们人类拥有的一些能力,这些能力使我们能够理解和应对不正义。我在接下来的三章考察目前在法律和哲学中使用的三种有缺陷的理论:第一种是以人类为中心的理论,我称之为"如此像我们"进路,它试图帮助那些看上去与人类非常相似的生物(且仅限于它们);第二种是杰里米·边沁、J. S. 密尔(1806—1873)、亨利·西季威克(1838—1900)和彼得·辛格的功利主义理论,该理论关注快乐和痛苦,并将动物生活的其他方面都简化为快乐和痛苦的量(尽管密尔在这个问题上与其他功利主义者不同);第三种是哲学家克里斯汀·科斯嘉德(Christine Korsgaard)的康德式进路,它在尊重动物生命的尊严方面取得了巨大进步,但我认为它在一些关键方面还不够好。

在第 5 章和第 6 章这两个核心章节中,我将阐述自己的理论,并论证动物拥有权利,即基于正义而有权过上合宜的繁兴生活。我将论述这在我自己的理论中意味着什么。然后,我将讨论一个关键概念——感受(sentience),并给出理由来支持以下说法:正义仅适用于那些对世界有一个视角的动物,而不适用于那些没有这种视角的动物,也不适用于植物。

第 7 章询问死亡是否总是一种对动物的伤害,并重新思考那个恒久的哲学问题:我们是否被死亡伤害。第 8 章考察了"悲剧性冲突",即两个重要的伦理义务之间的冲突,这是我们在促进动物利益时经常遇到的问题;然后探讨如何处理这些问题，从而减轻我们为了解决棘手问题（如动物实验所带来的问题）而暂时不得不做出的伤害。

第9章和第10章将关注我们这个世界上的两大类动物：一类是与我们一起生活或靠近我们的动物，另一类是"野生动物"。我认为后者毕竟不是真正野生的，因为所有的动物都生活在由人类支配的空间里，但"野生动物"并没有演化到可以与人类共生。在这两种情形中，我都会问能力论将建议法律和政策如何对待这些动物的生活。

第11章将转向一个关键目标，即人类与其他动物之间的友谊，我将展示这样的友谊（甚至是与"野生"动物的友谊）如何可以存在，并认为友谊的理想有助于我们认真思考摆在自己面前的任务。最后，第12章将转向法律，我将考察国内和国际现存的法律及其诸多缺陷，并探讨我们可以利用法律中的哪些资源来开辟一条更好的道路。

我们人类可以而且必须做得更好。法律可以而且必须做得更好。我相信，这是一个伟大的觉醒时刻，现在我们要认识到我们与这个充满非凡的智能生物的世界的亲缘关系，认识到我们对它们负有的真正责任。要迈向一种真正全球性的正义，它包含一切有感受的生物。我希望本书将有助于引导这种觉醒，赋予它道德紧迫性和理论架构，并激励更多人为动物伸张正义。正如蕾切尔对水生哺乳动物的热情使我感到好奇，使我愿意踏上这段艰难的旅程，事实表明，除了做母亲的旅程，这比我生命中任何其他旅程都更有意义。

第 1 章

残忍与忽视：动物生活中的不正义

动物在我们手中遭受不正义的对待。这整本书的计划，就是要证明这个论断，并提出一种有说服力的理论策略来诊断不正义，给出恰当的补救思路，即我的能力论版本的理论策略。

在本章中，我将首先考察我们日常的前哲学观念中的不正义观，我认为根据这种观念，不正义是指：某一个体正在努力获得一些很重要的事物，却受到他人的不正当阻碍，无论出于恶意还是忽视。

这个观念已经让我们走上了我的能力论，因为该进路关注的是有意义的活动，并关注在何种条件下一个生物有可能在不受损害或阻碍的情况下追求这些活动，换言之，就是过上一种繁兴的生活。其他一些进路片面地将疼痛视为主要的坏事，而能力论则不同，它关注许多不同类型的有意义的活动（包括移动、交流、社会联系，以及玩耍），其中任何一种活动都可能被他人的干预所阻碍；它还关注许多不同类型的不正当的阻碍活动，无论出于恶意还是忽视。

在本章中，我将首先比较动物的繁兴生活与动物的努力受挫败这两种情况，以便为初步论述正义和不正义做准备。接下来，我将考察我们日常的前哲学的不正义观，以展示在我讨论的事例中动物是如何遭受不正义对待的。然后，在阐述了"对重要活动的不正当阻碍"这一观念后，我将研究本书的所有读者都拥有的三种能力，这些能力使动物得到我们的注意和关心，它们是惊奇、同情和愤慨。这三种情绪也是资源：它们如果得到适当的发展和培养，就可以帮助我们更好地理解关于动物权利的更大的伦理学和哲学框架。

动物应该得到我们的正义对待，并有权要求得到正义对待，有人会对此表示怀疑，这些怀疑者必须等到第 5 章论述我的理论时，才能看到我对这个重要问题的完整论证，因为不同的理论对这个问题有不同的回答。但我的基本观点可以很简要地概括为：所有的动物，包括人类和非人类，都生活在这个脆弱的星球上，我们在一切重要的事情上都依赖这个星球。我们并非选择来到这里。我们只是发现自己在这里。我们人类认为，我们发现自己在这里，这就使我们有权利用这个星球来维持自己的生存，并把它的一部分用作我们的财产。但我们否认其他动物有同样的权利，尽管它们的情况完全相同。它们也发现自己在这里，并且不得不竭尽所能地努力生活。我们有什么权利否定它们拥有在地球上生活的权利，同时我们自己却恰恰以同样的方式在要求这种权利？一般来说，我们根本没有为否认这种权利提供任何论据。我相信，任何支持我们自己利用地球来生存并过上繁兴生活的理由，都可以用来支持动物的同样权利。[1]

然而，我们首先需要阐明一种关于正义和非正义的初步可用的观念。这就是本章的计划。

在正式开始之前，我们需要先看一些例子：在这些例子中，一只动物所展现的复杂性及其令人印象深刻的活动，激发着我们的惊奇，而这只动物在一个充满人类的残忍和忽视的世界中所经受的种种改变，激发着我们沉痛的同情和有行动导向的愤慨。

动物的繁兴生活，动物被阻碍

我在导言中向你们介绍了 5 只独特的动物，它们在努力地生活，却遇到了各种各样的阻碍和挫败。我首先描述了一只动物在过着其典型生活时的生机勃勃的活动，然后又描述了同一只动物因人类的虐待而陷入悲惨处境。

弗吉尼亚是一位象妈妈，她正在自己的母象群中与同伴一起享受着自由行动和社交生活，与一群由群体共同抚养的小象在一起。然后，偷猎者袭击并杀害了她，他们为了得到象牙砍掉了她的脸，把她的孩子从象群中带走，卖给了一个不会使其过上繁兴生活的动物园。

哈尔是一头座头鲸，他喜欢自由活动，喜欢在自己的鲸群中进行社交互动，喜欢歌唱。后来，他吃了塑料垃圾，因消化道堵塞而饿死,尸体被冲到了岸上。

布兰丁斯皇后在布兰丁斯城堡过着幸福的生活,由爱猪的人们悉心喂养和照顾,他们了解猪的独特个性和需求。如果她在艾奥瓦州一个养猪场,那将遭遇另一种截然不同的生活,被囚禁在一个怀孕箱中,被迫在自己的粪便旁边进食,被剥夺了所有的社交生活和自由活动。

让-皮埃尔曾经自由自在地飞翔,唱着美妙的曲调,并喜欢与其他雀鸟进行社交互动,但空气污染杀死了他。

卢帕的故事是一个从痛苦走向幸福,从不正义走向繁兴的故事。她曾被一个残忍的人类殴打,然后成为一只在街头觅食的流浪狗,后来她找到了一家人并过上了长久幸福的生活。他们善待她、爱她、尊重她,给她很好的医疗照护和足量的锻炼,还收养了她的小狗雷穆斯,还为她的其他孩子找到了好人家,因此她既有犬类同伴,也有人类同伴。

有数百万个这样的故事可以讲,这只是其中的 5 个。残忍和忽视的故事还在不断发生。但这些足以为我们提供所需的材料,用来深入研究关于正义与不正义的观念。在所有这些故事中我们都看到了繁兴的生活,而且重要的是,这些故事都涉及自由活动、社交生活,以及表现物种的典型能力。相比之下,我们也看到这些能力被挫败,活动被阻碍,社会交流被剥夺。

在繁兴生活和受阻碍的生活之间进行对比,是本书的核心直觉观念。然而,并非每一种阻碍都可以算作我们应该解决的不正义。那么,接下来让我们来思考这个问题。

正义：基本的直觉观念

遭受不正义是指什么？在何种情形下，对生命的损害不单纯是伤害，更是我们应该让某人负责的错误，如果可能的话，我们就要矫正这种错误，即使不能矫正也要预防未来再犯？

在此，我将深入我的理论的基础直觉，在这个层次确实很难给出更进一步的理由了。然而，让我试着阐述一下基本观点，因为这些观点将指导我们接下来的工作。对于一个生命来说，遭受不正义和拥有基于正义的权利究竟意味着什么？

让我们想象一只动物。即使一只假想的普通动物也需要一个名字，我们就叫她苏珊吧。苏珊正在过自己的生活，她对所有对她这种动物来说重要的东西进行计划、行动、联系和追求。苏珊使用她的感官和思想。她伸出手来抓东西，渴望得到它们。她向它们靠近，并试图得到它们。在这个过程中，苏珊的努力遇到了阻碍。其中有些阻碍是微不足道的：它们阻碍了一些次要的目标，而不是她生活的核心目标。在一些更严重的阻碍中，有些是源于物理的限制，这似乎不是任何人的错，例如苏珊被疾病缠身，或者她的住所被一场大风暴摧毁。到目前为止，苏珊似乎没有遭受不正义，尽管她遭受了一些或大或小的伤害。

然而，再假设苏珊被另一个生物阻碍，或者被另一个生物所造成的状况阻碍。如果另一个生物没有做错什么，她只是在做自己的事情，碰巧与苏珊遭遇或竞争，那么苏珊可能仍没有遭受不正义。她抢走了苏珊正要伸手去拿的一些食物。或者，她正当地保护自己和家人的生命，因而需要与苏珊搏斗并伤害她。

但假设苏珊的住所被另一个生物故意毁掉，这个生物有能力去了解得更清楚，做得更好。再假设苏珊和她的成千上万的同伴被故意囚禁和杀害。这就是世界上大多数鸡，以及大量的猪和牛的命运。假设苏珊像布兰丁斯皇后的同类一样，被关在一个金属笼子里，被迫通过板条向一个恶臭的粪堆排泄，同时由于缺乏运动而患病。假设她像弗吉尼亚那样，脸被砍得血肉模糊，以满足象牙市场——一个非法的全球犯罪联合组织。再假设，她像卢帕那样，被一个自称是她主人的人殴打。在此我们就进入了不正义的领域，因为现在苏珊的努力被看上去错误的干涉所阻碍。如果苏珊是一个人类，我们会很快得出结论：这涉及不正义。

哈尔和让-皮埃尔的情形似有不同，因为不涉及故意伤害行为。如果哈尔是被人用鱼叉刺死的（国际捕鲸委员会不再允许这种做法，但日本还在这样做，因为日本在这个问题上脱离了该组织），那么我们很快就会同意，这种错误行为是蓄意做出的。假设哈尔是被美国海军出于善意开发的声呐项目所阻碍，即便如此，美国法院也已经中止了该项目，因为它不正当地干扰了鲸鱼的活动，我们将在第5章进一步讨论此事。[2] 因此，如果海军无视法院而继续那样做，那么他们就是在故意犯错。但鲸鱼哈尔被人类垃圾噎死后搁浅在岸边，这种情况就比较复杂了。当然，我们人类可能对所有塑料垃圾的最终去向考虑不周，但这是否达到了过失的程度？谁来承担这个责任？即使这次我们没有责任，那么未来呢？既然现在我们已经看到了岸边的鲸鱼尸体，那么我们是否已经意识到我们下一次将对此负有罪责，即使垃圾已经被投入大海，而海洋也很难清理？[3]

对于被空气污染窒息的让-皮埃尔，也存在同样的困难：我们的工业生活的副产品对许多物种，包括我们本物种造成了伤害，但在什么时候这才会上升为不正当损害呢？谁又该负责呢？我们的法律体系（特别是《清洁空气法案》）一直在与此事做斗争。《候鸟条约法》（Migratory Bird Treaty Act）要求针对污染提供可诉性的保护，而这是一个存在政治争议的问题（见第 12 章）。

然而，如果苏珊是哈尔那种情况，那么她的朋友会指出，已经有法律明文规定避免伤害海洋哺乳动物了，这种伤害即使并非出于恶意，也显然是可预见的过失，尽管这不能归咎于单个过错人。不幸的是，海洋的管理很糟糕，但如果各国愿意合作，这种倾倒垃圾行为在原则上是可以接受法律监管的。空气污染也受到了法律的限制，一个违犯这些法律的人，即使出于疏忽而非故意，也是做出了错误的行为。鸟类有什么不同吗？时间和政治会给出答案，但我自有定论。

那么，对苏珊来说，不正义影响到了她的努力，她在努力去获得一些至少对她的生活来说具有相当重要性的东西；而且，不正义不仅涉及伤害，还涉及他人的错误行为，无论这种行为是有意还是无意的。

至此，不正义的受害者似乎不必是人类，也可以是非人动物。不正义取决于对一个有感受的生命体所采取的行动，而不是取决于生命体的类型。苏珊可以是一个人、一头猪、一头大象。（在第6章，我会讨论是否所有的动物都会遭受不正义，还是只有一些动物会遭受不正义，并进一步划定这条界线。）在大多数故意犯错的情形中，犯错者都是人类，因为人类能够故意地做出恶意行为，而很少有动物能够做到这一点。然而，我们稍后会看到，人类实际上并不是唯一的道德生物，也不是唯一可以被赋予责任的生物。这对于以后构建一个令人信服的多物种社群的理论来说，是很重要的。

有时候，有些事情看起来是意外，但当我们进一步调查时，会发现其中涉及不正义，因为它们是由应受惩罚的疏失所导致的。这在人类世界是众所周知的。你患上一种已知有疫苗的疾病，但你的医生告诉你，疫苗是有害的。你因为汽车制造商的错误而遭受了一场可怕的车祸。你被有毒的产品毒害，由于产品检验环节有错误。摆在我们面前的，是一个关于侵权责任的广阔领域。在新冠病毒大流行中，遭受伤害和归咎责任之间的一系列关系是较为复杂和模糊的。如果安排更高效的测试、更彻底的封城，有多少人就不会丧生？（会有很多，正如在新西兰的例子中所展示的。）即便如此，还有多少人是因为其一生都在被那些与贫穷相关的疾病和能力缺失（如糖尿病和营养不良）折磨而死于感染的？这是否有错？如果有错，是谁之错？然而，对于那些受错误信息误导而没有接种救命的疫苗的人来说，该怪谁呢？是个人吗，因为他容易上当受骗，以及对科学缺乏关注？还是传播错误信息的人？或者两者都有错？等等。只要有人负有责任，或者应当有人负有责任，而且只要一些媒体负有去追求真理和可信度的责任，那么这些损害的不正当性就显现了出来：他们应该能预见伤害，然后可以避免它，因为他们握有权力。哈尔的例子是这样，让-皮埃尔的例子也是这样。

　　有时，在某些地方似乎存在疏失，但又很难确定。比如，该如何看待生物在"自然"中遭受的伤害呢，如果人类在现场可以提供帮助的话？如果一场干旱导致植被死亡，从而饿死了一些大象呢？（人类对周围土地的使用可能是造成干旱的主要原因。）如果动物因一种疾病而致残，而我们知道该如何治疗该病呢？（芝加哥布鲁克菲尔德动物园的一只老虎成功进行了髋关节置换手术。在自然保护区里的一只老虎，即使处于人类的监视和观察之下，它仍然是"野生"的，可能会也可能不会接受手术干预。）还有捕食呢？我们是否应该试图阻止一群野狗杀死并吃掉一只鹿？如果我们有能力这样做，而且知道我们几乎肯定会阻止伴侣狗或猫发起类似的攻击呢？

　　那么，我们很难弄清楚在何种情况下存在不正义，以及不正义是由谁造成的。但是，一般的直觉应该可以更清楚地浮现：不正义主要指重要的努力（significant striving）被阻碍，这种阻碍不仅来自伤害，也来自不正当的阻碍，无论出于疏忽还是故意。这种阻碍通常包括施加疼痛,这几乎会妨碍一个有机体的每一项日常活动(如感知、饮食、移动、爱等)。

现在,假设你相信动物不仅会遭受痛苦,而且会遭受不正义,即不正当的阻碍。接下来,我将为你提供一些支持这个想法的理由,尽管我希望上述这些例子已经引起了你的共鸣。

人类和人类的生活方式是无处不在的:在陆地上,挤占大型哺乳动物的栖息地,使用动物所需的水;在空中,改变鸟类的飞行模式和它们呼吸的空气;在海洋中,以无数的方式改变哺乳动物和鱼类的栖息地。人类的力量是无所不在的,这使人类的责任扩展到了我们以前认为只属于"野外"和"自然"的领域。正义从哪里开始,在哪里结束?

本书不会处理每一个棘手的案例,但它将试图展示一种思考动物的繁兴及其阻碍因素的方式,这种思考方式可以帮助我们比其他竞争性理论更好地处理这些棘手案例。我将论证,我们人类负有集体责任,应当去支持与我们共享这个星球的生物的最基本的生命活动,我们既要停止对这些活动的不正当干预,也要保护栖息地,从而使一切有感受的生物(一切对世界有一个视角的生物,事物对其具有重要性)都有适当的机会过上繁兴生活,这个生物群体包括所有脊椎动物和许多无脊椎动物。这种选择重要活动的机会就是我所说的"能力"。因此,我们都应该支持我们的动物伙伴的核心能力。

惊奇、同情、愤慨：打开灵魂之眼

我试图通过讲述上述例子来唤起一种对错误行为的感知。再次强调，这是整本书的计划，因为我要试图说服你，人类对动物做出的许多行为都属于不正当的阻碍。每个人都知道，人类的行为给动物带来了巨大的痛苦和很多其他阻碍，但很多人不承认这是错误的。我们似乎有权继续我们现在的所作所为，尽管也许更富有同情心会更好。甚至20世纪最伟大的研究正义的哲学家约翰·罗尔斯（John Rawls）也认为，以同情对待动物是一种美德，但动物无法受到正义或不正义的对待。

当我在后面论述自己的理论时，我将提出我关于动物拥有权利的论点。但是，在人们有可能关心一个哲学论证之前，他们首先需要有关心的动力。我们人类有什么条件有助于产生这种关心？有些人已经和一些动物建立了爱的关系，这种爱可以成为一个起点，使他们更加包容地关注动物。但是，现有的这种爱也许还不够，因为人们所爱的是他们熟知的，而往往不是那些他们不了解的千千万万的动物。正如父母爱自己的孩子，这并不总是足以激励他们去努力结束全世界儿童所遭受的饥饿和虐待。我们还可以指望什么来帮助我们？何种情感有可能帮助我们超越自己的日常环境？

我试图通过描述这些故事来唤起一种与伦理相协调的惊奇（wonder），当动物的努力被不正当地阻碍时，这种惊奇可能会导致一种以伦理为导向的同情（compassion），以及一种面向未来的愤慨（outrage），它会说："这是不可接受的。绝不允许再次发生。"这将意味着，所有这些道德情感都与我的能力论密切相关，因为它们都有助于我们以能力论最终描述的方式来看待这个世界：这个世界上的各种动物在以非常不同的方式努力，这些努力看上去是重要的，是值得支持的。惊奇可以吸引我们的注意力，它告诉我们，我们看到和听到的东西是重要的、有价值的。同情提醒我们注意他者的痛苦及其重要性。愤慨，我将在后面称之为过渡性愤怒（Transition-Anger），则使我们从简单的反应转向重塑未来，引导我们采取补救行动。

那么，让我们在此稍作停顿，研究一下这些情绪。当我们看到哈尔跃向太阳，听到他神秘的歌声时；当我们看到弗吉尼亚轻轻地走过草地，她的孩子偎在她的肚子下面，当我们听到她洪亮的呼号时；当我们看到布兰丁斯皇后快乐地吃食，听到她"噗噜比、嘶啧啧、喔呜呜"（这些发明出来的词语本身就表达了爱的关注）的叫声时；当我们看到让-皮埃尔站在树枝上，身披鲜艳的五彩羽毛，听到他复杂的啼鸣时；当我们看到卢帕在高尔夫球场上蹦跳飞奔，听到她在奔跑尽兴后气喘吁吁地回来时——在所有这些情景中，我们都很容易感受到一种情绪，我称之为惊奇。它与敬畏（awe）相似，都是对令人印象深刻的神秘事物的强烈情绪反应，但惊奇比敬畏更积极主动，它与好奇（curiosity）有更大的关联。[4]

亚里士多德很久以前就说过：惊奇意味着先被某个事物打动，停下来，然后被激励着去弄清楚在那些打动我们的景象和声音背后发生了什么。他认为惊奇与对有感受生命的认识是密切相关的。他的学生们显然拒绝学习关于动物及其能力的知识,认为动物太卑微,不像天上的星星那样神圣。他告诉学生,在自然界的一切事物中,你都可以发现各种奇妙形式的组织运作。然后,他讲了一个故事:一些智者从远方来拜访哲学家赫拉克利特。他们大概以为会看到这位圣贤坐在一个高座上,座位四周会围满崇拜他的学生。但他们却发现他"在灶台"(at the hearth,学者们认为这个词也很可能是指厕所)。他说:"进来吧,不要害怕。这里也有神。"[5]

大多数情绪都与我们自己的个人福祉密切相关。恐惧、悲伤、愤怒、嫉妒、羡慕、骄傲等,所有这些都涉及自我,并涉及自我的情感联系在这个世界中的运作。我曾用"幸福论的"(eudaimonistic)这个词来描述情绪的这个特点:它们将其对象与自我以及自我的幸福观联系起来。[6]惊奇则不同,它将我们带出自我,带向他者。它似乎是非幸福论的,与我们自己对幸福的个人追求无关,而与我们对生活本身的原初喜悦有关。它与自恋或骄傲是最不相同的,而更接近于玩耍。惊奇是带有孩子气的,它是我们的人性在一个由非凡生命组成的世界中的玩耍。因此,惊奇并不总是庄重的。我认为像创造"噗噜比"和"喔呜呜"这样的语词本身就是一种有趣的惊奇,一种带有孩子气的语言游戏,表达了对于一头高贵的猪吃东西的样子感到喜悦。(如前文所述,伍德豪斯是一位著名的喜爱动物者)。

对于许多事物的呈现,我们都会感到惊奇。[不知道用哪个介词更好:是"对于"(at)事物的惊奇,还是"关于"(about)?哲学家杰里米·本迪克-基默(Jeremy Bendik-Keymer)认为用"面向"(over)更好,因为这个词更慢、更审慎。]但我要借用和扩展亚里士多德的观点,根据这种观点,惊奇与我们对运动和感受的认识特别密切相关。我们看到和听到这些生物在运动,在做所有这些事情,于是我们想象其内部在发生着什么:这不是单纯的随机运动,而是由某个拥有内在意识的存在者以某种方式引导的。惊奇意味着我们能看到生物在努力:我们看到它们有一个目的,世界以某些我们不完全理解的方式对它们具有意义,而我们对此感到好奇——这个世界对它们来说是什么?它们为什么要运动?它们想要什么?我们将这种运动视为有意义的,于是我们想象其中有一个有感受的生命。

其实,这正是我们遇到其他人类时的情况。我们的感官只让我们看到一个外在形体,然后我们的好奇心和想象力使我们开始想象,在那个形体看来这个世界是什么样子,并且想象它是另一个有感受的生命,而不是一台自动机器。[7]事实上,我会在第6章论证,我们有理由认为很多动物都是有感受的,正如我们有理由认为,我们遇到的类人形体是拥有"他心"(other minds)的。有时,我们可能会发现自己是错误的:我们认为那里面有些什么,但它实际上是一个非常聪明的机器。或者,我们认为某些动物的运动是有意义的,但经过进一步的检查,我们发现证据并不足以证明它们有感受——这里我是指大多数昆虫。但在许多情况下，进一步的检查将表明它们拥有感受，拥有一种对世界的视角。

惊奇是如何与伦理关注相联系的？亚里士多德本人并没有建立这种联系。与其他许多古希腊思想家不同，他似乎没有将他对惊奇的反思推进至伦理领域。对于素食主义的道德理由或其他仁慈对待动物的问题，他没有讨论（或没有留存下文字）。然而，如果我们看着一只动物的复杂活动和努力而感到惊奇，这种惊奇至少表明这样一种观念：对于那个生命来说，以其物种自己的方式生存并繁兴是很重要的。[8] 这种想法至少与这样一种伦理判断密切相关，即当一种生物的繁兴被另一种生物有害的活动阻碍时，这是错误的。这个更复杂的想法是能力论的核心。惊奇像爱一样，它是认识性的：它引导我们走出自己，唤起一种新的伦理关注。

我们如何培养惊奇？我认为，小孩子通常对动物的生活有很强的好奇，他们强烈地关注动物。他们经常通过近距离观察动物来发展自己的想象力。但他们也可以通过画册、电影、电视纪录片，或者通过参观动物园或主题公园来发展他们的想法。（动物园涉及更多问题，我将在第 10 章讨论。）在我们的世界中，有许多好方法可以唤起和培养儿童的惊奇。当然，父母需要考虑电影所展示的内容是否正确，是否包含对动物行为的不准确的刻板印象，正如他们对待孩子们看到的任何其他电影一样。我认为惊奇是很自然而然地开启的。我们的主要问题不在于我们没有开启它，而是日常生活、竞争和杂乱的东西遮蔽了我们心灵的眼睛，使我们忘记了自己曾经看到的事物。

在我所描述的对比情景中，惊奇并不是唯一被唤起的情绪。如果你的注意力被好情景吸引，那么你对坏情景的反应很可能是既愤慨（这样的事情是不应当发生的）又沉痛的同情。我稍后会回到愤慨的问题上。现在让我们来思考一下同情。亚里士多德认为，当我们对另一个生物的巨大痛苦感同身受时，这种情感包含三个要素，而我补充了第四个要素。[9]第一，你必须认为这种痛苦是重要的，而不是微不足道的。我在这些故事中加入这一要素，我展示了动物的生活因那些遭遇而受到多么严重的摧残。第二，你必须认为，那只动物的糟糕处境无法归咎于其自身原因。这些故事也很明显符合这个条件，与此形成对比的是，我们可能会因为将动物的行为视为恶意的而不予以同情。（在动物的攻击威胁到我们生命的情形中，我们也不会予以同情。我在后面会讨论自卫原则，它有时能为伤害一只动物提供辩护。在另外许多情形中，责怪动物是错误的，比如老鼠只是过着作为老鼠的生活，但其行为的潜在危险性可能使我们有理由不予以同情。）第三，亚里士多德说，我们必须与遭受痛苦者有一种同类感（fellow feeling）：我们必须认为自己面临的可能性与她是相似的。我曾在自己的早期作品中否认这一点，当时我曾说，我们并不总是要相信有相似的可能性才会产生同情，我以非人动物为例说明这一点。我现在认为这个观点既对又不对。说它是对的，因为当我们受到吸引，从而超越自我去关心一头鲸鱼或一头猪的时候，其关键在于我们看到了那种生活形式的相异性（alienness）。我们关心那头鲸鱼，不是（或至少不应该是）因为我们把鲸鱼想象成与我们非常相像，这一点我将在后面做进一步论证。但我现在认为，与这种相异感相平衡的，是那种对于更广泛的类相似性（generic similarity）的感知。我们都是动物，一同被抛入这个世界，努力获得我们需要的东西，但在努力过程中经常受挫。我们都属于动物类，这种家族相似性对于理解我们的经验非常重要。

重要的是，我们的相似感不应该是传统的"自然阶梯观"（scala naturae，或 ladder of nature）所描述的那种：动物物种被排列成一种线性等级，而人类处于最接近神的顶端。我将在第 2 章否证这种观点。如果我们要严肃地研究动物，这种观点就不能为我们认识世界提供好的指导。动物的能力是非凡而复杂的，很多动物在很多方面表现得都比人类更好。最终，单一排序的整个观念几乎是无用的。那么在这里，我绝对不会说因为鲸鱼看起来比狗或猪都更像人类，所以我们应该为其打高分。然而，我们应该注意到所有这些生物所具有的类相似性：世界在它们看来呈现为某种样子，并且它们对所感知到的事物做出反应，它们向前运动以获得它们想要的东西。正是在这个基础上，亚里士多德在《论动物的运动》（De Motu Animalium）[1] 中认为他能对动物运动提出一种"共同解释"[10]。

---

1 中译本参见亚里士多德：《论动物的运动》，刘玮编译，北京，北京大学出版社，2021 年。

相似性可能会诱使我们犯错。它可能使我们轻视，甚至可能看不到动物生活奇妙的多样性和他者性（otherness）。它也可能使我们中止批判思考，在没有证据支持的情况下就将感受能力赋予生物。但是，一种在这个世界上的共同命运感将我们和动物联系在一起，形成一种家庭关系，这种感受具有充分的正当性和认识论价值。如果我们把相似感与惊奇结合起来从而激发好奇，并提醒我们注意差异性和令人惊异的他者性，我们就不那么容易被误导了。

还有第四个要素：我们需要相信，那个遭受痛苦的生命是重要的，属于我们关注圈的一部分。在我过去写的关于情感的书中，我把这称为幸福论的要素，但这也许太狭隘了：一个生物被移入我们的关注圈中，这并不要求我们将这个生物的福祉视为我们自身繁兴的一部分。惊奇可以把许多生物带入我们的关注圈，但这不必是自我指涉的：我们的关注被导向作为他者的他者，而不必是作为我们自己生命中具有内在价值的部分（像一个亲戚或一个朋友那样）。

之所以要增加这第四个要素，其意义在于，我们知道世界上有许多灾难，也有许多不正义的事情，但其中只有一些事情能打动我们。我们的注意力需要被吸引，我们对结果和目标的思考也需要被修改。有时这种改变是转瞬即逝的。你听说有人在洪水中丧生，你会被打动，但你很快就会忘记这件事，继续过你的生活，没有任何变化。因此，为了让持久的同情心生根发芽，想象力必须以某种持久的方式将生物带近我们，使其成为我们的目标和计划世界的一部分。正如著名心理学家C. 丹尼尔·巴特森（C. Daniel Batson）的实验所揭示的，同情本身就已经在推动援助行为了。[11] 但是，它可能常常表现为一种软弱的，或至少是一种不完善的激励因素。它传达的信息是：这些事是坏的，如果能把它们改善就好了。它激发了援助受害者的行为。但是，由于它关注的是受害者的痛苦，它并没有完全回应作恶者行动的错误性，而这些行动才是痛苦的原因。（巴特森为了将他的任务进行概念上的简化，其大多数实验关注的都是不涉及错误行为的痛苦，例如一个学生摔断了腿，需要帮助才能去上课。）因此，同情心本身并不能引导我们阻止加害者进一步做出伤害。对此我们需要另一种情感，这就是我之前所说的"愤慨"。现在我必须进一步加以解释。

愤慨是愤怒的一种形式。但根据哲学家几个世纪以来对愤怒的定义，它在一定程度上是一种报应性（retributive）情绪。它对感知到的错误损害做出反应，但它也表达出一种能带来满足感的"一报还一报"式报复。对于亚里士多德和所有追随他的西方传统哲学家（以及佛教和印度教哲学家）来说，对报复的期待是愤怒的一个概念性要素。我在其他地方论证过，这种报复观对谁都没有用处：认为现在的痛苦可以弥补或修复过去，这是一种空洞的幻想。[12] 例如，杀死一个谋杀犯并不能使受害者复活，然而许多受害者的家人努力争取死刑，就好像死刑确实在某种程度上弥补或撤销了犯罪所造成的损害。报应性愤怒常常促使我们做出一些不仅具有攻击性而且导致事与愿违的行动。以报应性的"报复"精神对待离婚谈判的人，试图为"坏"配偶增加痛苦，这往往使世界变得更加糟糕，不仅对孩子和朋友，而且对他们自己也不好。

然而，有一种类型的愤怒不涉及报应性的报复愿望，这是一个没有被这些哲学定义注意到的特殊类型。这种愤怒是面向未来的，其目标是创造一个更好的未来。因此，我称之为过渡性愤怒，从现在开始我要使用这个创造出来的术语，因为没有一个日常语言术语［如"愤慨"或"义愤"（indignation）］能清晰地表明这是一种不带有报应性愿望的愤怒。想象这类愤怒的一个好方法，就是思考父母和孩子。孩子们做了坏事，父母会感到愤怒。但他们通常不会寻求报应性报复，而且肯定也不会按照同态复仇法（the lex talionis）的"以眼还眼"来处以惩罚。他们关注的是如何让未来变得更好：让不良行为停止，并让他们的孩子在未来做出不同的行为。过渡性愤怒的全部内容就是："这是多么不可接受、多么令人气愤的事情。从现在开始不允许它再发生了。"

过渡性愤怒有时会要求对错误行为予以惩罚，但这不是将惩罚视为一种报复或报应。我们也可以通过惩罚来阻止人们在未来做出这种行为：要么阻止同一个人再犯类似的罪行（"个别威慑"），要么阻止其他人模仿这种坏行为（"普遍威慑"）。我们还可以为了改造犯罪者和教育下一代而进行惩罚，向对方声明这种行为不是他们应该模仿的。在这个过程中，我们也对我们作为一个社会的价值取向做出了表达性的声明。所有这些都是"过渡性愤怒"的支持者所接受的。

过渡性愤怒是我们需要的第三种情绪。我认为，哀叹我们有罪的过去，或者用炭火去烤做错事之人[1]（在动物问题上，涉及我们所有人），通常是无用的，甚至是自我放纵的。我们需要一种面向未来的新态度：让我们停止这一切。有些工作是需要去做的。让我们以其他方式来做事吧。愤慨将我们引向一个目标，这个目标既是反对性的——它反对错误行为者，致力于阻止他们（有时通过刑事的或民事的惩罚）；同时它也是建设性的。我们应当探寻一种更好的做事方式。我们不能再这样下去了。

本书讨论的是一种严重的人类不正义，但如果它只是激励读者去研究人类不正义，对着镜子里的自己愁眉不展，那它就是没用的。伦理思想最终必须要变成实践，否则只是空谈。这些都是非常困难的问题，但我们可以通过做很多事来使我们更接近正义，而且每位读者都可以找到一些可以挖掘的地方，可以做的工作，以此来分担我们巨大集体责任的一小部分。

惊奇吸引了我们的注意力，使我们走出自我，激发我们对一个不同世界的好奇心。同情使我们与遭受痛苦的动物联系

---

[1] 指通过以德报怨使仇敌感到良心不安，这个说法出自《圣经·新约》："所以，你的仇敌若饿了，就给他吃。若渴了，就给他喝。因为你这样行，就是把炭火堆在他的头上。你不可为恶所胜，反要以善胜恶。"参见《罗马书》12:20-21。在《旧约》中也有类似的表述，参见《箴言》25:21-22。

在一起，处于一种有力的情感体验之中。过渡性愤怒使我们做好准备去行动。

但我们还需要一样东西：一个足以指导我们努力的理论。从现在开始，我要用接下来的三章论证，三种著名的动物正义（或动物伦理，因为它们并不都使用"正义"一词）理论存在严重的缺陷，因而不足以指导我们未来做出有建设性的努力。但我也会找出它们与我自己的理论的共同点，从而表明来自"其他阵营"的善良的人们可以共同努力，并探讨如何做出这种努力。

在接下来的四章里，我将研究几种主要的备选理论。在第 2 章，我将研究一种有影响力的进路——"如此像我们"进路，它侧重于用动物相似于人类来为一些有限种类的动物赢得保护。我将论证，该理论过于狭隘，与动物生活的相异性和丰富的多样性是不相称的，而且作为一种帮助受害动物的策略，它会导致事与愿违的结果。在第 3 章，我将研究英国功利主义者的思路，他们把痛苦和快乐作为指导一切有感知生命体的生活的普遍准则。该思路有很多优点，但最终它的缺点太大、太多，无法提供一种完全充分的指导。在第 4 章，我将转向近期文献中关于动物生活的一个最好的哲学理论，这一理论本身就值得花一整章来论述，即克里斯汀·科斯嘉德在她最近的著作《同为造物》(*Fellow Creatures*) 中提出的那个进路。科斯嘉德将她的哲学理论建立在伊曼努尔·康德（1724—1804）的思想材料上，但她敏锐地察觉到康德关于动物的实际观点是存在缺陷的。她自己的观点要有趣得多，她的复杂观点中包含一种评价方式，主张让每个生物有机会过自己的生活，为这种机会赋予价值，这在很多地方与我提出的进路是一致的。然而我要论证，由于这种观点将理性和道德选择置于所有其他能力之上，所以在思考法律和公民权时，它难以发展出一种关于法律和公共政策的完全充分的进路。

  最后，在第 5 章，我们将抵达我本人提出的一种能力论。它最初是为了指导国际发展机构的人口工作而建立的，但也很适合为动物权利提供一个良好的基础。这一理论将使我们回到本章的主题。能力论与惊奇有联系，它的基础就是承认动物生活形式的广泛多样性，而且这种多样性是"横向的"，不是"纵向的"，它并不建立一个阶梯或等级制，但它承认某些类共性（generic commonalities）。它还与同情有关联，它关注每一种动物的需要，认为它们都需要有条件以自己特有的方式生活、移动、感知、行动；当这些条件受阻时，就应该给予它们同情。而且，过渡性愤怒也常常由此产生（如果这种阻碍是不正当的）。当我们看到不正当的阻碍时，这不是一个扼腕啜泣的时刻。在这一时刻，我们应当说："不要再这样了！"

第 2 章

自然阶梯观与"如此像我们"进路

现在我们转向本书的核心问题：对于动物生活中的不正义，什么样的理论进路最有助于引导人们认真思考动物的生活，特别是关于法律和政策的问题？我们人类此时毫无疑问在控制着世界，我们是法律的制定者。虽然法律是我们制定的，但它不仅仅是为了我们和关于我们的。法律和政策在管理着其他生物追求自己目标的方式，并给予或剥夺它们过繁兴生活的机会。迄今为止，在涉及其他动物的问题上，人类一直在以一种非常草率的方式做这项工作。我们应当做得更好。对此，我们需要从理论上进行思考，我们所选择的进路应当符合我们对自然世界的了解，并且符合伦理论证对我们责任的表述。

在本章中，我将研究一个有影响力的进路——"如此像我们"进路，它专注于为一部分与人类相似的动物争取保护。因为法律学者和活动家史蒂文·怀斯（Steven Wise）的工作，这个进路在美国法律和政策中变得非常有影响力。该理论过于狭隘，不符合动物生命的相异性和丰富的多样性。而且，对于扩大动物权利来说,它在策略上是适得其反的。

怀斯务实地选择了他的进路,他希望能影响那些受过平均水平的西方教育的法官。因此,似乎有必要首先简要地总结一下,西方哲学(和宗教)的缺陷对我们造成了何种影响。西方哲学史包含一些关于动物生命的优秀思路,但它们总体上缺乏影响力,而西方的主流观点则否认动物能力和动物生命具有道德重要性。

西方哲学史与自然阶梯观

几个世纪以来,欧美文化中的大多数人都接受了一种特殊的自然观:自然是一个阶梯,有较低的梯级和较高的梯级,它通向上帝。人类居于最顶层,比其他生物更接近上帝,因为人类拥有理性和语言,并且有能力理解(虽然不一定遵从)道德上的对错之别。

生物或物种实际上并不能攀登这个阶梯:中世纪的自然阶梯观要远早于演化论(the theory of evolution)[1],而且演化论也不允许生物以一种有志向的方式引导自己的演化。这种梯级自然观的背景,是一个物种恒定不变的世界。既然这是一个谁

---

[1] 该词更多被译为"进化论",但在这里最好被译为"演化论",因为"进化"一词预设了有方向性的前进,而很多达尔文主义者并不认为演化过程具有方向性或目的性,且在此处语境中最好不要预设方向性或目的性。

也没爬过的阶梯,那么它唯一的目的就是用来指定永久的优越与低等。

并不是所有的宗教和世界观都认为人类是一个高级物种。佛教和印度教都以更包容的视野看待自然世界。[1]在印度教传统的影响下,一家印度法院甚至裁定马戏团的动物是"人格体"(persons),这符合该词在印度宪法中的含义(见第12章)。[2]许多印度教徒是严格的素食主义者,今天,任何一家印度航空公司都按标准提供两种选择——"素食"与"非素食"。佛教甚至更严格地禁止虐待一切动物:它关注所有生命之间的亲缘关系,并且优先关注痛苦,而痛苦是一切有感受生命的共同特征。佛教伦理学在很多方面接近英国功利主义者的观点(我们将在下一章讨论功利主义),后者推动了现代西方动物权利运动。如果认为我们对动物遭遇的伦理敏感是一种创新,这就表现出对其他世界传统的无知。

正如英国哲学家理查德·索拉布吉(Richard Sorabji)所指出的,即使在西方传统中,也不是所有的古代希腊罗马哲学流派都认为人类是最高级,他们中的大多数人都拒绝在人和其他动物之间划出一条清晰的界线,而且其中一些人严格拒绝肉食,并拒绝一切对动物施加痛苦的行为。[3](索拉布吉是研究古希腊罗马思想最著名的史学家,他告诉他的读者,他开展这项研究的动机源自他家族的印度血统,这使他产生了一种对动物的包容态度,这比他在英国长大时所具有的态度更包容。)在苏格拉底之前的一些希腊思想家坚持素食主义,包括公元前

6世纪的毕达哥拉斯（及其学派）和公元前 5 世纪的恩培多克勒。他们以自然界无所不在的亲缘关系为依据，认为动物甚至植物都有鲜活而有感受的灵魂。柏拉图（公元前 347 年去世）相信灵魂会从一个物种转生到另一个物种。虽然在流传下来的对话中，他没有详细讨论动物伦理，但他的作品为后来一些为素食主义提供有力辩护的著作奠定了基础。

亚里士多德虽然是最常被认为持有自然阶梯观的哲学家，但他在自己的自然哲学和生物学著作中都坚持认为，每个生物都在以自己的方式争取繁兴生活。每个生物的目标或目的都是为了自己的生活和繁兴，没有任何生物是为了其他"更高等"物种而存在的。虽然他的少数文本的确展现了不同观点，但亚里士多德的寿命相对较长（公元前 384/383—前 322），他在柏拉图死后逃离雅典一段时间，之后才发现了研究动物的乐趣。亚里士多德留下了一些相互冲突的文本，对此有多种思考方式，我们不必把一种有悖于其生物学作品（不幸的是，很少有哲学家读过这些作品）中很多论述的某种总体自然观强加于他。[4] 正如我在导言中曾提到的，他在晚期作品《论动物的运动》中，对许多不同种类的动物向其欲求对象的运动提供了一种"共同解释"，这使我们认为这种共同解释优于那种把人类视为一个特殊物种的解释。[5] 至关重要的是，我们必须把亚里士多德的实际著作与中世纪时期对这些著作的利用区分开来，经院哲学就是利用他的著作创造了基督教形式的亚里士多德主义，创造了我们今天所熟知的自然阶梯观。

然而，在希腊化时代（大约在亚里士多德去世时开启的时代）出现了一次转变。伊壁鸠鲁派似乎还是对动物持有一种大度和包容的看法，他们在很多文本中坚持认为人类和其他有感受生物之间存在相似性。（例如，古罗马的伊壁鸠鲁派诗人卢克莱修在其写于公元前1世纪的作品中，对动物的梦进行了精彩描述，旨在展示它们在感知和意愿方面拥有与人类相似的能力。）伊壁鸠鲁派学者认为，快乐和疼痛是唯一因其自身之故而或好或坏的事物，它们在人类和其他有感受的生物之间建立了紧密的联系，这为很久以后在18世纪诞生的功利主义伦理学提供了一个源头。（英国上层社会的思想家都是在古希腊和古罗马思想熏陶下长大的，当传统宗教的规范性观点开始受到质疑，这些古代思想就为他们提供了足够成熟的替代观点。）

　　然而，古希腊和古罗马的斯多葛派并不同意伊壁鸠鲁派的观点，斯多葛派对古希腊和古罗马思想以及基督教伦理学的发展都有巨大影响。他们认为非人动物是粗野的畜牲，没有思想和情感，而人类是近神的（quasi-divine），因此我们可以随心所欲地使用动物。斯多葛派从公元前4世纪末延续到罗马帝国早期（公元1—2世纪），在文化上占据主导地位，深刻地塑造了人们的日常思想。后来斯多葛主义影响到基督教和犹太教，二者都认为人是特殊的。根据一般人的理解，二者都在教导人们：人是按照上帝的形象制造的，是唯一真正有智慧和精神的存在，也是唯一可以得到救赎的存在。

　　即使在当时，古希腊罗马世界内部仍有激烈的辩论。晚期柏拉图主义者普鲁塔克和波菲利（见导言）写下了雄辩的作品，为动物的聪慧和感受辩护，并主张无肉饮食，这些作品可供我们今天研究。波菲利的《论拒食动物的肉》（On Abstaining from Animal Flesh）是一部了不起的作品，充满了详细而非常有说服力的论证，它应该在哲学课程中占据显要地位，却很少有哲学家知道它。然而，这些观点由于基督教占据主导地位而日益被边缘化。

与斯多葛派一样，大多数基督教和犹太教思想家都将人类与所有其他动物截然区分开来，而且在这两个宗教中，这种区分长期以来被广泛用来证明人类有权为了自己的目的而使用动物。[6] 中世纪将这种划分纳入了自然阶梯的比喻，但这种自然阶梯观似乎比斯多葛派的观点稍微更包容一些，因为它假设的是一系列渐进的台阶，其中一些动物比另一些动物更高。然而在实践中，阶梯比喻被理解为斯多葛式的，即认为人类与所有其他动物之间存在一条深深的鸿沟。这种鸿沟观继续影响着那些受犹太-基督教传统滋养的哲学家的思想。[7]

自然阶梯观本质上是一种宗教思想，无论斯多葛式的（只有人类可以参与宙斯对宇宙的理性计划），还是犹太-基督教式的。它很少基于论证和观察，而更多是基于一种信念体系，人们被要求接受该体系，将其作为生活的框架，而不对它进行彻底的检验。斯多葛派是理性主义者，他们喜欢批判性思考，但在这个关键问题上，他们并没有用理性来检验他们的信念。他们的反对者针对他们关于动物野蛮性的主张提出了强有力的反驳。一个有代表性的、相当有趣的例子是古代怀疑论者对斯多葛派的批评，怀疑论者假想了一只狗，并假设他是斯多葛派最重要的哲学家克律西波斯（Chrysippus）的狗。这只狗正在追赶一只兔子，追到了一个三岔路口。他嗅了嗅岔路 A，又嗅了嗅岔路 B，通过嗅觉否定了 A 和 B，然后直接冲向了岔路 C，他没有停下来去嗅岔路 C，似乎确信兔子一定走了此路。斯多葛派的反对者想表明，克律西波斯自己的狗驳斥了"动物是野蛮的"这一观点，因为这只狗已经掌握了选言三段论推理：要么是 A，要么是 B，要么是 C；不是 A，不是 B，因此是 C！[8] 这不只是一个玩笑，爱狗的人都知道。

尽管斯多葛主义在罗马很有影响力，但在其他方面深受斯多葛学说影响的罗马人，并没有完全接受他们关于所有动物都很野蛮的观点。虽然他们具有不一致性和偏向性，但他们确实看到了支持动物有感受和复杂心智的惊人证据。公元前 55 年，罗马领袖庞培举办了一场人类和大象的角斗。[9] 这些动物被包围在竞技场中，知道自己没有逃脱的希望。[10] 根据普林尼的记述，它们随后"恳求众人，试图用一种难以描述的姿态博得他们的同情，发出悲鸣哀叹其困境"[11]。当时在场的哲学家和政治家西塞罗写道，观众们被大象的困境触动，产生了怜悯和抗议，站起来咒骂庞培，他们感到大象与人类之间存在一种共通性（commonality，即 societas）联系。[12]

斯多葛派和犹太-基督教传统对于动物野蛮的信念不是单纯未经检验和不可检验的，它源于一种以人类为中心的和拟人化的宗教，根据这种宗教，上帝被想象成与我们很像，只是比我们更好，言谈、推理和语言使我们很特别，使我们很像上帝，并且使我们因为像上帝而具有价值。

即使阶梯观和鸿沟观都成了主流犹太-基督教在实践上的核心信条，但我们应该在此停顿一下，指出它们在几个方面与这些宗教的一些深层特征相冲突。首先，把上帝（在基督教那里也叫圣父）想象成人类的样子，这被犹太人和许多基督徒视为拜偶像（idolatrous）。[1] 但还有一个问题：这两派宗教都认为上帝创造了一切物种，上帝对整个作品感到喜乐，认为是"好的"。创世的故事激励着人们对生物的美丽和多样性感到惊奇。[13] 后来，当挪亚和他的家人在大洪水到来前登上方舟时，上帝要求他们从每个动物物种中挑选出成对的雌雄动物，包括鸟类，似乎所有物种都值得保存和尊重。[14] 大洪水之后的立约是上帝与"你们，并与你们这里的各样活物所立的永约"[15]。我们在《律法书》（即《摩西五经》[2]）中没有发现任何迹象表明，动物是作为人类的食物和猎物被创造出来的。在这两个故事中主要包含着一种惊奇和尊重（至少是某种有限的尊重）的观念。

没错，在《创世记》（1:26-28）中，上帝确实让人类"管

---

1 在《圣经》的很多篇章中，上帝都明确禁止人类拜偶像。
2 《摩西五经》是《圣经·旧约》最初的五部经典，即《创世记》《出埃及记》《利未记》《民数记》《申命记》。

理"(sway)其他活物。被译为 sway(管理/统治)的,是 radah(管辖)一词,它也被另译为 dominion(支配/统治),这个单词确实意指一种统治。学者和翻译家罗伯特·阿尔特(Robert Alter)认为它是指一种非常强势的统治或掌控。但我们通常认为,好的统治者会照顾被统治者,不会像对待财产一样对待后者,也不会折磨后者。而且,因为在这个故事中,人类是上帝指派的监管者,负责管理上帝所喜爱的、被上帝认为是好的造物,所以人类的"统治"方式肯定应当是进行明智而谨慎的管理。此外,上帝将动物赐予人类加以"管理",又将植物作为"食物"赐予人类和其他动物,这是有区别的。在第29、30节中,上帝说:"看哪,我将遍地上一切结种子的菜蔬和一切树上所结有核的果子,全赐给你们作食物。至于地上的走兽和空中的飞鸟,并各样爬在地上有生命的物,我将青草赐给它们作食物。"[16] 这段话强烈地表明,素食是堕落之前的常态,那么肉食可能是我们本性堕落的一种表现。在伊甸园里,似乎连动物都不是肉食者。绝对可以确定的是,我们最好不要将 sway 理解为有资格去掠夺和虐待那些作为上帝造物的动物。简言之,犹太-基督教传统是尊重动物的,它并不像大众在信仰和实践上所经常宣称的那样对动物缺乏尊重。

有一本很了不起的书,它阐述了这一观点可能带来的影响,并将其与我们目前在现实中的残忍做法并列在一起比较,这本书就是马修·斯库利(Matthew Scully)的《统治》(Dominion)。[17] 斯库利是一名保守派,是共和党的一名演讲稿撰写人，专为乔治·W.布什总统撰写演讲稿。他写这样一本雄辩的书，是为了支持一种富有同情心的管理责任。他生动地记述了美国人目前对动物采取的一些最残酷的做法，描述了工厂化养殖业中触目惊心的现状，并尖锐地讽刺了狩猎旅游俱乐部（Safari Club）虚伪的自我辩解，因为后者用宗教话语来支持猎杀野生动物。他还巧妙地嘲讽了那些鼓吹猎狐具有"神圣性"的哲学家。［已故的罗杰·斯克鲁顿（Roger Scruton）受到了合理的嘲弄。[18]］然后，斯库利研究了《圣经》文本和后来的基督教思想家著作，这些思想家谴责对动物的虐待和残忍，其中一些人反对一切杀戮。斯库利的主要目的是想表明：当前实践中的这种丑恶、肆意的残忍是人类贪婪的产物，它在真正的基督教中是无法得到辩护的。这是一个重要的贡献，粉碎了人们的自满情绪，无论他们是否以犹太-基督教教徒的方式信仰宗教。

古希腊罗马的哲学流派与犹太-基督教传统的典籍产生于一个所有人都认为物种固定不变的世界。达尔文的演化论在美国很多地方都引起了巨大震动，至今仍然如此，因为它告诉我们，人类并不是由上帝的一个独特行动直接创造出来的，而是我们物种经过亿万年的岁月，从灵长类祖先那里逐步转变而获得了自己的特征。该理论在人类和非人动物之间确立了密切的历史性亲缘关系，这常被认为是令人厌恶的，一部分原因是它似乎否认了上帝对人类的独特创造，另一部分原因是我们这个物种与猿类的任何密切联系都让很多人感到厌恶。由于这些原因，在美国的各个时期和各个地区，讲授演化论都是非法的，其中最著名的是田纳西州的《巴特勒法案》（Butler Act），该法案引发了1925年的斯科普斯审判（the Scopes Trial）。[19] 今天，尽管讲授演化论在美国任何地方都不是非法的，但有14个州要求同时将"创世科学"（creation science）作为一种备选观点来讲授，尽管"创世科学"及其相关的"智能设计论"（intelligent design）已经被科学界拒绝：不管它们有可能提供其他什么见解，它们都根本不是科学。

实际上，不仅达尔文的理论（至今其基本轮廓已经完全确立）与对《创世记》的完全字面解读相矛盾，所有关于地球年龄的公认科学都是如此，正如克拉伦斯·达罗（Clarence Darrow）在斯科普斯审判中询问证人席上的威廉·詹宁斯·布赖恩（William Jennings Bryan）时令人难忘的表现。布赖恩相信，根据《创世记》中先知的年龄而对地球年龄进行字面推算，创世日期为公元前4004年。从考古学角度看来，这个日期太荒谬了。今天很少有美国人会和布赖恩一样持有这种信念。但这样一来，象征性解读就必须在某些地方取代字面解读，那么唯一的问题是，在哪些地方取代它。达尔文的理论与人类有特殊地位并得到上帝特别关注的观念并非不相容。但对于一个信教的达尔文主义者来说，必须以适当谦逊的态度来研究这种特殊的地位：究竟是什么让人类有别于那些与我们有历史联系的其他造物？我们不是有可能既有特权也有特殊义务吗？

西方传统比我们有时想象的更复杂。在这个问题上，一个敏感的达尔文主义者如果仍然喜欢自然阶梯观，他自然会问：猿类和其他在阶梯上"较高"的生物是否在某种程度上具有和我们一样的特殊性？如果我们以某种方式超过其他猿类爬到自然之梯的顶端，这难道不就意味着它们也爬到了几乎同样高的位置，而由于这种相似性，它们至少有资格得到一些特殊对待吗？

下一节讨论"如此像我们"进路。

"如此像我们"进路：利用自然阶梯观来推动进步

为什么不从大多数美国人所处的立场出发，先尝试说服他们承认某些种类的生物拥有某些有限的权利呢？有一个著名的、有影响力的动物伦理和动物法进路就是这么做的，我称之为"如此像我们"进路。它争取使人们承认一组特定的动物物种具有法律人格（legal personhood，另译"法律位格"）和某些自主权，理由是它们具有类似于人类的能力。这个进路的最主要代表人物是活动家和作家史蒂文·怀斯。[20]

怀斯是动物法领域最重要的先驱之一。他在 2000 年出版的《颠覆囚笼》（*Rattling the Cage*）一书，将动物伦理学带入了法律，取得了显著成果。[21] 他在哈佛大学法学院开设的动物法课程是法学院最早开设的同类课程之一，甚至可能是第一个。此外，他作为 2016 年圣丹斯电影节上放映的纪录片《打开囚笼》(Unlocking the Cage)的主角，向影片的大量观众雄辩地描述了他所领导的"非人类权利项目"(Nonhuman Rights Project)的目标。影片讲述了他为几只被囚禁的黑猩猩赢得有限人格权的法律斗争。[22] 怀斯是一名英勇的先驱者，他选择他的理论进路并非因为他认为它最终会是最好的，而是因为他认为它有助于推动此时此地的进步，为那些遭受深重不正义的动物发声。我批评他的进路，这绝不意味着我对怀斯及其法律工作的钦佩之情有所降低。怀斯没有把他的观点建立在我们与猿类在演化史中的亲缘关系上，而是基于相似性本身，因此，他的观点既可以与最初那种恒定不变的自然阶梯观相容，也可以与一种经过修正的达尔文式观点相容。但他并没有专注于演化的亲属关系，也没有把他的关注范围局限在那些与人类有密切演化关系的生物上。

在2000年的书中，怀斯关注的是黑猩猩和倭黑猩猩[23]，但现在他关注的范围明确包括了所有大型猿类（共4种）、大象（大概是全部3种）、鲸鱼和海豚（大概包含这两类动物的所有种）。[24] 他的论证主要基于这些动物与人类具有相似性。他说：它们是有自我意识的；它们是自我引导的（self-directing）；它们有心智理论（a theory of mind）[1]；它们有文化；它们不"被本能束缚"；它们能够思考自己的未来。一般来

---

1 是指该动物能够通过观察其他动物的外在表现来推测对方的心理状态。比如，据说4岁以上的人类一般都能思考别人可能在想什么。

说，它们"真的真的很聪明"[25]。他的核心主张是：它们是"自主的生物"，因此，它们应该过上"自主的生活"[26]。

怀斯不是一个哲学家，他也没有解释他心中的自主性（autonomy）概念是哪些哲学家所使用的。他还认为黑猩猩处于5岁人类儿童的水平，因而不清楚他是否真的应该把自主性赋予黑猩猩，如果自主性意味着（正如它通常的含义）有能力根据某些更高阶的原则对自己的欲求进行批判，或者正如康德的著名观点，认为自主性意味着有能力使自己摆脱宗教和文化的影响。[27] 也许他指的是某种不太严格的自我引导，比如在各种选项之间做出选择的能力。（但许多其他种类的动物也能在各种选项之间做出选择！）无论如何，怀斯在书中和电影中反复强调，这些种类的动物非常像人类，而且他基于这种相似性来为它们赢得一些有限的法律权利。[28]

怀斯在影片中说，他希望通过展示这些动物与我们的相似性，证明法律中通常在人与动物之间划定的界线是不合理的，是需要反思的。[29] 如果我们认为儿童和有严重认知障碍的人有一些权利（尽管带有一些条件和限制，而且需要监护），我们就应该承认这些种类的动物也有权利。把所有人都当作拥有权利的人格体，却把所有的动物都当作物，这是不理性和不一致的。在这一点上，怀斯用奴隶制来做类比：正如法律曾经把奴隶当作财产，我们现在已经看到这在道德上是可憎的，我们也应该认识到，我们当前对待动物的方式在道德上是可憎的。[30] 在影片中，奴隶制类比遭到怀斯一些对话者的强烈反对，大概是因为这可以被解读为不恰当地暗示了非裔美国人像黑猩猩一样，而这并不是他要表达的想法。[31] 因此，他放弃了这个比喻，但他并没有放弃那个核心观点，即我们必须在法律上开始转变，从将动物视为物品和财产转变为将其视为人格体。[32] 他反复指出（这是一个非常好的观点），公司已经被法律赋予了权利，而将权利扩展至自我引导的动物是比这更容易的一步！[33]

后一个类比表明，怀斯首先是一个律师。他的主要工作并不是创造最好的动物法哲学理论，而是要利用他所掌握的法律和理论材料，为动物争取一个更好的地位。许多人认为，将人格性扩展至公司是一个大错误，就我们所知，怀斯本人也可能这样认为。但他像一个精明的律师一样，基于先例进行论证：我们已经确定了这件事，现在在我们需要考察它对动物问题的影响。他对相似性的关注与其说是哲学上的，不如说是策略性的：他只是从法官们的当前立场出发，试图改变他们的看法。因此，把他的理论作为一种理论来批评，这可能有些失礼。然而，它是被当作公共论辩的一个良好基础提出来的，而且它实际具有的说服力取决于人们在多大程度上相信它。因此，我尊重怀斯聪慧的法律策略，但我要将他的观点作为一种可以为（某些）动物的权利提供支持的理论基础来进行研究。

怀斯在他的书和电影中，都给出了大量的证据，证明这几种被选出来的动物具有许多类似于人类的能力。[34] 他在电影中的核心论辩策略，是向我们展示黑猩猩和其他猿类所做的事情，让观众立即看到它们很像人类：它们使用手语，它们在观看展示人类情感的影片时表现出共情（empathy），等等。[35]

怀斯做出了一个明智的猜测：如果他要在动物权利方面推动进步，就必须从观众当前的位置出发。他把这个开端称为"一场策略战的第一声响炮"，他还提到"踢开第一扇门"[36]。因此，很显然，他并非不关心更广的计划——为所有动物争取某种权利。他对某些物种所具有的能力和所遭受的剥夺给予密切而坚定的关注，这是值得赞扬的。然而，这也许会令人担忧。对于框架的选择影响着我们以后能走到哪里。出于追求真理和认识的理由，探求正确的理论是很重要的。而且，同样重要的是，我们需要一个能让我们在正确的方向上起步，而不是把我们引向死胡同的策略。

那么，从哲学的角度来看，怀斯的策略可能会有什么问题呢？最明显的问题是，它确认并利用了那种不科学的、人类中心主义的、把人类摆为首位的自然阶梯观。一些动物得到了有利的待遇，只是因为它们（几乎）像我们一样。第一扇门被打开了，但随后又在我们身后关上了：其他动物都进不来。我们放弃了旧的界线，又划出了一条略微不同的界线，这其实并没有那么大的区别，动物世界的大部分仍被排斥在外，处于阴暗的物之领域。

自然阶梯观不是从观察自然得来的，如果我们能抛开自己的傲慢的话，会发现它并不符合我们在自然中所看到的。我们看到的是成千上万种不同的动物生活形式，它们都表现出一种有序的努力,谋求生存、茁壮成长和繁衍。各种生活形式并不是按照一个单一尺度来排序的,它们之间存在奇妙的差异。如果我们想玩评级游戏,那就得公平地玩。我们人类将在智商和语言的分值上取得胜利。猜猜是谁发明了这些测试!但许多动物都比人类更强壮、更敏捷。鸟类在空间感知能力、对远方目的地的记忆能力上有巨大优势。大多数动物都有更灵敏的嗅觉。我们的听力非常有限:一些动物(如狗)听到的频率比我们高,许多动物(如大象、鲸鱼)能听到更低的频率。[37]我们唱歌剧,鸟类唱奇妙的鸟歌,鲸鱼唱鲸歌。谁比谁"更好"吗?对一个音乐爱好者来说,这就好像问我们应该更喜欢莫扎特还是瓦格纳:他们是如此不同,如果用一个单一尺度对他们进行比较,就是在愚蠢地浪费时间。

至于维持生命的能力:老鼠是更成功的繁殖者和生存者;从管蠕虫到弓头鲸,很多动物都享有更长的个体寿命。我们是否应该思考一下道德能力?好吧,我们对此感到自豪,但我们人类蓄意施加的虐待和酷刑有多么残忍,是其他动物所不知道的,而且我们将在后面的章节考察许多动物所展示的友谊和爱的能力。我们会认为我们是最美的吗?乔纳森·斯威夫特给出了一个有说服力的例子,他描述了格列佛与可爱的、像马一样的慧骃国[1]居民相处多年后,发现自己开始厌恶人类的形状和气味。[38]而且,其他动物也不会自我憎恨和自我逃避。

---

1 《格列佛游记》中的国家之一,其国民是一些具有人类思维的马。

简言之，如果我们把能力公平地排列，而不是预先偏向于我们碰巧擅长的事情，那么许多其他动物都会在各种不同的评级游戏中"获胜"。如此一来，整个评级游戏的想法可能会显得有点愚蠢和做作。真正有趣的是研究每种生活形式的丰富差异性和独特性。于是，人类中心主义的那种虚假的傲慢开始暴露无遗。我们是多么伟大！如果所有的生物都像我们一样就好了！好吧，有些生物是有点儿像我们。怀斯并没有颠覆我们的思维，真正使我们革命性地接纳动物的生命，而是保持了旧的思维和旧的路线，只把几个物种转移到了人类这边。如上所述，在面对想象力有限的法官时，这也许是一个精明的策略，但一个有缺陷的理论最终很可能会导致有缺陷的长期后果。

自然阶梯观还存在其他一些潜在危险。它阻碍了有益的自我批判。它导致了一些丑陋的想法：人类想象着超越自己的动物身体，于是去诋毁身体散发的气味和分泌的液体。[39] 这些想法往往伴随着对其他一些人类群体的贬低，理由是他们是真正的动物。[40] 一些相对弱势的亚群体被认为有难闻的气味、污秽的身体和旺盛的性欲，这被用作暴力支配的借口。我们可以从美国的种族主义，印度的种姓等级制度，无所不在的厌女、同性恋恐惧、对老年人的偏见中找到这些观念。[41] 怀斯的策略根本无法解决这些有害的人类实践，甚至有可能通过划界来支持它们。当我们需要以一种全新的方式来看待我们的身体时，它却给我们与过去如出一辙的旧方式，只不过做了一些小调整。

与此同时，怀斯的进路割舍了动物王国中的大部分动物，使其无法得到他的任何帮助。他显然不希望看到这种结果，但也很难知道他的理论对猪和鸡所遭受的极度痛苦，对北极熊和其他多种野生动物的栖息地丧失提供了什么帮助。或者说，要回答这个问题并不难，而是太容易了：他什么都没有提供。一旦我们离开与我们相似的物种这个特殊领域，就需要创立一种全新的进路了。很明显，从长远看来怀斯也想提出某种可以应对这些问题的进路，但他没有告诉我们这种新进路是什么，或者它以后如何与作为他的出发点的彻底的人类中心主义相协调。我们缺乏的是对自然界多样性的惊奇，以及对自然界中许多独特的生活形式的热爱。

"如此像我们"进路还有一个令人不安的后果：它使人们关注人为安排的表演，而这些表演并不是该物种在野外生活时的真实特征。因此，《打开囚笼》花了大量篇幅谈论手语，而黑猩猩、倭黑猩猩和大猩猩确实能学会手语，这一点也令人印象深刻。[42] 虽然海豚偶尔会把从人类那里习得的行为带回野外，并将其教给其他海豚[43]，但我不知道有任何例子表明猿类也做过同样的事情。这对它们来说根本没有用处。怀斯本可以证明猿类和大象在与其同类进行的多种行为中都表现出共情和情绪，正如弗朗斯·德瓦尔（Frans de Waal）在几十年来的研究中所证明的[44]，但他在影片中却主要是在展示一个通过使用手语来表达共情的例子。[45] 一只大猩猩在看一部电影，影片中一个人类小孩正在向家人告别，它随之做出表达悲伤等情绪的手势。如上所述,使用手语来表示情感是猿类为人类、对人类做的事,而不是它们自己彼此间做的事,它们彼此间有很多种交流情感的方式,德瓦尔已经多次展示了这一点。[46]而且,为什么必须是看一部关于人类的电影呢?怀斯也许喜欢这个手语-共情的例子,因为这可以帮助他确立动物与我们的相似性。但这只不过是一种宠物杂耍而已。事实上,我们很难理解,怀斯凭什么一方面谴责教猿类玩杂耍(比如教猿类做空手道踢腿),另一方面却喜爱并展示这种语言杂耍。在我看来,二者是相似的(假设空手道是通过正向激励而不是通过虐待进行教授的):杂耍把戏展示了动物的一些方面,却没有展示其生活形式的核心部分。教这种杂耍是否合乎道德是有待讨论的,我相信怀斯会为这种语言杂耍进行辩护,因为它能教会我们一些事情。但是仅此而已:它教会我们一些事情,而并非为动物的生活做了些什么。

怀斯认为,我们需要一开始只关注少数物种的少数权利,因为如果为各种生物的各种权利敞开大门,人们会感到害怕。然而,我们在后面会谈到,给动物们一些政治上的发言权,这可以通过一种合理的、可接受的方式作为一个长期目标来完成。人们欣赏一致性和理论上的完整性。迟早有一天,人们会醒悟过来,发现怀斯在玩诱饵替换(bait and switch)的游戏:对某些生物来说是因为与人类相似,对其他生物来说却另有秘而不宣的依据。

怀斯是一名精干的律师。在一桩现在很出名的案件中,他试图让法庭宣布两只黑猩猩有人格,从而赢得将它们转移到动物收容所的机会,他和他的非人类权利项目取得了有限的成功。尽管纽约最高法院以 5∶0 的投票结果驳回了怀斯的论点,但一位法官显然被怀斯的论证打动。尤金·费伊(Eugene Fahey)法官在一份引人注目的协同意见书[1]中写道:"一个像人类一样思考、计划和欣赏生活的聪明的非人动物是否有权得到法律的保护,免受他或她所遭受的任意虐待和强制拘留?这不仅是一个界定的问题,而且是一个深层的伦理和政策困境,需要我们的关注。"[47] 因此,怀斯认为他的进路可以推动进步,这是对的。但能力论也可以做到这一点,而且以理论上更连贯、更得当的方式。

一种修正的自然阶梯观:怀特论"相异智能"

在我们跨越自然阶梯观之前,值得花点儿时间再谈一本精彩的哲学书,它不仅体贴入微地描述了某种动物的生活形式,而且提出了一种比怀斯的进路更加细致和谨慎的伦理 / 政策进路,至少避免了怀斯的人类中心主义陷阱。这本书是托马斯·怀特(Thomas White)的《为海豚辩护:新的道德前沿》(*In Defense of Dolphins: The New Moral Frontier*)。[48] 怀特是一

---

[1] 当某个法官同意大多数法官的决定,但其同意的理由不同于其他法官时,可以通过撰写协同意见书来表达自己的意见。

位哲学家,他的书在概念和论证上都很用心,令人印象深刻。他还对海豚有详尽的了解,既有他个人的观察,也掌握了详尽的科研文献。他是一个文笔清晰而生动的作家,能够很好地与广大公众沟通。虽然他只谈论一个物种,但他的目的其实与怀斯相似:试图使读者相信,海豚有复杂的认知和情感生活,并进一步使他们相信,哲学和法律领域中的标准"人格"概念可以适用于海豚,就像适用于人类一样。因此,重点是我们不应当把海豚当作物品或财产,它们都拥有自我,都是拥有自身目的的个体,故而应当得到康德式的地位,即具有"尊严",而不仅仅具有"价格"。他的具体目标是结束那些会伤害和杀死海豚的捕捞金枪鱼的方式,并使人们从根本上反思圈养海豚的做法。我将在第10章讨论后一个复杂的话题,在此我要讨论的是怀特的一般思路。

怀特和怀斯一样,也使用了一个熟悉的哲学概念"人格性"(personhood),它包括:自我意识、自我感知(表现为能够通过"镜像测试"[49])、"高级的"认知和情感能力[50]、根据自己的目标控制行为的能力、在备选行动中做出"自由"选择的能力,以及识别其他人格体并给予恰当对待的能力。[51]这本书的大部分内容都在试图说服读者海豚拥有所有这些能力,而且很明显,怀特希望读者能以不同的方式对待海豚,因为它们拥有这些"高级"能力。因此,我对怀斯提出的许多批评也适用于怀特。特别是,虽然怀特正确地指出一个生物的生活形式决定了什么会对其造成伤害,但他由此过快地推出一个明确结论：非人格体（non-persons）是物品和财产，它们在一些重要方面不能真正受到伤害。[52] 怀特是一个康德主义者，他认为这些人格性特征在确定"道德地位"方面具有核心规范意义。

因此，怀特的观点与怀斯的观点存在微妙差异。怀斯只是诉诸相似性：这些动物像我们。人格性和自主性之所以重要，只是因为我们拥有它们，并非因其自身之故而重要。怀特走得更远，他把独立的价值赋予人类拥有的这些特殊能力，然后论证海豚也拥有这些能力。他的观点不像怀斯的那样直白地展现人类的自恋，但它也有类似的局限性。我们需要一个更长的论证来反驳他关于这些能力比其他能力更重要的说法。我们需要表明，评价能力的正确方式是看它们在一个生物的整体生活形式中的作用。人类的一些能力不适合鸟类的生活，正如鸟类的一些非凡能力在人类生活中也没有用处。我将在第 5 章展开讨论这一论点。在此，我们可以看到怀特的狭隘不仅涉及他对动物生活的评价，也涉及他对我们应该如何评价自己的看法：他认为我们应该感到骄傲，因为我们拥有这些非凡的特征。这个观点看起来与怀斯的观点一样，都是狭隘和傲慢的。

尽管如此，怀特在书中对怀斯的范式做了三个重大改进，他像我一样在某些方面批评了怀斯，认为他太注重语言和人为设计的表演。[53] 首先，虽然他认为他的进路（即关注相似性和人格性）能很好地契合公众的当前立场，而且足以证明我们应当彻底改变对待海豚的方式，"即使那些最人类中心主义的人"也会接受这种证明,但他多次否认这是对非人动物给予伦理关注的唯一基础。[54]比如他说:"我首先要说清楚,我并不断言人格性是非人类拥有道德地位的唯一的或必然最重要的基础。"[55]他并没有完全坚持这一观点,在书中一些段落里,他表现出对自我意识和选择的康德式热爱,他被这种倾向带偏了,暗示如果一个生命体没有人格性特征,它就可以算作一个没有尊严的物品。但他的公开立场是,他不对拥有道德地位的充分条件做任何断言。

其次,怀特在论证海豚有人格性时,还穿插了一些对其"相异智能"(alien intelligence)的精彩描述。怀斯关注猿类那些像人类的表现,尽管那些表现在猿类的正常生活中没有发挥重要作用,怀特却敏感于海豚在很多方面与我们的差异,虽然海豚很聪明,却完全不同,它们的智能与我们的智能是"相异的"。怀特非常详细地描述了海豚的能力和生活形式,让我们看到在人类和海豚的生活中,即使感知和意识也是以非常不同的方式实现的。这真的不足为奇,因为它们适应水中生活,而我们适应陆地生活。例如,海豚更多地依靠听觉而非视觉。它们拥有一种非凡的"回声定位"能力,能够通过类似声呐的咔嗒声来"阅读"一个物体。海豚不仅能通过回声定位描绘出事物的外貌,还能感知其内部。(在一个令人称奇的例子中,一只海豚知道驯兽师怀孕了,就连驯兽师自己都还不知道这件事!)在书中一个可爱的段落里,作者想象了从海豚的角度看人类是什么样子的:人类与它们相似,但也很奇怪地缺乏一些基本能力。这种对于其他生活形式之复杂性和相异性的惊奇，正是怀斯的方法所严重缺乏的。

有时怀特过于强调海豚的相异性了。例如，他一直说海豚是高度社会化的生物，而人类，至少是很多或大多数人，都是孤独的个体。他引用了那些要求人们进行自我描述的调查研究：有些人提到了关系，而很多人没有提到。[56] 但人们在调查中的回答并不能完全帮助我们确定真正指导他们行动的是什么。在新冠疫情时期，我们都觉察到人类的社会性到底有多深，因为即使我们在物理上无法彼此接近，我们也会发电子邮件、打电话，以及用 Zoom 软件聊天；甚至在芝加哥当地的一个例子中，人们在公园恰当地保持着 6 英尺（约合 1.8 米）的"社交距离"举行公开婚礼。有些人可能认为，能够不依赖他者才像个男人，才足够强大，但这并不意味着，当他们真的被迫独处时，他们不讨厌那种境况。[57]

尽管如此，怀特还以第三种方式（在某种意义上也是最重要的一种方式）来限制自己的人格性主张，他坦然承认，整个"人格性"范畴都可能具有不恰当的人类中心主义倾向，即使该范畴被设想为可以包容海豚的社会本能和相异智能。[58]

然而直到最后，怀特对惊奇的包容也不过如此。令他感到好奇并印象深刻的，是海豚以一种不同的模式做到了一些我们人类所做的事情，但他没有冒险进入一个完全不同的生物世界，有些生物独立的演化路径使其能力和智能形式对我们来说更加不同，尤其是鸟类和鱼类。海豚在神经解剖学上与我们非常相似，它们的智能虽然很不同，但也并非完全与我们不同。鸟类通过"趋同演化"（convergent evolution）[1]，发展出了非凡的能力（见第 6 章），但这些能力看上去与我们完全相异，在很多方面都很神秘。因为他偏爱相似性超过相异性，所以他仍然停留在一种线性自然观上，在这种观念看来，一些类似于人类的"人格体"处于某种阶梯的顶端。他还没有为了我们这个实际上很丰富且奇妙的世界而颠覆整个线性观。

但我很高兴地宣布，怀特最近改变了他的观点，他现在建议采用能力论（见本书结语）。

超越自然阶梯观：美妙而相异的生活

怀特在书中要求我们从那些与我们迥然相异的生物的视角来看世界，对它们令人称奇的生活形式抱有真正的好奇心和惊奇感。这是对伦理学的杰出贡献，我认为我们应当以这种方式看待整个动物世界。他对海豚与人进行了比较后，呼吁我们在考虑如何对待一个生物时，要问这个生物的基本需求是什么，以及这些需求是如何在其特有的生活形式中实现的。他说，只有这样，我们才能确定一种有待考虑的对待方式（例如

---

[1] 指亲缘关系很远的不同物种，由于生活在相似的环境中，演化出趋同的形态特征和能力。例如，蝙蝠和鸟类虽然亲缘关系甚远，但演化出了趋同的翅膀形状和飞行能力。

在动物园圈养海豚）是否合适。[59] 这些问题恰恰是我自己的理论要追问的，我认为对于一切有感受的动物都应当提出这些问题。怀特的论述具有吸引力，很打动人，但他关注的范围太窄了。总之，我认为怀特没有给出任何正当理由，使我们把这种追问限制在与我们非常相似的生物上。人格性这个概念无论如何扩展，它都具有一种备受质疑的人类中心主义倾向。

不可否认，对于那些与我们很相似，只在某些方面很不同的生物，更容易提出和回答这样的问题。深入追问这个问题会遇到困难，但这不应阻止我们带着怀特那样的谦逊、好奇和对事实的虔敬态度去尝试追问。认知方面的问题并不能决定我们关于最佳程序和框架的规范性问题。只要我们有可能想象人类的感知力在海豚看来是多么奇怪，那么就应该有可能去认真而机智地思考，这个世界在鸟类、所有哺乳动物甚至鱼类看来是怎样的。

当然，任何语言上的解释都是一种歪曲。但这是一个我们很熟悉的问题，当我们研究婴儿认知，或试图用语言来谈论一种画面感受或音乐体验时，就会遇到这个问题。但无论语言好坏，它都是哲学和科学探究的媒介，因此必须进行"磕磕巴巴的翻译"〔stammering translation，作曲家古斯塔夫·马勒（Gustav Mahler）用这个词来形容他在试图用语言描述自己音乐时遇到的困难〕。不清楚为什么不能在整个动物世界中尝试这样做，如果我们足够谨慎、谦虚和机智的话。

我们在此研究了一种关于动物权利和正义的理论观念，

这个观念不仅具有影响力，而且与其他观念相比，它更符合在西方文化中长大的大多数人可能拥有的那些未经检验的想法。这种观念是狭隘的。它对不同生物进行排名和评级，缺乏好奇心，而且带有相当不合理的自恋倾向。现在让我们研究另一种对它发起有力挑战的观点，这种观点强调所有动物都与我们共享一种共通性，即都会遭受痛苦。

第 3 章

功利主义者：快乐与痛苦

在 18 世纪末，伟大的英国功利主义哲学家杰里米·边沁发出了一个嘹亮的呼声。他把我们目前对待其他动物的方式与奴隶制相提并论，说关于动物我们要问的不应当是"'它们能推理吗'而是'它们能感到痛苦吗'"。对边沁来说，快乐和痛苦是关键的伦理事实，其他一切都可以简化为二者。而且，对边沁来说，快乐是同质的，只有量（强度和持续时间）的变化，没有质的区别。一种理性的政治，其目标应该是将宇宙中快乐与痛苦的净差额最大化。

边沁不是唯一关注动物痛苦的功利主义者。他的学生和继承者约翰·斯图尔特·密尔在这个问题上也做了重要工作，但他的整体观点在一些关键方面与边沁不同。他把自己的财产留给了防止虐待动物协会（Society for the Prevention of Cruelty to Animals）。维多利亚时代杰出的哲学家亨利·西季威克回到了边沁的观点，拒绝了密尔的批评，更严格地发展了边沁观点中的哲学思想，但他没有特别关注动物。在我们这个时代，功利主义者彼得·辛格是边沁和西季威克思想的忠实追随者，他一直是解决虐待动物问题的最著名思想家之一，写下了名著《动物解放》(Animal Liberation)[1]和其他许多关于动物问题的学术作品。

在本章中，我将考察为动物福利提供了有力支持的功利主义进路，我对它心怀钦佩，而且非常同情与赞成，但我也会提出一些重要的批评。

功利主义进路应受到极大尊重，因为它非常敏感于动物的痛苦。它看上去与我在上一章批评的"如此像我们"进路相反，从某个方面看来，它批驳人类的傲慢。然而，在另一方面，这两种进路有一个共同缺陷。它们都没有把握住一个事实，即动物生活的世界充满着奇妙的多样性和差异性。通过仔细观察，我既没有发现"阶梯"，也没有发现单一的同质化禀性，相反，在构成每一种动物生活方式的各种相互关联的活动中，存在巨大的复杂性。这两种进路的失败之处都在于缺乏惊奇，缺乏眼界开阔的好奇心。第一个进路只愿意看到一个模板，即视人类为模板；第二个进路，我们可以称之为"最小公分母观点"，只承认动物生活的一个方面。

边沁的脚注

边沁的著名观点是，重要且唯一重要的伦理事实，就是快乐和痛苦。他坚定地认为，快乐和痛苦不会在任何质的维度上有差异,而只在几个量的维度上有差异(其中持续时间和强度是最重要的)。每个有感受个体的目标都是且应当是[2]快乐净值(net pleasure)的最大化。一个理性社会的目标应该是所有社会成员的快乐净值的最大化。幸福就是这个,而不是别的什么。

其中包括哪些成员?边沁在他的《道德与立法的原理导论》(An Introduction to the Principles of Morals and Legislation)很靠后的章节中,才开始讨论这个重要问题。[3] 按照他的说法,伦理和法律应该关注所有"能感受快乐"的生物。这些生物可分为"两类"。第一类是"人类,他们被视为拥有人格"[4]。第二类是"其他动物,由于它们的利益被那些缺乏敏感的古代法学家忽视,因此被贬低至物品一类"[5]。于是,边沁拒绝了在(人类)人格体与物之间的传统区分,拒绝了将动物贬低至后一类,而且显然也拒绝了它们是财产的想法。他并没有断言其他动物也有人格,但这段话清楚地表明,无论正确的标准是什么,它都会把人类和动物包括在内。然后,他在这里附加了一个著名的脚注。它经常被部分引用,但很值得完整引用:

在印度教和伊斯兰教里,其他动物的利益似乎得到了某种关注。为什么它们没有像人类一样,被普遍地根据敏感性的差异而得到考虑呢?因为法律一直都是相互恐惧的产物,而那些理性较低的动物没有人类那种手段来让这种恐惧得到考虑。为什么它们不应当得到考虑？这是缺乏理由的。如果只是被吃掉的话，那么只要我们喜欢吃，就有很好的理由允许我们吃掉它们：这对我们会更好，而它们从来不会变得更糟。它们不像我们那样对未来的苦难有长远预期。与它们在自然过程中不可避免面临的死亡相比，它们在我们手中遭受的死亡通常是而且也许总是更快一些，也就是说痛苦更少。如果只是被杀，那么就有很好的理由允许我们杀死那些侵扰我们的动物：我们会因为它们活着而变得更糟，而它们绝不会因为死亡而变得更糟。但是有没有理由允许我们去折磨它们？我看不到任何理由。有没有理由不允许我们去折磨它们？是的，有几个。（边沁在此引用了他的另一份书稿。）曾几何时，我伤心地说许多地方仍处于那样的时代，人类这个物种的大部分成员被贬为奴隶，他们在法律上受到的对待完全等同于低等物种的动物至今所受的对待，例如在英国。也许有一天，其他动物可以取回那些原本属于它们，却只因为暴君之力而被剥夺的权利。法国人已经发现，皮肤黑并不构成理由，听任一个人陷于一个施虐者的恣意虐待而无救济之途。也许有一天大家会认识到，腿的数目、皮肤是否长毛，或者骶骨末端的构造都不足以构成理由，听任一个有感受的生物陷于同样的命运。还有其他什么理由可以划下那条不可逾越的界线？是理性能力吗？还是语言交流能力？可是与刚出生一天、一周甚至一个月的婴儿比起来，成年的马或狗都是远远更为理性、更可沟通的动物。但假设情况不是这样，那又怎样？问题不在于"它们能推理吗？"也不在于"它们能说话吗？"而在于"它们能感到痛苦吗？"[6]。

令人震惊的是，边沁坚持认为，在法律面前动物和人类应当得到同样对待（也许是根据人格性标准，但更有可能是根据某个强调人和动物都具有脆弱性的新观念）。它们不应该被当作物品或财产来对待，它们的利益应该和人类的利益一样受到关注，"但要考虑到敏感性的差异"[7]。为了防止这个限定条件可能带走他所说的大部分内容，他非常清晰地向我们解释它的意思：类似的利益应该得到类似的对待，当我们考虑一个生物的需求时，与该生物的利益无关的因素是不重要的。他在其他地方提出一句格言：每一个体都要算作一个，没有哪个可以算作更多。

在此处和其他文本中，边沁确实承认在允许杀戮上存在差异。因为其他动物的心智有着不同特征，（他认为）在不被杀害方面没有类似的利益，因为它们不能预见自己的死亡。它们活在当下，所以无痛的死亡对它们来说不是一个错误。我部分地同意这一原则，但不认为它适用于大多数动物。边沁还坚持认为，其他动物和人类一样，也要遵守自卫原则，如果它们带来可能使我们受到严重伤害的威胁，我们可以使用致命的武力，这是正确的。我们将在第 7 章谈论这些观点。但这里最重要的是，法律应当对类似的利益给予类似的关注，这意味着我们故意或因疏忽而对动物造成的痛苦，不应当多于我们被允许对人类造成的痛苦。尽管边沁在其他地方贬低了权利概念，但他在这里却宣称：动物拥有不受虐待的权利，无论法律是否承认这些权利。

然后边沁假想了一个对话者，他主张某种版本的自然阶梯观，认为身体的差异是道德地位差异的标志。边沁首先指出，在奴隶制的例子中，我们现在否认了身体差异可以构成自然界的一条"界线"。因此他预测，我们最终也将否认非人动物的身体特征可以构成这样一条"界线"。这个对话者也许会将"理性"和"语言"用作在我们和它们之间划定"界线"的真正理由，并认为这条"界线"可以使残酷对待动物得到许可。边沁首先否定了任何类似的清晰界线的存在，因为某些动物可以比某些人类更好地推理。但他随后给出了自己的真正答案：这不重要。重要的道德事实并非推理能力，而是感受痛苦的能力。边沁是真的关心动物，他忠实的编辑约翰·鲍林（John Bowring，1792—1872）收集的他的许多言论可以提供佐证。他表达了对各种动物的喜爱，包括猫、驴、猪和老鼠。他与一头猪建立了友谊，这头猪经常陪他散步。一只被他命名为约翰·朗伯恩牧师的猫，曾跟他一起在餐桌上吃通心面。他喜欢让老鼠在他的书房里玩，吃他腿上的面包屑。他写道："我喜欢一切长有四条腿的。"他经常沮丧地回想自己小时候对动物的残忍行为，以及他叔叔的责备对他产生的有益影响。[8] 显然，在维多利亚时代，边沁的动物权利观并不是最激进的，有另外一些思想家在为全面禁止将动物用作食物或衣服而辩护。[9] 但他为自己论点的一些局限性进行了辩护（见第 7 章），并反复宣称法律应当对类似的利益给予类似的关注。对于边沁的大多数读者来说，这些主张是激进的。基督教高级教士威廉·休厄尔（William Whewell，1794—1866）[1] 对这种激进主义提出了强烈批评，而密尔优雅地反驳了他的批评，我们在后面会看到。

边沁的反维多利亚激进主义

但是，边沁还更加激进。最近，随着他生前未发表作品的出版，我们才知道，他大胆地质疑英国道德对肉体快乐以及对我们人类的动物性的那种清教徒式憎恨，这种态度在一定程度上导致了维多利亚时代对动物的蔑视，而这是他所反对的。我们也应该质疑我们对自己的动物性经常表现出来的负面态度，因此这个背景在今天是非常重要的。

特别是在 2013 年才出版的《从保罗到耶稣》（*Not Paul, but Jesus*）一书中，他对基督教伦理学进行了激进的再解读[10]，边沁宣称一切快乐和一切痛苦无论其来源如何，都具有同等价值，并抨击了那种认为有些快乐"高级"而有些"低级"的观

1　旧译"胡威立"，英国科学史家、科学家。

点。他坚持认为，耶稣并不反对性快乐，只是由于主流群体太伪善，才规定了只有婚内性行为是好的，而其他类型的性行为都是坏的，应接受刑罚。他提出了一系列精妙而有力的论证，支持将同性行为合法化，并主张给予女性更大的性自主权。最重要的是，边沁奉劝他的读者放弃对身体的憎恨，这种憎恨曾经在维多利亚时代的文化中非常盛行。

站在边沁的敏锐视角，我们可以看到一个巨大真相：人类对其他动物的贬损大部分是由自我厌恶和恐惧激发的。因为我们自己的动物禀性让我们烦恼、厌恶和恐惧，所以就宣称这个部分是卑贱的，并把类似的蔑视和厌恶投射到动物王国的其他地方，同时也投射到一些从属人群，从而非理性地认为这些人群比我们更接近动物。清教主义（puritanism）[1]和对其他动物的蔑视是相辅相成的，而且物种歧视和其他邪恶（比如种族歧视、性别歧视和同性恋恐惧）可能有一个共同的来源。

因此，边沁所做的不仅仅是要求更好地对待动物，他还追溯了我们虐待倾向的根源，并要求我们勇敢地质问自己。

一些困难：质、活动和个体性

功利主义具有令人振奋的激进性，在限制人类虐待动物方面，它的思想有力地推动了最近的很多进步。痛苦是动物

---

[1] 在本书中是指那种主张禁欲、贬低享乐的基督教价值观。

生活中一个非常重要的事实。功利主义者在这一点上是正确的，他们很勇敢地强调这一点，尽管边沁可能首先想到的是身体上的而不是精神上的痛苦，因此他没有坚持一个他本应坚持的观点：动物在心理上是复杂的，能够受到精神上的折磨和挫败。边沁对维多利亚时代那些观念的深刻抨击，对当代动物权利的捍卫者产生了重要影响，无论我们是否同意他的一些具体建议。

但从某些方面看来，这种观点过于简单了。

首先，边沁没有对快乐和痛苦给出解释，他甚至没意识到这里存在一个哲学问题，正如密尔所指出，他肯定没有证明所有的快乐和痛苦都是同质的。古希腊和古罗马的哲学家对快乐究竟是什么展开了激烈的辩论。它是一种感觉吗？它是一种积极状态（没有压力或障碍）吗？或者，也许最合理的是，它是一种与活动紧密相连的感觉，以至于我们无法将其与活动拆开，并对其进行单独测量吗？吃一顿美味佳肴的快乐似乎与抱着心爱的孩子的快乐非常不同，而二者都不同于学习和研究的快乐，等等。亚里士多德给出了一个令人信服的说法，他说快乐是某种"随附"在活动上的东西，"就像一个健康的年轻人脸颊上的红润"。换句话说，它与活动有非常密切的联系：你不从事那个活动，就无法得到那种快乐。但如果这是真的，那么整个最大化快乐净值的目标从一开始就陷入了困境。

此外，一旦我们认识到这些质的差异，那么我们似乎需要弄清楚哪些快乐是值得培养的：那种认为所有快乐都同样值得追求的想法是可疑的。很多人在残忍行为中获得快乐，还有人在无限度地积累财富中获得快乐。也许这些都不是一个旨在营造体面社会的人应该赞成的快乐。当我们思考人与动物的关系时，这是个大问题。在一切有记载的历史中，都有很多人（如果不是大多数人）以支配其他动物为乐，从工厂化养殖到毛皮工业，很多实践都迫使动物过着悲惨的生活。如果所有这些快乐在社会计算中都被算作正价值，那么功利主义者就很难令人信服地证明我们应当停止这些做法。但究竟为什么它们应该被算作正价值呢？边沁忽略这些问题的理由是值得尊重的，因为他渴望颠覆维多利亚时代特有的快乐等级制。但我们仍要坚持认为，他忽略了一个基本问题。

即使我们暂时抛开那个基本问题，边沁式计算法还存在其他问题。对边沁来说，社会的目标是追求一个加总数，它要么是一个总额，要么是一个平均值。快乐和痛苦的分布没有被考虑在内。好的加总结果可以通过各种方式来实现，而其中一些方式会给社会底层成员带来巨大苦难。边沁的理论无法对处境最不利者给予特别关注，而他们的处境对于一个关心平等或关心充分的繁兴机会的人来说是极其重要的。如果目标被理解为快乐的总额而不是平均值，那么加总问题就更加令人担忧：因为这个目标会允许把那些生活极其悲惨的生物（不管什么物种）带到这个世界上来，只要他们的生活中的快乐略微多于痛苦。（食品工业所创造的许多动物的生活会不会就是这样的？）

克里斯汀·科斯嘉德敏锐地对功利主义的加总问题提出

了另一种看法,她认为追求加总的功利主义者忽视了个体生命的重要性,这个看法是有道理的。[11]边沁似乎认为,重要的是社会中快乐的量,个体生物仅仅作为快乐或满足的容器而被重视。如果我们能将某一个体替换为另一个能容纳更多一点儿快乐的个体,我们就应该这样做。简言之,社会根本不需要对有感受的生物个体负责。这个观点不尊重他们,将他们视为一些可以倒入较多或较少快乐的容器,却丝毫不重视这样一个事实:他们每一个都是只有一次生命的生物。也许某种功利主义理论能解决这个问题,我认为密尔的版本就可以。然而很明显,边沁甚至都没有考虑过这种反对意见,更别说解决它了。

另一个问题是,所有动物都有适应低水平生活条件的能力。有时人们经过所谓"适应"过程,产生了"适应性偏好",不再因无尊严和匮乏而感到痛苦。[12]有些适应是良性的:我们随着成长,不再因为不能飞翔而感到失望,我们适应了两足动物的状态。但有些适应则是受到了恶劣专横的社会习俗的影响。在性别歧视的社会中,女性往往学会了不想要那些社会不允许她们得到的东西,比如高等教育、性自主权和充分的政治参与。动物也有这个问题,因此那些从出生起就被圈养在动物园里的动物,可能不会对自己缺乏自由行动或社交陪伴而感到痛苦和不满,因为它们从未体验过这些。而且,就像女性的经历一样,它们因温顺而受到饲养员的奖励,因抗争和好斗而受到惩罚。

除此之外,对于动物(包括人类动物)生活中的重要事物是什么这一问题,边沁给出了一种非常狭隘的解释:只有快乐(被视为一种具有同质性的感觉)和避免痛苦。因此,他没有为自由运动、与自己的同类相伴并建立关系、感官刺激、适宜的栖息地等事物的特殊价值留出空间。在这个缺点上,边沁主义与"如此像我们"进路趋于一致:二者都拒绝对动物实际生活的诸多复杂形式给予充分考虑和积极评价。在评估一只动物的繁兴机会时,快乐和痛苦根本不是唯一重要的问题。

还有一个与活动相关的问题。正如前文所述,边沁认为快乐是一种感觉。这种感觉通常是由一种活动产生的:吃的快乐是由吃产生的,友谊的快乐是由友谊产生的。但是,它当然也可能由其他方式产生。边沁不同于亚里士多德,在他的观念中,快乐和活动并不紧密相连。然而,活动对生物是很重要的。哲学家罗伯特·诺齐克(Robert Nozick)想象了一台"体验机":当连接到这台机器上,你会感觉你在吃饭,在和朋友聊天,等等;你会得到与这些事情相关的享受,却根本没有做任何事情。[13]诺齐克猜测大多数人都会拒绝这个体验机,因为对他们重要的不仅是自己的体验,而且是要做自己行动的发起者。动物也是一样。大多数动物都喜欢做一些事情,做自己行动的发起者对它们是重要的。功利主义难以解释这一点。[14]

我们应当接受功利主义的一些勇气可嘉的观点,包括它对于痛苦的关注,还有它承认人类和其他动物之间存在广泛共通性。边沁还激进地抨击了维多利亚时代的精英主义和当时人们对身体快乐的过分拘谨态度,我们也应该以某种方式接受这种立场。但是，功利主义者如果想通过重构其观点来应对这一长串的反对意见，那么他们还有很多工作要做。

边沁的追随者：西季威克和辛格

维多利亚时代的哲学家亨利·西季威克是一位富有洞察力的严谨哲学家，他的巨著《伦理学方法》（The Methods of Ethics）[15] 值得所有对福祉（well-being）感兴趣的人仔细研究，无论他们是否同意功利主义思想。他针对许多对功利主义的批评（包括 J. S. 密尔的批评，我将在下面的章节中讨论）进行了认真辩护。与边沁相比，他更好地展示了功利主义的哲学力量。西季威克和边沁一样是一位活动家，而且是女性高等教育的先驱，他和他的妻子埃莉诺共同创建了剑桥大学纽纳姆学院，这是英国最早向女性提供大学学位的地方之一。[16] 出于如下三个原因，我不再详细考察他的观点。第一，西季威克从未充分回应我对边沁理论的批评，甚至从未考虑过其中的大部分批评。第二，西季威克从未讨论过动物及其权利，尽管他的零星言论表明，他知道自己的理论也适用于动物。第三，边沁最杰出的直接继承者彼得·辛格是一位重要的动物权利理论家，而西季威克不是。因为辛格也是西季威克哲学的专家，并将其视为自己思想的基础，所以我们可以通过考察辛格来研究西季威克的边沁主义。[17]

彼得·辛格无疑是动物权利运动史上最重要的人物之一。

《动物解放》以生动的文笔和清晰的论证,向世界发出了嘹亮的呼声。边沁只是把自己的主要看法藏在了一本关于刑罚的著作的脚注中,密尔仅仅把自己对这个问题的看法写在一本杂志上的一条答复中,而辛格正面地向公众讲述了人类对动物做出的种种恐怖行为。辛格也是一位老练的哲学家,他机智地回应了对其观点的反对意见。[18]尽管他说的不会让所有人满意,但他的确说出了一些东西,而边沁几乎什么也没说。

像边沁一样,辛格也坚决反对将某些生命排在比其他生命更有价值的位置。他通过详细的论证反驳了物种主义,但由于我已经给出了自己在这一点上的论证,所以没有必要再介绍他的观点。像边沁一样,他坚持认为所有的利益都必须被平等对待。平等考虑原则并没有规定所有生物都必须得到同样对待,因为生物的利益可能有所不同。它规定,类似的利益必须得到类似的对待。这是辛格的边沁主义和我本人观点的一个重要共同点。

辛格是一名通过寻求思想共识来推动事业发展的活动家。他强调,在《动物解放》等通俗著作中,他并不假设读者同意他的那种功利主义,他所采取的论证方式可以得到持有不同观点者的赞同。[19]我认为寻求共识是很重要的,我将在第5章和结语部分讨论这个问题。然而,他和我也同意,探求正确的哲学观点也很重要!

辛格和我的观点之间还有两个共同点。一个共同点是,他坚持认为,感受或意识觉知(conscious awareness)是自然界的一条重要分界线,在正义理论中,没有感受的动物(他讨论了一些我将在第 6 章思考的例子)和植物都不是伦理关注的恰当对象,尽管它们可能是其他类别的关注的恰当对象。

另一个(部分)共同点是关于杀戮的错误性。辛格跟边沁一样认为杀死那些完全生活在当下的生物是可允许的。然而,他认为这一群体包括大多数动物,这是令人难以置信的。[20] 我同意某种类似于这个原则的观点(见第 7 章),但我对于哪些生物(非常少)事实上生活在当下有非常不同的看法。

辛格与边沁有这么多一致的观点。然而,当我们谈到辛格观点的细节时,二者开始出现重大分歧。

边沁似乎把快乐和痛苦视为这个世界上的客观事实,是科学家可以衡量的。西季威克就是这样解读边沁的,辛格后来也持这种观点。但在辛格职业生涯的早期,他关注的不是快乐和痛苦的事实,而是人们的主观偏好,他的那种功利主义的目标是偏好净满足的最大化。

虽然这种观点似乎确实不同于边沁的,但是我对边沁提出的所有反对意见都适用于它。第一个是,辛格的计算法不看重利益的分布。他不得不去证明,减少对动物的虐待实际上有助于偏好净满足的最大化。这很棘手,因为对边沁来说(大概对辛格也一样),强度是衡量体验的一个重要维度,而且很难排除人类可以从肉食中获得非常强的满足,以至于有可能与许多动物的痛苦相抵消。在这一点上,这个计算法完全是不确定的,而且不太管用。我的第二个反对意见是,辛格也没有认识到不同的满足之间存在质的差异。他不像密尔,而像边沁和西季威克那样,坚持使用一种单一的计算法。

至于适应性偏好,我没看到辛格对此有任何讨论,但他大概会坚称,满足就是满足,不管导致它的过程是怎样的。他也没有讨论能动性的特殊价值(例如,他没有回应诺齐克的质疑[21]),但他大概会说,如果体验机真的能满足偏好,那么它就是好的。辛格确实讨论了上文提到的容器/可替代性的问题,但他的回答方式无法令最早提出这种质疑的科斯嘉德满意。

不管怎样,如今辛格已经不再坚持认为快乐是主观的,而是转向了类似于西季威克和边沁的观点:快乐是这个世界上的可度量的事实。[22]

总而言之,与边沁相比,辛格的论点在哲学上更复杂,但也面临相似的问题。他们超越了传统的"如此像我们"进路,向前迈出了一大步。但是,如果追随密尔的指引,我们可以且应该做得更好。

密尔能否解决这些问题?

作为边沁的杰出继承人,约翰·斯图尔特·密尔在上述大多数问题上都取得了巨大的进展。他和边沁一样也是无神论者,因此不能担任学术职位,他甚至不能获得学术学位。[23]与边沁不同的是,他不是财富自由的富人,为了谋求生存,他不得不一边在英国东印度公司做一份全职工作,一边为报社撰写新闻。因此,密尔发表的有些作品既简短又含义模糊。人们希望他当时能以更长篇幅发展其中很多观点。但是,他为我们提供了一些用来建造的好材料,尽管这些材料曾被西季威克明确拒绝,而且常常被当代功利主义者直接忽略。[24]

首先,密尔认为快乐既有量的差异,也有质的区别。他还强调了能动性的价值,并将其与尊严联系起来。他强调了一些特定事物的重要性,包括健康、尊严、友谊和自我修养。他似乎认为,这些有价值的事物得以实现的时候,通常会伴随着快乐,但他似乎在说,快乐是从与之相关联的活动中获得价值的,而不是相反。他很明确地指出,满足本身并不足以实现繁兴的生活:活动,以及一种活动的特定性质是非常重要的。简言之,他对福祉的描述类似于亚里士多德思想中多维度的繁兴,或曰"幸福"(eudaimonia)。而且,他还敏感地意识到,在一个腐坏的社会中,人们的快乐也许不是可靠的价值指标。在他关于女性平等的重要作品中,特别是在《妇女的屈从地位》(*The Subjection of Women*)中,他认为妇女的欲望和偏好已经被男性统治扭曲了,妇女学会了怯懦和温顺,并相信这样做才具有性吸引力。因此,"妇女的主人"已经"奴役"了妇女的思想。他由此预见了如今的学者用"适应性偏好"对功利主义提出的批评。

此外,密尔显然非常关心效用(utility)在社会中的分布问题。他在《功利主义》中提出,正义和权利的观念必须提供一个底线，法律不允许公民被推到这个底线之下，即使是为了整体福利。在他的政治著作中，作为一个社会民主主义者，他主张政府在确保所有人获得充分的教育、保护良好的工作条件和扩大选举权方面发挥强有力的作用。(作为议会成员，他在1872年提出了英国第一个向妇女开放投票权的立法提案。)他还建议颁布禁止家庭暴力和婚内强奸的法律。他坚持认为，在"目前不完善的社会状态"中，在人们认为会促进繁兴的东西和真正会促进所有人繁兴的东西之间存在巨大的差距。他希望这个问题最终能通过启蒙教育来解决，但与此同时，法律必须发挥先导作用。

重要的是，密尔处理了"容器"问题，尽管只是在他的通信中。当一个朋友问他究竟如何在不同的生活中加总幸福时，他的回答是，我们只是通过计算拥有幸福生活［大概是幸福水平达到某个合理的门槛（threshold）］的人数来做到这一点。"我这句话旨在表达的论点是，既然 A 的幸福是一种善，B 的幸福是一种善，C 的幸福是一种善，等等，那么所有这些善的总和也一定是一种善。"[25] 尽管我们可能希望他给出更全面的理论讨论，但他的观点似乎很明确地将每个生物的生活视为一个独立的价值来源。

在密尔的大量著述中，他只谈到了人类和人类社会。但非常清楚的是，他打算将他的思想扩展至其他动物及其繁兴。尽管他从未详细说明他自己关于动物权利的哲学基础的想法，但他确实在《对休厄尔的答复》("Reply to Whewell")一文中极为清晰地表明了他的基本立场。

威廉·休厄尔是一位基督教教士和知识分子,他为某种形式的自然阶梯观辩护,认为人类在造物的顶端占据着独特的位置。他发表了一篇非常敌视边沁的文章,说因为边沁要求我们把动物的快乐和痛苦与人类的快乐和痛苦相提并论,所以这是对功利主义计算法的归谬。休厄尔说,与此相反,我们应该根据某种生物与我们的相似性来判断其快乐的价值,而且我们应该让自己受"人类手足情谊"的约束,把人类的快乐放在首位,甚至不应当把其他动物的快乐放在同一个计算法中。密尔撰写了一篇长篇期刊文章,以犀利的思辨和强有力的逻辑回答了他,在包括这个问题在内的一系列问题上驳斥了他。

密尔认为,人们对相似性的看法是偶然的,且非常易受操控。他观察到,在美国南方,黑人的快乐和痛苦被认为与白人的完全不同。5个世纪前,封建贵族的快乐和痛苦被认为与农奴的没有任何可比性。根据休厄尔的观点,在任何此类情形中,主导群体拒绝在同样的计算法中考虑从属群体的快乐和痛苦都是正确的。但这些观点是"自私的迷信"[26]。与此相反,密尔认为,我们必须始终去问:"对于任何一种做法,假设它给动物带来的痛苦多于给人带来的快乐,那么这种做法是否道德?如果人类从自私自利的泥沼中抬起头来,却没有异口同声地回答'不道德',那么,就让基于效用原则的道德永远遭受谴责吧。"[27]

密尔的原则是模糊的,在这篇文章中,他没有告诉我们他会如何重塑边沁的计算法,从而使其包含他本人对于如下问题的见解:质的差异问题、与权利和正义相关的重要门槛、适应性偏好问题,以及如何加总快乐的棘手问题。我们不得不替他做这项工作,但这是可以做到的。我在第 5 章提出的肯定性建议将高度秉承密尔的精神。

然而,在一个重要的问题上,我们必须偏离密尔。边沁对快乐持有激进的民主化态度,密尔则重新采用了熟悉的维多利亚式"高级快乐"与"低级快乐"之分。更糟糕的是,他以动物为例来说明后者——"猪的满足"。密尔仍然以一种清教主义态度看待身体快乐,这绝对无助于正确地认识我们与其他动物的亲缘关系,以及正确地对这种亲缘关系给予全心全意的承认。他也许可以保留质的区别但不回到传统的等级制,他可以像亚里士多德那样,认为每一种活动都带有其相关联的独特快乐。

因此,也许可以说,我的能力论将阐明密尔对动物的看法,如果他不那么受维多利亚时代的过分拘谨和羞耻心影响的话!

从边沁的计算法向前行进

从过去到现在,功利主义者们一直都是道德英雄。他们看到和听到了别人拒绝去看、去听的东西,他们不仅有同情心(也许在不同程度上),而且决心在原则上对一切有感受的生物一视同仁。鉴于功利主义存在的缺点，我们应当寻求另一种理论进路，它要像边沁一样勇敢地承认：痛苦是所有动物之间的共同纽带，而感受是自然界中一条重要的分界线，区分出那些可以被正义或不正义对待的生物。但它要超越边沁，它关注每种动物的完整生活形式，以及动物的繁兴和困境的多个不同方面。在这个探寻过程中，密尔对边沁的批判将备受重视，我同意密尔的大部分观点：每个生命体的尊严都很重要，活动与状态都很重要，而且必须承认各种重要价值之间具有不可化约的多元性。然而，密尔不像边沁那样热衷于恢复对身体及其快乐的重视。因此，在我们试图推动进步时，需要把边沁和密尔都铭记在心。

我的理论像功利主义一样，认为一切有感受生命的利益都具有平等的分量，并把感受作为一个非常重要的边界。尽管疼痛非常重要，而且结束无意义的疼痛是一个紧迫的目标，但动物是能动者，它们的生活还有其他的重要方面：尊严、社交能力、好奇、玩耍、计划和自由行动，等等。它们的繁兴最好被理解为拥有选择活动的机会，而不仅仅是某些满足的状态。因此，让我们向功利主义者学习，但要继续前进。

第 4 章

克里斯汀·科斯嘉德的康德式进路

康德、尊严与目的

我反驳了那些认为人类高高在上,只根据动物与我们的相似程度来判断它们是否值得关心的观点。我也反驳了边沁式功利主义,我认为应当尊重每个有感受生物的尊严,动物作为能动者是有价值的,它们不应仅仅被视为一些满足的容器。现在我们转向第三种理论进路,它与我自己的理论更为接近,在很多方面都有交叠。它就是克里斯汀·科斯嘉德的进路,其理论基础是伊曼努尔·康德的思想,特别是康德的如下观点:我们必须始终把生物(对康德来说只包括人类,对科斯嘉德来说包括一切有感受的动物)当作目的来对待,不应仅仅将其当作达到我们自己目的的手段。这是近年来关于动物权利的最重要的哲学著作,仅就其写作质量而言,就很值得一读。但同样重要的是,我们要理解为什么这种进路尽管令人印象深刻,却仍有不足之处，它没有完全公平地对待动物能动性和动物生活的复杂性。

伊曼努尔·康德与边沁身处同一时代，是自由主义启蒙运动的另一位重要设计师。两人都希望人类拥有更多选择，社会中的专断权威变得更少。两人都反对专制的宗教和习俗对人们的支配，探寻仅接受人类理性省察的公共政策。两人都是有胆识的国际主义者，寻求国家间的合作，批评殖民主义。两人都反对奴隶制和奴隶贸易。[1]

然而，他们之间也存在根本上的区别。边沁认为快乐和痛苦是唯一相关的规范性事实；康德则不认为快乐有任何道德价值，而是关注人类的道德选择能力所具有的尊严。[2] 与这一根本差异相关的是，他们在实践上的结论也存在差异。边沁知道，性规范往往使弱势群体（包括妇女和渴望同性关系的人）处于从属地位，并主张所有人都有权以自己喜欢的方式寻求快乐；康德则似乎对妇女的平等没什么兴趣，并对不得体的性行为持有极其保守的观点。（甚至认为手淫比强奸更糟糕！）他完全蔑视快乐和欲望。边沁敏锐地意识到动物在人类手中遭受的痛苦，并认为这也是一种不可接受的"暴政"；康德则认为动物缺乏道德选择能力，完全缺乏尊严，并得出结论：人类可以"按我们的喜好"（as we please）使用它们。[3]

因为边沁备加关心痛苦，且质疑并揭露所有形式的支配，所以他纠正了（也许可以这样说，因为他可能没有读过康德）康德的一些最严重的缺点。但事情没这么简单，因为反过来说也一样。边沁执迷于加总，对个体生物的不可侵犯性和尊严缺乏认识，而康德却将这种尊严置于其道德哲学（仅关乎人类）的核心，认为一种基本形式的错误行为就是将人仅仅当作一种手段而非目的。二者似乎都值得我们学习，如果我们能谨慎地避免二者的错误，就可以用从他们那里学到的东西来看待动物的生活和痛苦。[4]

在本章中，我将论证喜爱动物的人可以通过思考康德学到很多东西，但我们必须批判性地思考康德式进路能为我们带来什么。为此，我将专门考察克里斯汀·科斯嘉德的著作，她是最杰出的康德阐释者和继承者之一，也是我们当代最受瞩目的哲学家之一。科斯嘉德也是一个喜爱动物的人，是关于动物自我和动物权利的最好的思想家之一。尽管她知道康德本人对动物缺乏尊重，但她一直相信，康德的伦理思想中所包含的材料可以用来构建一种动物权利论，她在两部重要作品中阐述了自己的观点：一部是她 2004 年在坦纳讲座的报告，题为"同为造物：康德伦理学与我们对动物的责任"（*Fellow Creatures: Kantian Ethics and Our Duties to Animals*）[5]；另一部是她在 2018 年出版的著作《同为造物：我们对其他动物的责任》（*Fellow Creatures: Our Obligations to the Other Animals*）。[6] 从相似的标题可知，这两部作品在论证思路上非常相近，后者是从前者发展而来的，篇幅更长。但是，这两部作品还是有很大区别，需要依次考察。

虽然我不完全同意科斯嘉德 2018 年作品中的所有内容，

但我将其视为一项重大的哲学成就,我力劝本书所有读者也去读一读它,因为我在这里仅涉及其中一些丰富而重要的论述。

科斯嘉德是一个康德主义者,但她也从亚里士多德那里学到了很多。(她在哈佛大学的博士论文是关于康德和亚里士多德的。[7])亚里士多德是我在论述自己的观点时将大量讨论的人物,他对人类和其他动物之间的共同点非常感兴趣,认为所有动物都在使用认知能力(感知、想象和欲求)以及各种形式的欲求和情绪来追求它们的目标,努力维持它们的典型生活形式。科斯嘉德认为这些见解很重要。她从亚里士多德那里了解到各种有感受的生物是如何努力实现它们的目的,以及如何按照每个物种特有类型的运作(functioning)[1]来生活的。这些都是康德所缺乏的观点[8],而科斯嘉德利用亚里士多德对动物(包括人类)如何努力实现其目的的理解,在康德冷酷的人类中心主义伦理学中开辟了一个空间,一个喜爱动物者可以以此为起点,为动物及其努力伸张正义。但为何要坚守康德的观点?因为他深知个体生物拥有不可侵犯的尊严,这是亚里士多德从未明确表述的一个观点。

我同意科斯嘉德的观点:一个好的动物正义理论应包含亚里士多德要素和康德要素。亚里士多德缺乏尊严观念,也缺乏"将某一个体自身当作目的"的观念。我们需要这些观念。

---

[1] 该词意为运作、机能或功能。译者将根据不同的语境,有时将其译为"运作",有时译为"机能"。

科斯嘉德和我以明显不同的方式结合了亚里士多德和康德的要素，但我们最终得出了许多相同的结论。因此，本章既是对一种竞争观点的研究，同时也是为我所赞成的进路做铺垫。

康德论对待动物的方式

对康德来说，关于人类的关键事实是：我们有伦理推理和选择的能力，我们有根据自己的立法来自我约束的能力。在他看来，这种能力具有无价的价值，而其他动物的能力则没有价值。在《实践理性批判》的结语里，他提出了一个著名的论断："有两样东西，我对它们的思考越是持久与深沉，心中越是充满了常新而日增的赞叹和敬畏：我头顶的星空和我心中的道德律。"[9] 对他来说，我们对这种能力的尊重和敬畏是伦理学的基本出发点。

康德认为有可能存在其他一些在道德上有理性的生命体，比如天使。但在我们的日常世界中，人类是孤单的。像斯多葛派一样，他否认动物有任何道德立法能力：它们只是本能和欲望的生物，而本能和欲望本身没有道德价值。由于我们有（在这个世界上）独一无二的自我立法能力，所以我们"在等级和尊严上完全不同于物品（比如非理性的动物），我们可以按我们的喜好随意处置它们"[10]。

康德在其著名的"绝对命令"的四种表述形式中阐述了人类尊严的规范性作用。[11] "绝对的"与"假言的"是相对的。一个假言命令告诉你，如果你想得到 B，那么就去做行动 A：它取决于你预先的目标。一个绝对命令在所有情况下都有约束力，不管你想要什么或感觉如何。"绝对命令"也许最好被视为一种检验一个人的行动原则的方法，看它是否通过了道德的要求。也就是说，它是否体现了我们在准备行动时应该给自己颁布的那种法则？

关于康德对"绝对命令"的不同表述形式已经有大量的著述，其中大部分与我们这里的目的无关。我非常同意科斯嘉德的观点，康德的核心思想在第二表述中得到了最好的体现，即人性公式（Formula of Humanity）或自身目的（End-in-Itself）公式[12]："你要这样行动，把无论是你自己的人格中的人性，还是任何其他人的人格中的人性，任何时候都同时当作目的，而决不能仅仅用作手段。"[13]那么，一个主要观点就是，不要（或不要仅仅）把一个生物当作一个实现你自己目的的工具，一个你自己目的的客体，而是始终把它当作一个其利益具有内在重要性的存在者，因为这个拥有利益的生物具有内在重要性。当然，一个人可以把一个生物既用作手段又当作目的，例如雇用一个工人为你完成工作，同时待之以尊重和真正的关心。康德坚持认为，对一个生物的任何工具性使用都应该受到一个主导观念的限制，即你看到这个生物本身的价值，并尽力尊重它对自身目的的追求。全世界的法律和宪法都将这一观念纳入了国家框架，以此来限制多数人可以做什么、不可以做什么。

康德用四个例子来说明这个公式（类似于他说明其他公式的方式）。最清晰的一个例子是欺骗性承诺：为了个人利益而做出欺骗性承诺，这显然是把另一个人当作了手段，因此绝对命令否定这种行为。你欺骗别人，就意味着你没有充分尊重那个能够做出选择的人。我们通过这个例子知道，把人性当作目的要求我们不要通过胁迫或欺诈来利用别人。

但康德认为我们对自己也有义务。因此，通过另一个例子，他认为那些为了追求快乐而生活，不发展自己才能的人，也是对自己的道德能力缺乏尊重，把他们自己当作享乐的手段。康德这个观点是否正确尚不完全清楚。也许在一种非常极端的情况下，人对快乐的追求可能会完全摧毁他们的选择能力，这种极端情况可能是应当反对的。但这样的论点往往被用来掩饰清教主义，康德也不能免于这种反驳。

康德又举了一个例子，并认为那些处境优裕的人如果不去帮助那些需要帮助的人，实际上就是把他们当成了手段。因为当他们需要帮助的时候，他们自己也会急切地接受援助。这个观点很有趣，但需要给出比康德更深入的论证。有时，生活优裕的人很可能会剥削那些处境不利者，把他们当作满足自己利益的仆人，而不是把他们当作目的来尊重。但是要谨慎地阐明，这种批评在什么条件下才是合理的。[14]

另一种看待何谓尊重人性的方式，就是去思考如果我们把自己的准则变成一个普遍法则，世界会是什么样子。这个普遍法则公式（Formula of Universal Law）是康德对"绝对命令"

的第一个表述，他认为它与人性公式紧密相连，并为我们提供另一种理解人性公式的方式。康德认为，一类核心的道德错误就是把自己视为一个例外，让自己免于遵守那些我们施加于他人的规则。通过将我们的准则普遍化，可以揭露这种行为中的营私舞弊，帮助我们看到其利用别人的一面。虚假承诺者不希望每个人都能够做出虚假承诺，因为那样的话，承诺的机制将不复存在，而她现在正是依靠这个机制来损人利己的。康德还认为，一个懒惰的享乐者不可能愿意让全世界的人都过上懒惰而追求享乐的生活，因为那样的话，就没有人会做那些维持世界稳定和值得生活的基本工作了。简言之，她是别人劳动的寄生虫。那些不愿意帮助别人的人，同样不可能愿意全世界的人都像她那样，因为那样的话，当她需要帮助时就没有人帮助她了。所以，她还是在利用别人。

因此，康德的基本观点是：要尊重每一个人，将其当作一个具有内在价值和自主性的生物，一个跟我们一样的做选择者，并且不让他们的目的屈从于我们的目的。现在我们来看看，如果将这一原则应用于我们与其他动物的交往中，它会如何发挥作用。

如果我们人类要检验自己对其他动物的行为原则，将自己视为与它们共享这个自然世界，那么，我们的做法就很少能通过绝对命令的审查。人类认为把猪关在怀孕箱里是没问题的，但如果把他们自己的孩子从他们身边带走，迫使其接受充满痛苦的、侮辱性的囚禁，他们会感到震惊。[15] 人类认为对动物实施痛苦的且往往是致命的攻击行为是没问题的，但我们却不能容忍其他动物对人类的攻击。人类通常认为帮助有需要的动物并不重要，但我们却依赖动物向我们提供各种我们需要的东西，甚至从不征求其同意。人类也没有去反思，我们对自己的一种义务也许是发展自己对动物生活感到惊奇和敬畏的能力。因此，在我们对其他动物做出的大多数行为中，都是把它们用作物品，用作手段，而且我们还不愿意使我们自己发生改变。因此，绝对命令似乎提供了丰富的批判性资源，帮助我们反思当前对待动物的方式，但这首先要求将动物纳入我们的慎思范围。

然而，康德并没有想到这些，因为他已经在沙地上划出了一条界线，将自我颁布伦理法则的生物和本能的生物分隔开，他未加深思就断言后者根本不值得任何伦理考虑。在《人类历史起源猜想》("Conjectures on the Beginnings of Human History")中，康德描述了人类进步的一个关键阶段，就是人类理性使"人完全超越动物社会"这一阶段。人类意识到他们是"自然的真正目的"。在这一时刻，他们与动物的关系发生了转变：人类"不再将它们视为同类，而是将它们视为可以随意使用的手段和工具，可以用来实现他所喜欢的任何目的"[16]。

然而，令人有些惊讶的是，康德却禁止残忍对待动物，不是因为它们本身是目的，而是出于一个非常不同的理由。康德采用了18世纪的一个常见观点，声称对动物的残忍会使人类变得冷酷无情，从而更有可能对人类残忍。这种观点的一个著名例示是艺术家威廉·霍加斯（William Hogarth）的雕版画《残忍的四个阶段》(*The Four Stages of Cruelty*, 1751)：小男孩汤姆·尼禄从折磨一只狗开始，继而发展到成年后殴打一匹马，再到抢劫和残忍地谋杀一名妇女。最后，他被处以绞刑，他的尸体被医学生解剖。康德在《伦理学讲义》(*Lectures on Ethics*) 中提到这套雕版画时说，它们应该成为"给孩子们留下深刻印象的一课"[17]。

康德认为这些心理学法则足以排除残忍行为，在他看来，这包括许多边沁也反对的行为：娱乐性的狩猎和钓鱼，以及像斗熊和斗鸡这样的运动。康德认为，我们可以杀死动物（大概也可以吃它们），但我们必须以无痛的方式这样做。我们可以让动物工作，但不能让它们过度劳累。我们不能为了"单纯的猜测"而在动物身上做医学实验，如果我们可以通过其他方式来了解我们想知道的事情的话。他还批评了当动物老到不中用时杀死它们的做法。[18] 更广泛地说，他认为动物激发了我们的许多情感，如同情、感激和爱，这些情感是有用的，应该得到加强，因为它们有助于我们良好地对待人类。[19] 然而，这一切都不是为了动物。实际上，它们被用作人类培育自我道德修养的手段。我们负有的这些义务不是对动物的，而是对我们自己的。

科斯嘉德认为，康德的立场是不稳定的。他希望我们把动物看作在许多方面与我们自己相似，并对它们有一系列真正的感情：爱它们，而不仅仅是以貌似爱它们的方式对待它们。

但是，如果我们真的爱动物，难道我们不是希望为其自身之故而善待它们，而非为了使我们自己变好而善待它们吗？她说："为一个生物自身之故而爱他或她，这肯定与以下态度相冲突：将这种爱视为一种手段，利用它来'维持一种有利于人类之间道德的自然倾向'。"[20]

科斯嘉德确信，一位康德主义者可以而且应当做得更好。

科斯嘉德的第一种康德式动物权利观

对于科斯嘉德和康德来说，我们人类是唯一可以被赋予义务和拥有义务的生物，因为我们拥有进行伦理反思和选择的能力。然而，科斯嘉德认为，这一事实并不意味着我们是唯一可以成为义务对象的生物，即被亏欠义务的对象。康德假定，某个东西可以通过这两种方式使自身成为目的，而且二者都挑选出同一类生命，即所有人类，且只包含人类。科斯嘉德却指出，一个生命可能在第一种意义上自身成为目的，例如一只猫可能是一个我们有义务加以尊重的生物，尽管这只猫缺乏道德立法的能力，而这种能力在她看来对于成为第二种（作为道德立法者）意义上的目的是至关重要的。[21]

科斯嘉德关于动物禀性的观点不是康德式的，而是亚里士多德式的，她和我的观点一样，将动物以及人类的动物禀性视为一种自我维持的系统，它们追求善，而且它们对其自身来说很重要。她很好地描述了我们该如何看待动物，动物在这个意义上说是有智能的：它们拥有对自我的感知，能设想它们自己的善，因此它们有利益，这些利益的实现对它们是重要的。她认为，我们人类也是如此，如果我们是诚实的，我们会看到我们的生活在这个意义上与其他动物的生活没有区别。然而，在她看来，仍然存在一种断裂：我们人类拥有另一个独立的部分，即进行伦理反思和选择的部分。因此，她的观点实际上与我不同，我们在后面会看到，我相信我们所有的能力都是我们动物禀性的一部分。

根据康德和科斯嘉德的观点，当一个人进行选择和"立法"时，她使用的是一种其他动物没有的道德能力。然而，这并不意味着所有的人类立法都是为了和关于自主意志的。事实上，伦理学的大部分内容所关注的利益和追求，都是与科斯嘉德认为属于我们动物禀性的那些能力相关的：我们从伦理学的角度思考如何满足我们的身体需要、欲求和其他目标。科斯嘉德认为，当我们为自己立法，来决定如何（正当地）满足我们的动物需要和欲求时，如果不把那些像我们一样有需要和欲求的其他生命（如猫、狗和其他各种动物伙伴）纳入法则的领域，那就是不一致的，而且是用心不良的。正如一个准则单独挑出一群人或一个人给予特殊对待，而忽略了其他处境相似的人，就不能通过康德的测试。同理，根据科斯嘉德对康德测试的重新解读，如果这个准则将人类生活的动物部分与我们的动物同类的生活割裂开来，也不能真正通过康德的测试。简有义务采取措施保护她的身体健康；但是，如果她不采取措施保护她的猫、她的狗和其他也有动物目标（animal projects）的动物们的健康，那么她就是不一致的。

根据科斯嘉德的义务观，对动物的义务涉及两个要素，一种恰当的观点应当将二者相结合，它既要包含一个康德的部分，也要包含一个亚里士多德的部分。它认为，我们应当把动物当作目的本身，它们的目的对其自身是重要的，而不应仅仅将其用作实现人类目的之工具。它还将动物生命（包括我们自己的）视为丰富的自我维持系统，包含各种复杂的智能。到目前为止还不错，尽管在动物禀性和理性之间的分裂令人担忧。

我把科斯嘉德观点中的一个核心部分留到了最后来谈。她坚持认为，我们人类是价值的创造者。价值并非存在于这个世界上有待被发现或被看到的，它是通过我们自主意志的运作而产生的。我们的目的并非其本身就是善的，它们只是对于我们自己的兴趣来说是善的。我们对某事物的兴趣"赋予它一种价值"，使它值得被选择。这进而意味着，我们是在将一种价值赋予我们自己：不仅包括我们的理性，也包括我们的动物禀性。动物之所以重要，是因为它们与一个重要生物（的动物禀性）有亲缘关系，而该生物之所以重要，是因为它将价值赋予其自身。

在我看来，这简直太兜圈子了。一只动物的生命（比如猫的生命）的奇妙之处，在于它自己对目的的积极追求，因此，我们在这样的生命面前感受到的惊奇和敬畏，完全不同于我们对大峡谷或太平洋的反应。这是一种对于积极生命体的价值或尊严的回应,这个生命体正在努力实现其自身的善(good)。因为它们是积极的、有感受的生命,在追求一个目标体系,所以动物的追求可能会因人类干扰而受阻挠。这种积极努力的能动性表明,动物不仅是惊奇的对象,也是正义的主体,这个想法我将在第 5 章和第 6 章加以深入论证。

  惊奇向我们表明,动物因其自身之故而具有直接的重要性,而不是因为它们与我们有某种相似性。惊奇使我们向外转向那只猫,而不是向内转向我们自己。科斯嘉德并不完全认为,动物的价值派生于人类的价值。相反,她的看法是,当我们把价值赋予我们自身时,我们就把价值也赋予了同一个类别里的一个物种的成员,然后,我们一旦这样做了,却又否认同一类别里的其他类似物种的成员具有同样的导向行动的价值(action-guiding value),这就是用心不良的。然而,这种论证动物价值的思路似乎仍有一种奇怪的间接性。只是因为我们自己有类似的动物禀性,并赋予这种禀性以价值,所以我们出于一致性也必须赋予动物生命以价值。如果我们有一个非常不同的禀性,比方说一个机器人的禀性,我们就没有理由去重视动物的生命。而且,在我看来,康德承认那些不是动物的理性存在者(如天使、上帝)也没有理由将价值赋予动物的生命。

  这看上去是错误的:动物具有重要性是因为它们本身是什么,而不是因为与我们有亲缘关系。即使没有这样的亲缘关系,它们仍然会因为它们是什么而重要,它们的努力也仍然值得支持。换言之,对科斯嘉德来说,动物的重要性实际上是一个意外：我们只是碰巧和它们很相似。但我认为，动物生命的价值应该来自这些生命本身。价值在这个世界上以多种形式实现，每个独特的种类都因其自身而具有价值，而不是因为它与我们的相似性。[22]

简言之，科斯嘉德避免了"如此像我们"进路的大部分错误，但她最后还是把自己束缚在了它的某个版本上：动物的价值来自与人类的相似性。

这是我对科斯嘉德的第一个反驳。现在我们来谈谈在理性和动物性之间的分裂问题。科斯嘉德提出了非常有说服力的论证，以表明动物有各种各样的意识。她认为即使那些不能通过镜像测试的动物，也拥有一个对世界的视角，拥有对它们来说很重要的目的。所有这些观点看上去都是正确的。因此，虽然人们可能认为一种康德主义的观点会在人和动物之间划出一条过于清晰的界线，但在某种意义上讲，科斯嘉德的观点似乎并非如此。她说，兔子本身的目标是唯一与这个兔子密切相关的目标。然而，她最后还是划下了一条过于清晰的界线。

科斯嘉德说，人类是唯一真正的道德动物，是唯一有足够能力与自己的目的拉开距离，检验它们，并考虑是否采纳它们的动物。然而，她确实也提到了儿童和智力障碍者，认为他们也是伦理意义上的有理性者，只是他们的推理能力较差。如果她承认这一点，那么我就不知道她如何能避免将这种伦理理性的至少一部分扩展至许多（甚至大多数）动物身上。因为这个问题在科斯嘉德的书中一直存在，我将在下一节中全面论述我的反对意见,论证我们的道德禀性实际上是我们动物禀性的一部分,而不是与之分离的东西。

简言之,科斯嘉德将康德的思想推到了极限,她以极其敏锐和有说服力的方式描述了康德如何可以与亚里士多德合作,但如果不更彻底地背离康德,就没有办法承认我们的道德能力本身就是动物能力,是动物禀性的重要组成部分。由第2章可知,任何不承认这一点的观念都是有伦理风险的,将面临自我分裂和自我蔑视的危险(经常与之相关联的是蔑视女性、残障者,以及任何使我们过于敏感地想起自己的动物一面的事物)。尽管科斯嘉德明智地阻止了这种危险的出现,但她仍然没有完全摆脱它,它仍然潜伏在这样一种想法中:我们因为有道德,所以在某种程度上高于自然世界。

《同为造物》:对康德主义观点的进一步发展

《同为造物》是一本重要的书,它在喜爱动物者所关心的最重要问题上进行了雄辩的论证。它对那些并非喜爱动物的人,而只是想听从理性论证的人提出了一个令人兴奋的挑战。我在此只关注它的主要论点,而且我要提出一些批评意见。然而,在第5章,为了发展我自己的观点,我将直接采纳科斯嘉德关于法律和权利基础的一个论点,该论点是她在另外两篇文章中提出的。

科斯嘉德并不期望她的读者熟悉她早期讲座的细节。因此，她只是发展了她的观点，而没有指出她的观点在哪些方面发生了变化。读者只能自己去弄清楚，而且由于这些差异往往是微妙的，我会非常谨慎地加以描述。

科斯嘉德现在更充分地发展了她的观点中的一个面向，我称之为亚里士多德的一面，她的观点现在更加集中地依赖于它。她坚持认为，所有动物（包括人类和非人类）都是机能系统，都在努力争取其自身的善，这种善内在于他们的生活形式中。所有动物都是由脆弱的材料构成的，但他们总是在补充自己，并且在努力地繁衍。所有动物都是感知者，都有能力向自己呈现这个世界。此外，他们的感知是评价性的，因此，他们将一些事物视为对自己有好处，另一些则有害处；他们被一些事物吸引，而远离另一些事物。她说，所有这些不仅是关于动物的事实，而且是"何为一只动物"（不同于一块石头、一个不朽的神，甚或一株植物）这一概念本身的一部分。

那么，所有动物都为其努力的目标赋予价值，并追求这种价值。在一只兔子看来，获得食物、逃离危险和拥有繁殖机会都是有价值的，这些都是其生活方式的一部分。人类错误地试图对不同生物的目的进行绝对的排序，认为一些生物努力追求的某些目的比另一些目的更重要。（她实际上是在暗指自然阶梯观以及其他类似的观点。）但这不是一个连贯的立场：所有的价值，所有的重要性，都是对于某个生物的重要性。我们无法站在某个地方前后一致地问哪个生物更重要：所有的价值都是"拴绑的"。对一只兔子来说，人类的目标根本不重要；

所有重要的东西都被归入其自身的一系列目标和目的中。在死亡时,兔子将失去整个世界。对于一个以这种方式运作的生物来说,生活对她是一种善,这是一个必然的真理。

所有动物的生活形式中也都有死亡和衰老,却表现为不同的方式:它们不追求这些东西,这些东西不属于它们的善。[23]

如果我们认为我们是唯一拥有意识或自我的生物,那就错了:所有动物都能体验到世界对其处境的影响。[24] 所有动物都在这个世界上通过关系来定位自己。而且,动物通过各种各样的方式体验自己与这个世界的关系,其中最重要的是疼痛和感官知觉。拥有一个动物性自我就意味着拥有那种觉知,以及那种对于世界的视角。

科斯嘉德指出,我们可以从共情的视角来理解所有这一切。我们很少以这种方式使用共情,而更倾向于把动物视为无感受的野兽,这是一种伦理观的缺陷,也是人类生活中的一种更一般意义上的道德错误。"人们,尤其是那些处境安全和拥有特权的人,总被这样的想法诱惑:那些比我们更不幸的生物也是更简单的生物,其遭受的不幸不会像发生在我们身上那样重要,或者不会以同样切实的方式发生。"[25]

当我们追求自己的目的时,我们把自己当作拥有目的的自我:我们拒绝被用作实现他人目的的工具。但任何动物都是这样,这种为我们的目的赋予价值的方式,正是我们作为动物而生活的一种方式。[26] 所有动物都为它们的目的赋予绝对价值。对科斯嘉德来说,这就足以得出结论:动物就是康德意义上的目的本身，也就是说，它们每个都有一种尊严，而不是像财产那样只有一个价格。把动物当作手段来对待，就是侵犯了这种尊严。[27] 把动物当作目的，意味着将对其有益的东西视为有价值的，且这样做是为了那只动物本身，而不是为了你，或为了某种绝对的、未拴绑的价值。[28] 如果我们试着去理解，我们就会知道什么对兔子是好的，而把一只兔子当作目的，就意味着为了那只兔子而将那些事情（如生命、食物、安全）视为有价值的，因为它们对那只兔子来说是重要的。正如每个人追求自己目的的权利受到其他每个人的权利的限制一样，我们追求自己目的的权利也受到（或应当受到）限制，在追求自己的目的时，要感同身受地理解其他动物的善。简言之，其他动物对作为目的自身的地位有要求，这与我们自己的要求有着相同的终极基础，而且与所有道德都有着相同的终极基础，即生命本身的自我肯定性。[29] 照料我们身边动物的另一个理由是，它们对我们有益，因为它们提醒我们，"我们与它们共享最重要的东西：有意识的存在所拥有的那种纯粹快乐和恐惧"[30]。

所有这些似乎都是正确的，通过强调这些（亚里士多德式的）事实，科斯嘉德对坦纳讲座中的论点进行了重大改进。在讲座中，她似乎说我们应该认为动物有价值，因为我们认为它们和我们一样，而我对这一说法表示质疑。现在更清楚的是，我们对自己和其他动物之间相似性的认识仅具有启发性，这有助于我们理解它们是什么样的生物，但这并不是它们对我们有要求的基础。它们对我们的要求和我们对彼此的要求有着完全相同的根源。这个观点不会受到这样一种质疑，即，假设我们是不同的生物，比如像机器人一样，我们是否就没有理由关心其他动物了。我们的道德理由将保持不变：因为动物追求一种善，并为其赋予价值，仅基于这个理由，我们就应该把它们当作目的本身。只是在这种情形中，我们会更难以感同身受地理解它们的生活。到目前为止，我和科斯嘉德是完全一致的。

然而，一个很大的区别是，科斯嘉德在这里和在讲座中一样，坚持认为所有价值都是人类创造的。它并不是存在于"外部"，有待被发现的。因此，当我们视动物的生命为有价值的时，是因为我们为这些生命赋予了价值，就像我们为自己的生命赋予了价值一样。科斯嘉德为自己的观点提出的理由是康德式的：我们的理性在范围上是有限的，而且它不能使我们有权提出超越我们经验范围的主张。我将在第5章完整地回应她的这一观点。简言之，对于她关于动物生活的价值的结论来说，这种有争议的形而上学立场并不是必要的。而且，如果我们所追求的是创造良好的政治原则，从而使持不同宗教和形而上学观点的人团结起来的话，那么这种立场实际上是不合适的。如果我们追求的是政治原则（我想我们双方都是如此），那么我们必须努力构建一种政治和法律的观点，这种观点最终能够被对价值的最终来源持有许多不同的形而上学和世俗观念的人接受。这就意味着，我们不应试图去证立一种彻底的整全伦理观，说出我们对所有终极形而上学问题的看法。我将在第5章进一步阐述这个问题，并论述我自己的观点。科斯嘉德从未说过她是否在为政治原则和法律创造一个基础,但这似乎肯定是她在做的事情:她不仅是在创造她自己偏爱的伦理学-形而上学观点,她最终还想得到好的法律。因此,她的理论就不应该包含那些有争议的形而上学因素,那些因素对于为动物权利辩护来说是不必要的。这是我与科斯嘉德的一个很大分歧,也是我对她的课题(即使经过修改之后)的另一个反对意见。

本能、文化、选择:反对康德式二分法

我对科斯嘉德的第一种动物权利观有两个反对意见。一个反对意见是,她认为动物有价值仅仅是因为它们与我们有一种偶然的相似性,这个反对意见已经被本书细致的分析打消。但第二个反对意见仍然存在。在道德能力方面,科斯嘉德仍然在人类和所有其他动物之间划出一条非常清晰的界线。她说,动物对世界有着实践上的理解:物体在动物看来是要躲避的,或是要追求的,等等。这是遗传的本能在做出这些区分。动物具有高度的智能,这种智能使它们能够从经验中学习,增加本能的影响范围和成功机会。但它们仍然被本能束缚,它们所有的"选择"都是由本能决定的,并不是真正的选择。因此,她得出结论,认为它们永远只能是"消极公民"(passive citizens)。科斯嘉德此话的意思似乎是,它们永远无法参与那种对做出良好政治抉择至关重要的伦理交互。我们可以看到它们的善是什么,并考虑它。但它们不能修改其对自己善的看法,无法选择

去约束不恰当的行为,或进入任何一种关于规范的对话。所有这些都是积极公民权(active citizenship)的重要组成部分。

(道德的)理性是不同的:它是一种分析我们行动依据的能力,它要"询问我们的信念和行动的潜在理由是不是好理由,并根据我们得到的答案来调整我们的信念和行动"[31]。智能是向外的,看向世界以及世界上的各种联系。相比之下,理性则是向内的,它观察我们心灵的运作,并对其发现的联系提出规范性问题。[32] 她认为,这种规范性自治的能力是其他动物完全缺乏的。它们的本能行动并不总是机械的,也可以是灵活的,但却受目的性感知(teleological perception)支配。相比之下,我们人类会检验和评价我们的理由。我们把我们的行动视为源于我们自己的,并对自己进行评价。我们的自我观念本身就是规范性或评价性的。[33]

科斯嘉德承认在动物的生活中似乎也存在自我评价性情绪,如骄傲和羞愧,但她认为这都是一些近似的表现,不是真实的,她拒绝承认其他动物也会自我评价,尽管她承认这是一个经验性问题。[34] 她还发现了另外两个区别。她说,人类对自己的物种有物种观念,并把自己的生活视为更大的人类生活的一部分。[35] 而且人类会问,在另一个自我中心(center of self)看来,世界是什么样子的,不管对方是否属于同一物种。[36] 她坚持认为,其他动物都无法做到这一点,动物总是从它们自己利益的视角看世界。

再一次,在科斯嘉德看来存在清晰的二元划分的地方,我认为我们其实发现了一个连续谱带。当一只狗英勇地拯救了一个溺水的孩子时；当母象冒着生命危险，有时甚至牺牲生命试图拯救一头误入铁轨的小象时[37]；当野狗把肉分给无法跟上队伍的残障狗时[38]——它们正在做出利他主义行为，并把其他生物当作目的，它们这样做的时候通常在抑制自利的欲望。[39] 由于弗朗斯·德瓦尔的开创性工作，黑猩猩、大猩猩和倭黑猩猩的多种利他行为已经广为人知。[40] 与狗一起生活的人们，大多不会否认它们对人类同伴的痛苦有强烈反应，它们愿意冒着自身风险来帮助人类，有时也会帮助其他动物。

毫无疑问，这种行为有其本能的基础，但在这里有两点值得一提。第一，我们自己的道德行为也是基于我们本能性的演化禀赋：一种遗传下来的协助他者的倾向有助于人类生存和繁兴。第二，人类和其他动物都需要学习，才能以恰当的方式发展他们的本能。当我们与动物一起生活时，我们可以清楚地看到动物行为中的这种文化因素：训练不当的狗会不守规矩，甚至可以被训练得做出危险的攻击行为（例如比特犬本可以具有爱心和合作精神，却被训练得具有攻击性）。训练有素的狗会将其接受的行为规范内化。

许多野生动物也一样。科学家如今已经观察到，当象群被偷猎者残害，留下没受过母象群抚养的婴儿时，就会导致它们不守规矩，并做出我们可以称之为病态的行为，这些都是缺乏爱和恰当教育的预期结果。可悲的是，我们在其他物种中也看到了这种情况，例如虎鲸被从其族群中掳走，成了海洋主题公园的表演者（见第 10 章）。而且，我们现在还知道，童年时期被虐待的灵长类动物长大后会变成施暴者，就像人类一样。灵长类动物学家达里奥·马埃斯特里皮埃里（Dario Maestripieri）在对恒河猴的实验中交换了动物的孩子：把一个正常母猴的孩子交给一个有施暴倾向的母亲来抚养，并把一个有施暴倾向的母亲的孩子交给一个正常母亲来抚养。实验结果表明，行为取决于环境，而不是基因：有施暴倾向的母亲使她的养子成为施暴者，而正常的母亲则养育出正常的孩子。[41]

动物行为在多大程度上由文化而非本能决定，这在不同的物种中会有所不同，我们需要更多地了解这个问题。但是，文化的作用现在看上去比我们过去认为的更大，在任何地方都或多或少地存在文化的影响。生物学家哈尔·怀特黑德和卢克·伦德尔（Luke Rendell）对大量哺乳动物的"基因/文化"问题进行了一次特别严密的研究，他们确切地证明：鲸鱼和海豚生活的许多方面都是由群体内的教导而不是由本能形成的。1[42] 对于这一区分的另一项出色的调查，就是卡尔·沙芬纳（Carl Safina）的《成为野生动物：动物文化如何照养家庭、创造美和实现和平》(*Becoming Wild: How Animal Cultures Raise Families, Create Beauty, and Achieve Peace*)。[43] 虽

---

1 关于怀特黑德和伦德尔的研究，参见哈尔·怀特黑德、卢克·伦德尔著：《鲸鱼海豚有文化：探索海洋哺乳动物的社会与行为》，葛鉴桥译，北京，生活·读书·新知三联书店，2023 年。

然沙芬纳不是一个研究人员，但他对相关研究有深入的了解，而且他在研究人员的工作期间陪伴着他们。通过对抹香鲸、金刚鹦鹉和黑猩猩三个物种的研究，他展示了社会学习在这三个物种中起到的巨大作用。它们都有向年轻成员传授恰当规范的社会机制，从而使本能的禀赋向着促进群体和个体福利的方向发展。这不正是所有好父母都在努力做的事情吗？

而且，我们认为我们是谁？这是下一个合乎逻辑的问题。我们不是天使，也不是来自一个特殊的理性星球的外星人。因为我们也在一定程度上是本能的生物，我们也需要学会抑制不恰当的行为，学习亲社会的行为。如果没有学会这些，我们就会看到各种各样的放纵和自恋。因此，如果存在区别的话，那似乎是程度上的区别，而不是类别上的。极少有人是完美的康德主义者，这恰恰是高度理想化的康德伦理学的全部意义所在。人类的社会教育是高度易变的，并且会产生大量的社会性失能。正如科斯嘉德本人在回应德瓦尔时所说的，当事情出错时，可能会变得非常非常错误：人类能够做出在其他动物的世界闻所未闻的扭曲和变态行为。[44] 有时候，动物会给我们上一些伦理课，特别是当人类的爱经常被自我追求腐蚀时，动物却展现出无条件的爱和奉献的能力。我们可以在现实生活中找到很多这样的例子，但让我们考虑一个基于作者对现实生活观察的虚构例子：在台奥多尔·冯塔纳（Theodor Fontane）的悲剧小说《艾菲·布里斯特》（*Effi Briest*，1895）中一只叫罗洛的狗对艾菲的爱。艾菲16岁时被父母嫁给了一个40多岁的体面但严肃的男人,她在被剥夺了乐趣和友谊后陷入了一段婚外情,但她很快就停止了那段感情,她相信自己的婚姻可以得到改善。后来孩子出生,丈夫为了给艾菲带来更多的乐趣和友情而决定搬到柏林,因此他们的婚姻确实得到了改善。但在8年的幸福生活之后,丈夫发现了很久以前那次外遇的证据。虽然他爱她,并在心里原谅了她,但他觉得被社会准则所迫,不得不排斥和回避她,并在与那个情人的决斗中杀死了对方。她的父母也觉得不得不回避她。在她最后的日子里,她走向枯萎和死亡,只有纽芬兰犬罗洛关心她,甚至可以为了她而放弃食物和快乐。只有他在她的坟墓旁哀鸣。她父亲对她母亲说,也许动物知道一些人类不知道的重要事情,小说就结束在了这一问题上。罗洛所不知道的是一堆压抑的社会习俗,这些习俗为艾菲贴上了"堕落女人"的标签。他所知道的是爱,冯塔纳作为一名敏锐的动物观察者经常在他的作品中提到这一点。

科斯嘉德声称动物缺乏从他者视角看待世界的能力,但许多物种都能够运用这种视角思维,包括狗、许多灵长类动物、大象、海豚、许多鸟类,以及其他很可能具有这种能力的物种,详见第6章。根据灵长类动物科学家芭芭拉·斯马茨(Barbara Smuts)的描述,她的伴侣狗塞菲与芭芭拉的情绪是如此契合,以至于她能觉察到芭芭拉即将患上严重抑郁症,甚至是在芭芭拉本人都没有意识到这一点的时候。塞菲的担忧使芭芭拉看到了令人担忧的事情。当人们以尊重和亲密的态度对待动物时,这种情况就不足为奇。[45] 此外,我们不理解其他动物用来交流思想的语言（见第6章），这一事实不应该使我们认为它们没有思想。未来我们对这些交流系统的理解也许会提高。与此同时，我们应该（正如科斯嘉德本人所指出的）运用共情，想象一下在那些我们试图去理解的动物眼中，世界可能是什么样子。

科斯嘉德声称，其他动物无法将自己视为一个物种的成员，这是另一个严重的伦理局限性。好吧，第一个问题是，人类能敏锐地意识到自己是人类物种的成员，并且站在"人类"命运的角度来定义自我，这究竟是一种美德还是一种恶习？我倾向于认为这更有可能是一种恶习，而不是美德，因为它常常使我们将自己与其他有感受的生命相割裂。我认为，如果人类能够转向思考如何以正义和仁慈的态度与其他生命共同居住在这个星球上，那会是一件好事。但这种物种成员意识也不是人类独有的。大象看到大象的骨头会感到悲伤，即使这些骨头与它们自己的群体没有关系。我们随着知识的增加，很可能会发现越来越多这样的例子。

这一切对于动物能够行使的那种公民权意味着什么？我们首先要承认，所有的动物都会提出要求。如果我们足够细心地去理解它们，就会发现它们表明了自己的繁兴生活需要什么。在我看来，这已经是将动物理解为主动公民而非"消极公民"的一种方式。但大多数动物还展现出一种学习能力，通过学习使自己的行为符合规范，而这种能力对于创建一个共享的多物种社会来说至关重要。这对于法律和规则产生的影响，会因物种的不同而大不相同，我将在关于伴侣动物和野生动物的章节中详细讨论这一点。我们不能指望动物参与议会程序、起草法律、投票、提起诉讼，等等。如果人们认为这些事情是公民权的核心，他们就会怀疑动物能否成为积极公民。但我认为这种观点太狭隘了。公民权的核心在于，以某种方式参与塑造我们在这个星球上共同生存的条件，而动物完全具有这方面的能力，尽管它们需要人类代理者来代表它起草法规、提起诉讼，等等。

康德的整个事业都试图将人类提升到动物王国之上。他把我们与天使相提并论，或者把我们描绘成堕落的天使。因此，康德本人不可能接受这样的观点：我们的道德能力是我们动物禀性的重要部分，无论我们有时多么善良和深刻，都不会比一种独特的动物更光荣，或更不光荣。科斯嘉德处于一个尴尬的立场，她无法同意康德关于其他生物不是目的且没有价值的观点，但也无法放弃那种康德式的想法，即我们自己的能力有一些真正独特的且独一无二的奇妙之处，这使我们与自然界的其他部分相区分，尽管不是高于自然。她的立场可以不这么尴尬，只要她肯承认：这是人类的生活形式，它在某种程度上与其他生活形式不同。所有生命都有其独特的奇妙之处。但她显然想为人类的道德理性提出更重要的主张，在这方面她仍然是康德主义者，但她不需要用这些主张来论证她的动物权利观，这些主张会使读者困惑，使她不得已地接近我在第 2 章拒绝的那些观点。

在我看来，正确的思路是看清这些能力[1]的本质，将其视为一种特殊而奇妙的动物禀性，属于许多奇妙的、各不相同的动物禀性中的一种。我们不应该把道德视为把我们与其他生物区分开来的东西，而应该把它视为把我们与它们联系起来的一条纽带。对这一共通性的认识应该加深我们的好奇心，促进我们的理解。

科斯嘉德的观点和我的观点有诸多相似之处，她的观点足以为我们提供一个基础，使我们对其他动物给予充分的伦理和政治关注。其实践上的结论在大多数方面都与我一致。在下一章我们将看到，我的能力论很乐意接受这种康德式观点的一个部分：它对动物权利和法律运作的基础提供的那种有吸引力的解释。

如果读者仍然比我更重视人类的特殊性（不是优越性，科斯嘉德不认为这是优越性），那么她的观点可能是一个有吸引力且值得坚守的观点。它远远优于"如此像我们"进路，甚至优于功利主义的观点（尽管它也许并不优于密尔的版本）。但是，那些想要坚守科斯嘉德观点的读者应当记住，它确实有一个缺点，那就是提出了大量的（而且在我看来是不必要的）形而上学主张。这是我与科斯嘉德之间的一个明确分歧，我将在阐述我自己的观点时进一步探究这一分歧。如果读者同意我在第 5 章的观点，即这种主张不适合用来构建共同的政治原

---

[1] 指道德方面的能力。

则,那么他们就多了一个拒绝科斯嘉德观点的理由。

科斯嘉德的康德式论证阐明了一种尊重生物个体尊严的观念,我发现功利主义严重缺乏这一观念。在这一点上,关注动物的人可以从康德那里学到很多。然而,在我看来,她的论点仍然将作为动物的人类从自然界中分离出来,而这对她自己的大多数伦理-政治课题来说是不必要的。她和我都接受"动物是目的"这一深刻见解,在这方面我们是一致的。而且我相信,为了构建政治原则,她可以不再强调自己关于人类道德特殊性的主张。这样的话,我们的观点几乎会完全重合。那么,现在是时候转向能力论了。

第 5 章

能力论：生活形式以及尊重那些如此生活的生物

人们实际上有能力做什么和成为什么样的人？这个非常基本的问题，是我自己的能力论的出发点。

该理论主张，一个社会要达到最低限度的正义，就必须确保每一个体公民在最低程度上拥有核心能力清单上的能力，这些能力被定义为实质的自由，或在人们普遍有理由重视的生活领域中进行选择和行动的机会。这些能力是一些核心权利，与这些能力密切关联的是一个基本权利清单。但能力论所强调的目标并不是纸上空谈。它要让人们真正有能力选择这种活动，只要他们愿意。因此，它比许多基于权利的理论更强调实质的赋能。然而，它与基于权利的理论一样，为个体自由留下了空间：某个拥有了能力清单列出的所有基本机会或权利的个体，不会被要求去采取相应的行动。要由他们自己选择如何行动。

尽管能力论是一种政治正义理论,并使用了理论化的语言,但它关注的是人们的实际努力,将公民视为积极努力的生命,他们在追求一种由自己创造的繁兴生活。

因此,能力论在本质上主张给努力生活的生物一个繁兴的机会。对于能力论者来说,繁兴的机会不仅意味着避免痛苦,还意味着一系列积极机会,这些机会将出现在下面列出的能力清单中,包括:能够享有良好的健康,保全自己的身体完整,发展自己的感官和想象力并享受对感官和想象力的运用,有机会规划生活,拥有各种社会联系,玩耍并感到愉悦,与其他物种和自然世界建立关系,并能够在一些关键方面控制自己的环境。能力论重视繁兴,并强调这些关键机会具有广泛的多元性,这使它非常适合为动物正义理论和人类正义理论提供基础。

在这个理论中,就像在科斯嘉德的康德主义理论中一样,每个生物个体都被视为具有法律和政治必须尊重的尊严,个体被视为目的,而不仅仅是手段。然而,与科斯嘉德的理论不同的是,能力论并不会把人类道德能力从动物生活的其他方面挑选出来,认为它对于政治抉择来说更加重要。在能力论看来,人类的所有能力都属于一个终有一死的、脆弱的动物的部分配置,而这只动物在生活中应该得到公平对待,一切有感受的动物都是如此。(第 6 章会讨论什么是感受以及哪些动物有感受这一关键问题。)

本章的工作就是充实这个胶囊式的概括,展示如何将能力论扩展至我们在动物生活中看到的那些正义问题。[1] 我将试图使你们相信，能力论超越了它的对手，因为它能更好地处理动物世界的多样性和复杂性，而且在为动物的正义方面，它为政治和法律提供了坚实的伦理基础。因为该进路先前是在人类生活世界中被探索出来的，它是发展经济学的一个理论工具，并被用来为最低限度的正义和由宪法规定的权利提供基础，所以我必须先从人类背景开始论述，然后再说明：当我们思考对一切有感受动物的正义时，它能提供些什么，以及我们必须如何重塑它，才能使其足以完成这一任务。

人类世界中的能力论

多年来，我一直与一个国际性经济学家和哲学家小组合作，完善并推广能力论。[2] 其最初的创立者是诺贝尔奖得主、哲学家阿马蒂亚·森，他是一个在美国生活和教学的印度公民。1985 年，我开始与森合作，最终将这一进路带向了一个有些不同的方向。[3] 2004 年，一个叫"人类发展与能力协会"[4] 的国际组织成立了，它通过年度会议、研讨会和期刊，将世界各地的学者和政策制定者聚集在一起，研究能力论的各种版本。我们存在很多分歧和争论，比如森的想法就与我的略有不同。在本节中，我先概括性地介绍这一进路，然后再谈谈我自己的版本。

经济学关乎人们的生活，而发展经济学则应当是关于改善生活的。这就是"发展"一词的含义。但多年来,发展经济学中的主流政策方法在人类问题上是愚钝的。他们用人均国内生产总值(gross domestic product, GDP)来衡量一个国家或地区的成功,却不去深入探究:在对人类至关重要的那些领域中,经济增长是如何改善(或没有改善)个人生活的。已故巴基斯坦经济学家马赫布卜·乌尔·哈克(Mahbub ul Haq)开创了《联合国开发计划署人类发展报告》(Human Development Reports of the United Nations Development Programme),他在1990年的第一份报告中写道:"一个国家的真正财富是其人民,而发展的目的是为人民营造一个赋能的环境,使他们能够享受长久、健康和有创造性的生活。在追求物质和经济财富的过程中,这一简单而有力的真理往往被遗忘了。"[5]

用人均GDP来衡量一个国家的进步有什么问题?当然,在其他条件相同的情况下,促进增长是好事。但这个数字是一个平均值。它没有告诉我们分配情况,可能掩盖了个体和群体之间在基本生活机会上的巨大不平衡。每个人都只有一次生命,如果人们的生活充满障碍和匮乏,那么当告诉他们其国家(或州)在平均值上表现非常好时,他们不会感到安慰。在世界各地,人类(正如其他动物)都在努力生活,好好生活,追求那种配得上其与生俱来的人类尊严的生活。每个人都是一个个体,都应该被看作目的,而不是仅仅作为实现他人目的之手段。(在此,能力论与康德的观点一致。)

GDP衡量法也忽视了人类生活不同部分的多元性和异质性。健康、身体完整、教育、参与政治的机会、闲暇时间、有尊重且无羞辱的关系：这些以及其他生活要素都很重要，其中一个要素的增多并不能弥补另一个要素的缺失。人们在努力追求一种多元多样的生活，政府需要关注人们有理由重视的不同目的，而这些目的无法简化为单一尺度。增长有时会改善所有这些重要的事情，但它绝非总是，也绝非均等地做到这一点。

我们发现另有一种更加完备的衡量发展的经济学方法，就是一种基于经济功利主义的方法。经济功利主义一般致力于最大化满足人们的偏好（通常是满足的平均值，而不是总量）。我们把该方法与人们的实际努力相比较时，会发现它有四个缺陷。这些缺陷我们已经在第3章谈过了，在此仅作简单说明。

第一，它跟GDP一样也是一个平均值，忽视了分配中的不平等。因此，它可以给那些容忍巨大不平等的国家打高分。

第二，还是跟GDP一样，它忽视了人们努力追求的多元活动，仅把活动视为获得同质化满足状态的来源。

第三，这种功利主义方法还以另一种方式掩盖了不平等。在匮乏的条件下，人们往往会形成"适应性偏好"，即人们根据自认为能达到的条件而适应的低水平偏好（见第3章）。这种有害的动态机制可能导致人们对从属地位感到满意，只要它能成为习惯，因此这种功利主义方法有可能袒护不正义的现状。如果女性在成长过程中，因接受灌输而觉得高等教育或政治参与并不"属于"她们，这个问题就特别严重。因为不参加教育和政治，她们可能会对自身处境表示满意。根据森的研究，有时候她们甚至对虚弱和营养不良的健康状况表示满意，认为女性天生就比较虚弱，而且"作为一个女人"这是没有问题的。[6]

第四，功利主义计算法认为一种愉悦或满足的状态是有价值的，而产生这种状态的活动终究是没有价值的。正如我们在前文所见，它否定了活动的价值（体现在第3章讨论的罗伯特·诺齐克的"体验机"思想实验中），错误地贬低了真正做某事对人们来说所具有的价值。体验机是毫无差错的，可以消除偶然性，而人类活动则充满了机遇逆转和挫折的可能性。尽管如此，人们还是希望成为行动者和努力者，并在行动中获得满足，这种满足是他们自己活动的成果。目光短浅的发展政策往往旨在让人们感觉良好，而非促进他们的能力。这样的政策通常表现为对穷人不够尊重，只把他们当作满足的容器，而不是当作积极塑造自己生活的健全人类。

在高度官僚化的人类发展政策领域里，关注现实生活中那些为繁兴而奋斗的人们才是有用的，我们可以问：他们在努力成为什么样的人，在努力做什么，以及是什么在阻碍其繁兴。在早年的工作中，我曾关注一位名叫瓦桑蒂的贫困妇女，1998年我在印度西部古吉拉特邦艾哈迈达巴德的"自营职业妇女协会"（Self-Employed Women's Association，SEWA）遇到了她。瓦桑蒂是家庭暴力的受害者，她离开了丈夫，回到娘家，靠缝纫来赚取微薄收入，睡在她父亲以前的店铺的地面上。随后，她得到了SEWA的帮助，协会教她阅读，鼓励她参与政治，为她提供贷款，从而使其得到一台更好的缝纫机，以此来增加她的收入。

主流发展理论的支持者会说，瓦桑蒂过得很好，因为古吉拉特邦是一个富裕的邦，人均GDP比较高。不管人均GDP多么辉煌，它对瓦桑蒂来说有何意义？它并没有触及她的生活，也没有解决她的问题。在古吉拉特邦的某个地方，出现了一些因外国投资而增加的财富，但她并不拥有这些财富。当她听说人均GDP有很好的增长，就好像听人说在古吉拉特邦某个地方有一幅美丽的画，只是她无法看到；或者有一桌美味的食物，只是她无法吃到。在我见到她的时候，她的情况有所好转，这并不归功于古吉拉特邦政府，而只是因为SEWA这个非政府组织做出的工作。

查尔斯·狄更斯在其1854年的小说《艰难时世》中，深刻地批判了当时的发展经济学。他描绘了一群孩子在教室里上课，老师在讲授基于增长的经济发展理论，这种理论在今天仍然居于主导地位。有个最近才加入这个班级的马戏团女孩西丝·朱帕，她被要求把这个教室想象成一个国家，而这个国家有"5 000万的钱"。然后，老师说："20号女孩（为了强调数量的加总，学生的名字被数字替代了），这难道不是一个繁荣的国家，你难道不是在一个繁荣的国家吗？"西丝突然痛哭流涕，跑出了教室。她告诉她的朋友路易莎·葛擂硬，她无法回答这个问题，"除非我知道谁得到了这些钱，其中是否有我的。但这与那些毫无关系。这根本就不在那些数字中"[7]。

狄更斯是对的，我们的发展政策需要的是一种能提出西丝·朱帕的问题的理论，一种以每个人的机会来定义成就的理论，它将每个人视为目的。这种理论最好要接地气，关注生活中的故事，关注政策变化对现实中的人有何意义。制定真正与各种人类境况相关的政策，意味着在研究经济、法律和科学数据的同时，还要研究许多像瓦桑蒂这样的故事，从而培养出一种对影响人类生活质量的各种因素的敏感性，而且在每个领域都要问："人们（以及每个人）实际上能够做什么和成为什么？"

能力论提出并回答了这个非常基本、非常实际的问题。"能力"这个词的意思并不是指"技能"。它是指，个体在被认为有价值的特定生活领域中，拥有一种真正的、实质的自由，或拥有选择行动的机会。为了更详细地阐明术语，我界定了三种不同类型的能力，三者都被包括在了我的理论中。第一种是基本能力（basic capabilities），这是人们与生俱来的配置，这种配置使他们能够追求自己的目标。第二种是内在能力（internal capabilities），这些能力就像技能一样，它们是发展出来的特质，这种特质通常需要家庭和社会的帮助，在顺利的情况下，一些特质发展得足够成熟，从而能够发起活动。会阅读就是一种内在能力。[8]但情况并不总是顺利的，许多人在内在能力上可以说出自己对重要问题的想法，但由于害怕政治压迫而无法这样做。大多数人有能力从事宗教信仰和活动，但这个世界上有许多人无法践行他们的宗教。因此,第三种也是最重要的一种能力,我称之为组合能力(combined capabilities),它是指内部能力搭配上合适的环境,个体在合适的环境中才能对相关的活动进行真正的选择。

在(人类)能力论中,每个人类个体都是目的,这意味着政策的目标应该是保护和增强每一个人的能力,不把任何一个人仅仅当作实现他人目的之手段。它虽然是一种普遍化的理论,但它总是关注像瓦桑蒂这样的故事,关注人们的真实生活和努力。在加总数据时(因为在任何发展理论中,我们都必须以某种方式进行加总,尽管加总一直会有将个体用作达到某些预期目的之手段的风险),要特别关注处境最不利者,确保他们能达到适当的能力水平。每种能力都被视为独立于其他所有能力,而不被用作获得其他能力的手段。(因此,目标并不是将人们的能力总和最大化。)人们可能在一种能力上表现得很好,而在其他能力上表现得不好。所有这些都关乎正义问题。该理论也不追求将各个能力领域内的能力最大化。相反,它的目标是在各个领域达到一个有适当高度的门槛。

通常会有一些特别好的介入点,有些能力的增强会对其他能力产生富有成效的影响。一个好的政策制定者会优先关注这些能力,以此来带动能力水平的全面提高。乔纳森·沃尔夫(Jonathan Wolff)和艾维纳·德夏里特(Avner de-Shalit)在他们的杰作《劣势》(*Disadvantage*)[9]中称之为促进性机能(fertile functionings)。[10]因此,教育往往是一个通用的能力增强手段，它能提高就业机会、政治参与、健康、自尊，等等。与此相对的坏情况，就是沃尔夫和德夏里特所谓侵蚀性劣势（corrosive disadvantage）：某项能力上的挫败会带来全面的恶性溢出效应。在瓦桑蒂的故事中，家庭暴力就是一种侵蚀性劣势。它损害了身体完整、健康和情感的安宁；通过这些影响，它进而损害就业选择、政治参与，以及与他人的联系。这些概念对于思考动物的生活也很有价值，我会在后面的章节中再讨论它们。现在我们可以看到，采用能力论的人们需要得到多少信息才能提出正确的问题，并为法律和政策提出恰当的建议。

在此稍作总结：能力论是一种规范性的发展理论，一种旨在展示如何让事情变得更好的理论，它关注现实中的人们的努力，以及这些努力所遇到的障碍，它将人们视为积极的生命，追求着他们自己创造的繁兴生活。

从比较排序到基本正义地图

当初我们建立能力论时，目的是为不同的国家或地区之间的相互比较提供一个新的模式，这个模式敏感于人们的生活，而不是远离现实生活中的问题。它在被《人类发展报告》使用的时候，选取了某些机会而不是所有的机会，因为这些机会在人们的生活中被认为具有突出重要性。例如，教育和健康备受重视，而森在著作中不断强调言论自由和新闻自由的重要性。但当时我们并没有真正为这些最重要的目标列出一个清

第 5 章 能力论：生活形式以及尊重那些如此生活的生物 / 137

单。如果能力论只是被用来做比较的，那就真没有必要列出一个清单。

然而，当我们开始询问一个足够正义的社会要为其所有成员提供些什么时，就需要明确其内容了。我们应当以一种谦逊和灵活的方式提出要求，但这些要求是能够被写入国家宪法的（如果有成文宪法），或者以其他方式体现在法律中（如果没有成文宪法）。作为一个基本的、最低限度的正义问题，我们要问：每一个人都有权利提出什么要求？

为了构建这种基本权利模式，我列出了一个核心能力清单，用能力论的语言来说，这些核心能力都属于组合能力。[11]

核心能力

1. **生命**。能够拥有正常长度的人类寿命；不过早死亡，或者不在自己的生命被削弱到不值得活下去之前死亡。

2. **身体健康**。能够拥有良好的健康，包括生殖健康；有足够的营养；有足够好的住所。

3. **身体完整**。能够自由地从一个地方移动到另一个地方；不会受到暴力攻击，包括性侵犯和家庭暴力；有机会得到性满足，有机会在生育问题上进行选择。

4. **感觉、想象和思考**。能够运用感官、想象、思考和推理，并以"真正作为人"的方式做这些，这种思维方式是通过适当的教育（包括但绝不限于识字和基本的数学与科学训练）来获知和培养的。在体验和从事出于自己选择的工作和事情时，包括宗教、文学、音乐等，能够运用想象和思考。在运用自己的心智时，其政治和艺术言论方面的表达自由、宗教活动自由能够得到保障。能够得到愉悦的体验，免受无益的痛苦。

5. **情感**。能够对自己以外的事物和人产生依恋；能够爱那些爱我们和关心我们的人，为他们的离去而悲伤；总之，能够去爱，去悲伤，去体验渴望、感激和正当的愤怒。不让自己的情感发展因恐惧和焦虑而阻滞。(支持这种能力，就意味着支持那些对这种发展至关重要的人类关系形式。)

6. **实践理性**。能够形成一种善的概念，并对自己的生活计划进行批判性反思。(这要求保护良心自由和宗教信仰自由。)

7. **联系**（affliation）[1]

a. 能够与他人共同生活，并对他人表示关心，参与各种形式的社交互动；能够想象他人的处境。(保护这种能力意味着保护那些构成和滋养这些联系形式的体制，并保护集会自由和政治言论自由。)

b. 拥有自尊和不被羞辱的社会基础；能够被当作一

---

[1] 该词另有"依存""归属"等译法，但考虑到该词有时也指一些不承载太多情感的相互关系，在此将其译为"联系"。

个与其他人有平等价值的、有尊严的存在者。这要求确保不因种族、性别、性取向、族裔、种姓、宗教、民族血统（national origin）而受到歧视。

8. 其他物种。能够关心动物、植物和自然界，能够过上与它们相联系的生活。

9. 玩。能够欢笑、玩耍、享受娱乐活动。

10. 控制自己所处的环境

a. **政治环境**。能够有效地参与那些支配着自己生活的政治抉择；拥有政治参与权，言论自由和结社自由受到保护。

b. **物质环境**。能够持有财产（包括土地和动产），在与他人平等的基础上拥有财产权；有权在与他人平等的基础上找工作；拥有免受无端的搜查和扣押的自由。在工作中，能够作为一个人而工作，能够运用实践理性，而且能够与其他工作人员建立有意义的相互认可的关系。

我的想法是：可以根据每个国家的特殊需求和情况进一步明确这些能力，因为它制订了一套最低限度的正义基准，所以即使它不能立即实现，我们实际上也可以希望它在合理的时间期限内实现。为此，国家的宪法必须为其中的每一项规定一个门槛，无论通过书面文本还是通过逐步的司法解释。如果一个国家不能为每个公民的每一项能力提供门槛保障，那么无论它在其他方面的保障多么充足，它都没有达到最低限度的正义。与所有宪法规定的基本权利清单一样，这些条目也被视为存在质的区别，它们是不可相互替代的。因此，如果有人抱怨她的言论自由受到了损害，就不能回答说："但是看看我们提供的充足的教育！"（有些国家的确是如此回答的，但这不过是为暴政找一个轻飘的借口而已。）

为什么这个清单列出的是一些可行能力（capabilities）[1]，而不是实际机能（functions）？关键在于，人们应该拥有采取行动的能力！然而，人们的选择都是不同的。有些人不愿意利用清单上的所有机会。有些人对宗教没有兴趣，也不参与宗教活动。他们会极力反对一部建议所有人都必须参与宗教活动的宪法。但他们不太可能反对这种机会，因为其他许多人的确希望使用这种机会。有些人不想要闲暇时间，而选择过工作狂的生活。同样，他们不希望被强迫过无所事事的生活。但他们并不会否认，闲暇时间对大多数人来说是有价值的。这份清单列举的是可行能力，这尊重了人们的生活选择的异质性，尊重了他们选择不同道路的自由。（有时，我们为了让不成熟的人们做出成熟的选择，有权强制要求他们运用某些机能，比如让儿童接受义务教育。）

清单上的第 8 条承认动物是人类关系的重要参与者，但

---

[1] 此处 capabilities 之所以被译为"可行能力"，是为了与 functions（实际机能）相区分。拥有某种可行能力，就意味着既能够选择发挥相关的机能，也能够选择不那么做。但本书中不涉及这种区分的地方，译者为了简洁，还是将 capabilities 译为"能力"。

这并没有使动物本身成为目的。在当时那场运动中，许多人并没准备好迈出这一步，时至今日，也很少有人愿意像我这样向前迈出更多步。因此，第 8 条应该被视为我在制订清单时（大约 30 年前）为获得广泛共识所采取的折中措施。如今我们可以而且必须做得更好！

但我们究竟该如何测量能力呢？这项工作存在难度，因此发展经济学常常更偏爱人均 GDP 这一有缺陷的标准，人均 GDP 至少是可测量的。但是，我们不应该从我们现在可以测量的东西出发，把它转变为最重要的东西。相反，我们应该从最重要的东西出发，想出如何测量这些东西。围绕如何测量每种能力这一问题已经出版了很多书，人类发展与能力协会也为此举办了多次会议。而且，各国已经找到方法，利用法律来确立粗略的衡量标准，将其应用于很多看上去最难处理的领域。试着考虑言论自由和宗教自由。我们评估这些自由在一个国家的进展情况的方法是，看看基于这些宪法依据提出的挑战，再看看这些挑战在过去这些年的进展情况。例如，美国对这些自由的理解在不断发展，这种发展是逐案展开的，并逐步划定了权利的边界。

这份清单上的所有条目存在什么共同点吗？解答这一问题的一个思路是：在我们对配得上人类尊严的生活的直觉性构想中，似乎包含着所有这些条目。这份清单的假设是，所有人都有固有的尊严，而我们想要让这种尊严得到其所应得的尊重：人们应该得到他们所需要的东西，从而过上配得上其尊严的生活。尊严的观念是模糊的，而且非常类似于那种"应当得到作为目的（而非手段）的对待"的观念。如果不把它与一个政治原则体系联系起来，我们就无法赋予它进一步的内容。但在这里，就像在国际人权运动中一样，它被证明在直觉上是有助益的：想象那些没有给定机会的人们，我们就会感到他们的尊严被侵犯了，而且他们被单纯用作了手段。[12]这种对尊严的强调是与康德理论有联系的。[13]但这也将能力论与密尔那种精巧的功利主义联系起来。

这种观点使每个人都成为目的，因此，它与古典自由主义有联系。但这种自由主义并不完全是西方的，每个人的固有尊严构成了印度和南非宪法的基础，在此仅以二者为例。这两个国家在摆脱那些贬低民族和族群的不正义暴政的过程中，接受了个体的尊严。他们说：我们每一个人都很重要，我们不会接受屈从地位。这种思想不仅反对君主制和帝国主义，也反对基于性别和种族的等级制。

康德认为只有人类有尊严。密尔和我（以及科斯嘉德）不同意这个观点，我们认为一切有感受的动物都有自己的尊严，因此都值得被尊重。它们不应该被当作手段，而本书的核心问题是，这一见解会对法律和政策提出何种要求。

人们往往能够通过自己或非官方团体的努力，使自己达到能力门槛，即使他们的民族或国家很少或根本没有去支持他们的努力。例如，即使在没有任何公共供给的情况下，精英们通常也可以设法得到足够的医疗保健或良好的教育。即使是瓦桑蒂，一个贫穷的女人，也可以做得很好。因为她运气好，世界上最好的妇女 NGO 之一就在她家后院。但这显然不足以使这个国家或邦成为正义的。这个国家忽视了人民的需求，精英们凭借好运达到了他们的目标，而其他人却在受苦。保障所有人的能力是政府的一项任务，而我的清单就像一部虚拟宪章，是政府的一份基本任务清单。政府也许经常雇用私营组织来实现其目的，但最终的责任要归于政府，如果政府没有把人们带到门槛之上，它就必须承担罪责。这不意味着人们总是应该依靠政府来解决他们的问题；有时政府很腐败或极为低效，因此他们根本无法依靠政府。但这的确意味着整个正义问题都取决于一个稳定的政治结构，它有能力在足够长的时间内，向那些选择该政府并授权给政府的人们提供能力。

"政治自由主义"：一个重要的限制

围绕能力清单制定的政治原则，属于国家的一系列核心政治原则的一部分。但政治原则必须遵守一些限制，才能充分尊重人类的多样性和自由。约翰·罗尔斯在其重要著作《政治自由主义》（*Political Liberalism*）中提出了一个重要论点，我完全同意这个论点，并将其纳入我这个既包含动物也包含人类的正义理论中。[14] 他认为，在自由的条件下，人们会让自己信奉各种各样的整全学说，这些学说为人们应该如何生活给出规范性指导。天主教、新教、马克思主义、功利主义、佛教——这些只是存在于大多数社会中的整全价值学说的一小部分。任何与基本正义观相容的学说,(在他看来)只要能提出和接受公平合作条件,那么都应该得到尊重。但是,如果有人把一些关于良好生活的整全学说在政治上强加给那些拥有自己观点并坚持自己观点的人,这就是不尊重对方。即使一个国家不限制那些有不同想法的人们的自由,比方说这个国家有官方支持的教会,但它在宗教信仰和实践上允许广泛的自由,这个国家仍然是在声称它自己的观点是最好的,并将其他观点置于从属地位。当然,一套政治原则必须有一些明确的伦理内容。那么该怎么办呢?

罗尔斯呼吁(也是我一直同意的),要解决这个问题就得提出这样一些政治原则,它们首先范围要窄(narrow),不囊括人类关心的所有领域(例如,不谈死后往生的可能性),其次要薄(thin),要用中立的伦理语言而不是专属于某个群体的形而上学语言来表达。(例如,用人类尊严的伦理语言就比用某个教派的灵魂概念更好。)[15] 如果我们在这种限制下处理问题,政治原则就可以形成罗尔斯所说的"模块"(module),一切持有不同的、合理的整全学说("合理"是指愿意提出并接受公平合作条件)的公民都可以将其附加到自己的学说上,无论其学说是什么。最终,我们希望这些政治原则成为所有这些学说的拥护者之间一种"重叠共识"的目标。[16] 这可能要花很长时间,但能力论的支持者应该能够勾画出一条道路,让持不同观点者最终就这些核心原则达成共识。

并非所有的能力论者都同意这一限制,因此请一定要注意这是我本人观点的核心部分,并非所有类型的能力论都持此观点。在我看来,如果没有这个限制,一种基于能力论的政治观就不能充分地尊重人类的差异和自由。

现在,我可以更详细地讨论我在第 4 章曾对科斯嘉德提出的那个反对意见了。她没有通过任何方式对罗尔斯的论点表达过看法,这有点儿奇怪,因为她作为罗尔斯的学生,充分地了解罗尔斯的著作及其重要性。她没有宣布是否想让自己的观点成为一种政治观点,然而它必须是一种政治观点,因为她希望自己的观点能产生实际的政治影响,而且她雄辩地论证了动物拥有一些应得到法律保障的权利。罗尔斯反对在构建政治原则时使用整全的形而上学,而科斯嘉德并没有反驳这个很有说服力的论点,因此我们可以公平地对她提出一种批评,即她将自己的观点建立在一种有争议的形而上学上(见第 4 章)。

基于能力论的政治理论的支持者确实需要拒绝一些形而上学观点,即那种贬低动物并宣称物种的价值是按照自然阶梯来安排的观点。这种观点如果不对其主张进行重大修改,就无法加入"重叠共识"。(持这种观点的人仍有表达的自由,但由于国家宪法与他们的立场相悖,他们不能将自己的提议提交给简单的多数表决,他们需要修改宪法。)但是,没有必要在科斯嘉德的观点(一切价值都是内在于某个视角的)和动物有内在价值的立场(即我的观点)之间做出决定。这两种观点都与保护动物权利的良好政治原则完全相容。[17]

那么，能力论是一个局部的（而非整全的）、政治的（而非整全伦理学的）学说。与密尔的观点一样，它旨在实现一系列多元的、不同的目标，这些目标不仅被视为好的，而且对一个想要实现最低限度正义的社会来说是必需的。活动和机会被看作目标的一部分，而不是达到某种最终状态（比如满足状态）的手段。

由于社会的这些目标是多元的，所以能力论为冲突留下了空间。由于这些目标是必须实现的而不是可选择的，所以，在困境中不得不做出的任何权衡都是不幸的，而且往往是悲剧性的：如果它们把一些公民推到正义的最低门槛之下，就对他们构成了严重侵犯。因此，社会必须预先进行思考和工作，以尽量减少这种悲剧性冲突。第 8 章将在更加充满冲突的动物正义领域讨论这个问题。

基于能力论来探寻为动物的正义

人类是脆弱的、有感受的动物，每个人都在危险和障碍之中努力追求良好生活。所谓正义，就是通过使用那些既提供支持又设定限制的法律，去促进每个人的机会，使其能够按照自己的选择过繁兴生活。人们经常被当作工具，但能力论认为，只有当每个人在生活的一些非常重要的领域中被当作目的，因而他们的尊严得到尊重时，一个国家才算实现了最低限度的正义。在考虑把什么列入清单时，我不可避免地想到了那些我们认为大量的人都会珍视的机会,我们在直觉上认为有些机会是有人类尊严的生活的内在要素,我建议关注这些机会。但是,由于我们的目标是促进机会,所以在具有核心重要性的领域中,拥有小众选择的人们也可以得到保护。比如,宗教信仰自由既保护了人数众多的罗马天主教徒,也保护了小宗教的成员、无神论者,以及对宗教漠不关心的人。

那么,基于类似的理由,将这个理论应用于其他动物的生活究竟有什么不合适的呢?它们也是脆弱的、有感受的动物。它们也生活在大量的危险和障碍中,它们在今天面临的困难越来越多,其中许多是由我们造成的。它们也有内在尊严,这种尊严可以激发我们的尊重和惊奇。一只海豚或一头大象的尊严与人类的尊严并不完全相同(而且一头大象的尊严与一只海豚的尊严也不同),但这并不意味着它们没有尊严,那种模糊的特征(vague property)[1]基本上意味着,它们应该被当作目的来对待,而不是被用作手段。科斯嘉德的如下论点是正确的:动物在追求有价值的目标,这个事实本身就使那些努力生活的动物有资格被当作目的来对待,它有尊严,而不是仅仅有一个价格。当我们看到那些成群结队的海豚在水中自由游动,以回声定位的方式绕过障碍物并欢快跳跃的时候;当我们看到

---

[1] 指人和动物都具有一种特征——尊严。作者认为人们在使用"尊严"这个概念时往往没有给出清晰定义,因此称之为"模糊的特征"。作者本人在其他地方对"尊严"概念给出了较为详细的阐述,参见 Martha C. Nussbaum, *Creating Capabilities: The Human Development Approach*. Harvard University press, 2011。

一群大象共同关心它们的孩子，面对无所不在的人为威胁，努力地保护和抚养孩子的时候，我们都能直观地看到这种尊严。我们的惊奇感是一种导向尊严的认知能力，它对我们说："这并不是一件垃圾，一个我可以随意使用的东西。这是一个必须被视为目的的存在者。"那么，为什么我们会认为我们比它们更重要，更应该得到基本的法律保护呢？

我稍后会论证动物拥有法律上可执行的权利，但现在我要详细阐述能力论的基本观点。

典型生活形式

动物像人类一样，每一个体都有生活形式，这涉及它们努力追求的一系列重要目标。现在，让我们把这种生活形式看作一种物种形式，尽管稍后我会讨论这里存在的复杂性。在思考人类的时候，我们想到一些对于人类努力生活特别重要的事情。我们也可以对每一种动物做同样的思考，如果我们对其知道得足够多，观察得足够仔细的话。每只动物都是一个目的系统，追求以生存、繁殖和（在大多数情形中）社交互动为中心的一系列良善目标。在人类的情形中，能力论认为这些努力不应该被挫败。而且（我和科斯嘉德都持有这个观点），说我们比它们更重要，这是傲慢、专横、毫无根据的，只不过是一种自私。每种生活形式都是不同的。但每种生活形式都是适合那种生命的。如果一只喜鹊活得生机勃勃，那么它就是以这个鸟

第 5 章 能力论：生活形式以及尊重那些如此生活的生物 / 149

类物种的典型生活形式在生活。如果一只喜鹊活得更像一个人类，这对它来说既不好，也不合适。我们人类与喜鹊、海豚和大象相似，都是在一个充满威胁的世界中摸索着生存和繁衍生息，只是我们所寻求的善在具体性质上存在差别。

能力论的基本目标，是给努力生活的生命一个适当的繁兴机会。它正是以这种方式看待法律和政府所扮演的角色。在制定法律和建立政府机构方面，人类不得不发挥主导作用，但没有理由认为人类做这些事只能是为了和关于其他人类的。我们没有正当理由说只有某些有感受的生物才重要。每一个体都有其自己的重要性。从一匹马或一头鲸鱼的角度来看，拿与人类的相似性作为衡量标准是没有意义的。这对于一个公正的立法者来说也是没用的，他要帮助有感受的生物有机会过上它们所追求的合宜生活。[在第 6 章，我将论证感受（即能够感受，对世界有一个主观视角）是成为一个正义主体的必要基础，而且我会说明我认为哪些生物具有这种能力。]

正如我在第 4 章批评科斯嘉德时所说的，没有任何正当理由认为只有人类应该积极参与立法和制度建设。动物不会说人类语言，但它们通过一系列类似人类语言的方式来表达它们的境况（第 6 章再讨论这一点），如果我们人类碰巧处于政治上的驾驶位，我们就有责任去关注那些声音，去弄清楚动物活得怎样，它们面临着什么阻碍。对于那些因残障而无法以通常方式参与政治生活的人，我们已经在这样做了，我们为他们提供监护人或"协作者"（collaborators）[18]，他们向这些人表达自己的境况，而后者可以越来越熟练地解读他们的需求。我们永远不要说，那些不会说话的儿童是"消极公民"或不参与政治生活者：他们能以多种方式积极地表达自我，我们有责任将其转译为政治行动。而且，大多数普通公民都不了解他们的法律权利，如果没有代言人，就无法在法庭上代表他们自己，或无法完成公民的许多其他任务。我认为，非人动物也是如此。

在此，我们必须要问：直接的、不通过代表的政治参与是否具有内在价值，或者只有工具性价值。这是能力论者们争论的一个要点。我本人认为这是一种工具性价值：重要的是能够通过自己的能动性来影响那些支配着自己生活的环境。但这并不意味着每个人类公民都必须上法庭，或组织政治项目，甚或投票，而只需要有人在法庭和立法机构中代表此人的要求，并代表此人投票（比如我强烈要求让严重认知障碍者得到这种权利）。对于动物来说，我认为解决方案不需要也不应当要求，在每次选举中为每只动物都安排一次代理投票。这很快就会变得荒诞。相反，应当由一些恰当的有资质的人来担任动物协作者，他们负责代表动物制定政策，并在法庭上对不正义的安排进行质疑。第 9 章和第 10 章将举出许多例子来说明如何实现这一点。

作为准监护人和聆听者，我们在关注动物的声音时，不会仅关注快乐和痛苦。正如在思考瓦桑蒂的例子时，能力论不仅要考虑她如何以及是否感到痛苦或快乐，还要考虑她是否拥有很多机会（或缺乏机会）去做各种有价值的活动。边沁式思考方式用简化的思维看待一个生物的善,这对非人生物似乎也是错误的。这种思考方式当然有不可否认的力量,因为目前人类给非人生物造成了太多不必要的痛苦,而只要消除这种痛苦就是巨大的进步。但我们需要一个足以适应动物生活之复杂性的目标地图。对其他动物来说,跟我们一样,避免痛苦并不是全部。社交关系、亲缘关系、繁殖、自由活动、游戏和享受,所有这些对大多数动物来说都很重要,当我们更充分地了解每种特定的生活形式时,就能把这个清单列得更完整了。

为了把相关问题摆在桌面上,我们需要聆听许多关于动物生活的故事,这些故事是由那些与某类动物密切相处并长期研究这些动物的专家讲述的,我们要着眼于共同的目标、内在的多样性,以及普遍存在的问题和障碍。我们会考虑那些被虐待和被忽视的伴侣动物的故事(例如我在导言中讲述的卢帕的故事)。这些故事与瓦桑蒂的故事有诸多相似之处,它们有助于我们思考法律该如何促进伴侣动物的繁兴、不受虐待、获得营养,并促进更一般意义上的互惠、尊重和友谊模式。我们将考虑那些与野生动物一起生活的科学家所讲述的故事,他们讲述了那些陪伴其工作的动物们的处境,以及是什么阻碍了它们的繁兴。我们要确保资料来源的专业性与多样性,还要注意不同的专家在以何种方式强调不同的要点。这项任务是如此令人振奋,又如此紧迫,随着新知识的出现,以及问题和环境的变化,它可能是永无止境的。毕竟,我们对世界不同地区人类处境的研究也是如此。这项任务是漫长的,但我们已经对伴侣动物做了很长时间的这种工作了，我们举办了公众听证会，构建了人道的法律。因此，我们知道这是可以做到的。

一部虚拟宪章

在人类情形中，能力论为制宪提供了一个模板。这份清单既有内容，又有每项能力的暂定门槛。一个旨在实现最低限度正义的国家可以参考这份清单，同时也考虑它自己的特殊环境和历史，并根据清单上每一项主要能力在当地的具体情况来制订它自己的清单。出于两个原因，目前不可能对其他动物采取这种方法。首先，其他动物经常跨越国界漫游，或者占据不属于任何一个国家的空域和海域，所以一部国内宪法不足以保护迁徙物种。其次，世界上大多数国家都没有足够的政治意愿在短期内制订任何此类保护措施。

理想的结果是世界上所有国家（敏锐地倾听动物和那些最能代表动物的人们的要求）都同意为各种动物制定一部法律上可执行的宪法，每个国家都有其自己要保护的能力清单，每个国家都提供一个门槛，低于这个门槛的欠保护状态（non-protection）就是不正义的。这样一来，动物无论在哪里都会受到保护，正如鲸鱼在世界各地都受到国际捕鲸委员会（International Whaling Commission，第 12 章将会讨论该组织）的（不充分）保护。这部宪法可以由以国家为基础的更具体的法律来补充，这些法律适用于那些生活在特定国家管辖区域内的动物，以适合特定环境的方式为其提供保护。然而我们知道，即使对于人类遭受的不正义，要实现国际问责都举步维艰，难以取得太大成功。即使在人类的情形中，我们最大的希望也是寄托在单个国家的法律上。如果对人类是这样，那么对动物就更是如此。我将在后面讨论国际条约和公约的作用，但在大多数情况下，在可预见的未来，动物必须受到国家、州和地方的法律保护。然而，这不意味着拥有一幅国际性的目标地图是没有用的。

因此，能力论现在的目标是提供一部虚拟宪章，供各国、各州和各地区在试图改进（或重新制定）动物保护法时参考。我希望随着时间推移，这部虚拟宪章能够越来越多地成为罗尔斯式政治"重叠共识"的对象，无论在每个国家内部还是跨越国界。这需要更多的时间和工作，确立和保护人权的任务也是一样。然而，这种灵活的方法允许各国大胆地向前迈进，而不必等待达成全球共识。（稍后，我将就这些动物权利的基础提供一个法律论据。）基本目标是，所有动物都有机会过上合乎其尊严和努力的生活，并得到合理门槛水平之上的保护。

这部虚拟宪章跟人类版本的能力论一样是政治的，而非形而上学的。因为它的目的是确保在所有追求公正的整全价值学说之间达成一个持久的重叠共识，所以它不会提出有争议的形而上学主张，也不会涵盖所有议题。不必承认动物的能力具有内在价值，也不必否认其内在价值。我希望，对动物能力的支持可以来自很多方面。可以来自一些有宗教信仰者，即使他们出于宗教和形而上学的理由相信人类的优越性，但仍然愿意对动物提出公平的合作条件,并支持它们的能力;可以来自生态中心论者,他们真的相信我们的首要关注焦点是生态系统,而不是个体,但他们愿意在政治上支持动物能力,作为促进生态系统繁荣的一个关键因素;可以来自佛教的观点,这种观点也否认个体的重要地位,但仍然建议公平地对待动物的生命;可以来自像科斯嘉德的观点,对内在价值保持不可知的态度;也可以来自像我自己的观点,(在伦理学上,而不是在政治理论上)认为动物生命具有内在价值。[1]

能力清单与生活

在理想情况下,我们应该获得足够的知识,从而为每种生物单独制订一份清单,把对于它们的生存和繁兴最重要的事情列在清单上。这份清单实际上是由动物自己制订的,因为它们在努力生活的同时表达了自己最深切的关注。有些人多年来与某种动物一起生活,他们既有爱心,也有敏锐的观察,他们对动物未被听到的声音进行了可靠的记录,例如芭芭拉·斯马茨与狒狒,乔伊斯·普尔和辛西娅·莫斯(Cynthia Moss)与大象,卢克·伦德尔和哈尔·怀特黑德与鲸鱼,彼得·戈弗雷-史密斯(Peter Godfrey-Smith)与章鱼,弗朗斯·德瓦尔与

---

[1] "内在价值"一词有多种不同的含义。在本章,它有时指"非工具性价值",有时指"独立于理性评价者之评价的价值"。科斯嘉德本人承认动物是目的本身,具有"非工具性价值"。因此,这里的"内在价值"应该是指后一种意义上的。

黑猩猩和倭黑猩猩，珍妮特·曼（Janet Mann）和托马斯·怀特与海豚。在理想情况下，每个物种都应该有一群这样的人，因为任何一个人都容易犯错。这些协作者和聆听者应该了解这个物种内部不同动物个体之间的多样性，应该能讲述许多像导言中提到的动物个体的故事，讲述每个生物所面临的障碍，以及哪些干预措施被证明是有帮助的。

一个重要的例子是乔伊斯·普尔和她的同事最近为非洲草原象编写的"大象习性谱"，这类工作为清单提供了基础。这个重要的数据库包含了我们迄今为止对大象（这个物种的）生活形式的所有知识：交流、运动和所有的典型活动。[19] 通过研究这份习性谱，大象的人类朋友可以列出一些看上去最核心、最迫切需要保护的能力。

我认为应当有许多不同的清单，它们以各种不同的习性谱为基础。然而，我相信，如果我们关注一下人类能力清单中那些宽泛的通用条目，会发现它几乎在所有情况下都能提供良好的初步指导。这不足为奇，因为每个物种都在自己的生存方式中展现出一种脆弱和努力的动物性，而能力论的清单实际上概括了这种动物性的共同特征。所有生物都在为活着努力，为健康努力，为身体完整努力，为有机会使用那种生物独特的感觉、想象力和思维而努力。实践理性乍听起来太人性化了，不能提供好的指导，但实际上并非如此。所有生物都想要有机会对它们如何继续生活做出一些关键选择，成为进行计划和选择的决定者。联系对于所有动物都是至关重要的，尽管不同类型的联系存在巨大差别。所有动物都寻求与它们周围的自然界有良好关系,这通常包括与其他物种成员的良好关系。研究者越来越了解到,玩耍和取乐并不是人类所特有的,而是动物社会性的关键方面。而且,所有动物都在寻求对其物质和社会环境保持各种控制。也许还有其他一些与动物生活相关的重要条目是人类清单上所没有的,我现在想不出来,但只要有人提出任何令人信服的重要条目,我都完全愿意扩大这份清单。

人们可能会担心,这样的清单肯定是拟人化的,会犯类似于"如此像我们"进路的一些错误。我理解这种指责,但我认为并非如此。制订这份清单并不是靠思考什么是人类独有的,而是靠对于动物性的普遍思考,它允许在具体层面上有重大变化,但却坚持认为在一般层面上我们可以找到一个共同的模式。然而,我们必须时刻对愚钝或自负保持警惕。

有时,我们列出的清单会包含一些在人类清单中更细小的条目,这些条目乍看上去似乎与动物的生活无关。考虑一下"结社自由"和"言论自由"。大多数动物园不正是在剥夺动物的结社自由吗?至于言论,动物们会以自己的方式表达它们的需要和愿望,其表达方式往往非常精妙。即使在美国的正式法律中,言论自由也适用于各种形式的表达活动,而不仅仅是纸面上的文字。那么,为什么这个法律范畴不能包括动物的发言方式?当然可以,只是动物要首先得到法律地位。[20] 不是它们不说话,而是我们人类通常不听。然而,当动物的怨言被无视时,当有关工厂化养殖业情况的信息被系统地屏蔽在公众视野之外时，甚至那些试图帮助被折磨的猪和鸡的人类也被"农业禁言法"（ag-gag laws，指限制报道的法律）[1]禁止描述那些情况时，动物就没有发言的自由。言论自由与动物密切相关，它非常重要，正如动物权利的捍卫者约翰·斯图尔特·密尔在《论自由》（On Liberty）中为言论自由辩护时提出的理由：言论自由提供我们需要的信息，使我们的社会变得更好；它挑战自满和自鸣得意；它提出一些不受欢迎的立场，这是值得聆听的，实际上也是需要聆听的。

那么"新闻自由"和"政治参与"呢？动物不写报刊文章，但在这个人类支配着一切动物生命的世界中，关于它们困境的信息应当自由流通，这是它们利益的一个重要组成部分。在《贫困与饥荒》（Poverty and Famines）中，阿马蒂亚·森认为，新闻自由是避免（人类）饥荒的一个重要因素，因为必须要有信息传播出来，才能刺激人们采取政治行动。[21]我想扩展一下森的观点：要想用行动来阻止动物所遭受的严重痛苦，就必须传播正确信息，让人们了解动物在今天遭遇的所有严重困境，包括栖息地的丧失、肉食工业中的折磨、偷猎、充满海洋的塑料等所有这些信息。当然，这些文章、书籍和电影都必须由人类来完成。但它们对动物的生活很重要，因为它们记录

---

1 是一种限制言论自由与知情权的法律，美国的工厂化养殖行业为了防止公众获知该行业虐待动物的信息，在很多州推动颁布"农业禁言法"，禁止人们调查养殖场内部虐待动物的情况，惩罚各种调查行为，包括录制、拥有或发布那些揭露养殖场虐待动物的照片、视频或音频。

了动物的怨言，展示了它们无法忍受的处境。

政治参与也大致如此。尽管大多数动物在其自己种群内部通常有足够的政治性，但在人类主导的世界中，它们对政治参与没有什么兴趣，也不知道选举、议会和办事处。然而，那里发生的事情对它们来说是非常重要的。在人类主导的世界里，政治决定了一个特定地方的所有居民拥有的权利和特权，并对福利、栖息地等事务做出关键决策。因此，拥有政治发言机会对动物是很重要的，我认为这意味着拥有法律地位（作为提出诉讼的原告上法庭的权利）和某种法律代表权。现在，我们允许有认知障碍的人类有委托代表，因而这个提议没什么太令人吃惊的。生活在一个地方的生物应该对其生活方式有发言权。

也许只是因为我们人类主宰了这个世界，给动物制造了很多麻烦，新闻自由和政治参与才对它们有意义。如果有人认为没有人类干扰的自然界是田园诗般的，是美妙的或和平的，或在某种意义上是对动物和善的，那么他就会有这种想法。但我不这样认为，第 10 章将对此做进一步讨论。即使没有我们的破坏性干预，仍然会发生饥荒、洪水和其他形式的气候灾难。因此，我认为，即使没有我们自己的恶劣行为，我们也有很强的理由确保关于它们困境的消息得到传播，并确保它们对于自己如何生活有发言权。

然而，在清单的具体条目层面上也会存在很多分歧，我们应该始终对意外发现和学习保持开放态度。因此，每一种动物都有自己的社会组织形式，甚至有自己的感官知觉形式，只有通过辛苦而有爱的研究，我们才能知道该说什么。

促进性机能与侵蚀性劣势

因为我所设想的进路要根据每一种动物生活提出具体要求，所以它会提出许多异质化的要求。但在每种情形中，甚至在不同情形之间，都可能有一些极富促进性的能力，它们能广泛促进良好生活，而另一些能力的缺乏则是特别有害的。对所有动物来说，遭受人类的专横暴力都是一种侵蚀性劣势，这种劣势体现为鲸鱼易为鱼叉所害，大象易为偷猎所害，猪被关在"怀孕箱"中，狗易受"主人"的虐待和忽视。另一个广泛的侵蚀性劣势是环境污染，空气污染或水污染对许多物种造成了致命影响，破坏了它们的栖息地。因此，减少这些祸害的做法（禁止残忍行为并致力于环境清理）将会产生很好的效果，能广泛提高许多动物的能力。

物种成员是个体

至此，我讨论了为各个动物物种列的清单。但对动物来说，就像对人类一样，每一个体都应该被视为目的。然而，动物不仅是数目上的个体（即每一个都很重要），更是质的个体：任何一个物种成员都有微妙的差异，每个都互不相同。与伴侣动物一起生活的人都知道，这些陪伴他们的动物的个性和喜好是高度个性化的，对一只狗或一只猫好的东西不一定对所有的狗或猫都好。对于不和我们一起生活的动物，我们通常不会注意到这种多样性，但与某一类型的动物一起生活的人能够认识到并重视这些差异。每个狒狒都是狒狒社会的一员，每头大象都是大象社会的一员，但每一个体都以其独特的方式栖居在这个世界上。对于我们有能力加以仔细研究的每一种动物都是如此。[22] 对于生物学家来说，物种是一个笼统的概念，他们真正研究的是由生物个体组成的种群。

但是，如果每一个体与其他个体分开，拥有自己的而不是他者的生活，又在某些方面与其他个体有质的不同，那么，围绕一个物种的生活形式来构建清单难道不是一个错误吗？这不是在否认每只动物的独特性吗？谈论"海豚"和"海豚的生活形式"，而不是为每只海豚创造一个单独的故事和清单，这不是很愚蠢吗？以爱尔兰丁格尔湾的海豚芬吉为例，他在2020年10月的失踪引起了广泛不安。[23] 几十年来，丁格尔的居民认识了芬吉，因为他是一只独具个性的海豚。作为一只海豚，芬吉古怪而孤独，但却异常地喜欢与人类社交。为什么芬吉的独特性不会被一种基于物种的理论所抹除？

然而，再想想瓦桑蒂。能力论的创始者们了解了她的独特故事（以及其他许多这样的故事），根据这种了解构建了一个关于生活质量和政治正义的一般理论，即一套似乎适合人类生活形式的人类权利，并且可以根据每个国家和地区的具体情况加以法制化。了解大量的特殊细节有助于我们朝着普遍化的方向发展，通向一套由宪法规定的权利。

但是，这种普遍化对于现实生活的特殊性会是不公平的吗？将瓦桑蒂这个特殊的女人作为制定宪法权利清单的来源，是不是对她不公平或不尊重？不是。原因有三。第一，这份清单列出的是一些能力，而不是一些强制性机能。它创造的机会可以由不同的人以不同的方式使用，或者根本不使用（如果这个人不想使用它们的话）。能力是资格，是一种权利。[24] 人们通常不认为人权把所有人都压缩进了一个饼干模子，权利为不同的个体提供自由选择的空间。第二，在对权利进行持续性司法解释的过程中，个体诉讼者可以带着自己充满特殊性的故事，站出来发声。翻阅任何一份关于对《权利法案》的司法解释的记录，都可以看到在个体性和普遍性之间持续的往复进退，因为个体在测试着普遍文本的限度，而新的决定则进一步为所有个体规定了普遍文本。第三，如果真有什么东西是个体极力争取的，而清单上没有为其提供空间，那么我们总有可能去修改权利清单，甚至可以在普遍机会的层面上进行修改。

我认为每一种动物也都是这种情况。我们研究的是属于某一特定物种的种群[而我们知道，"物种"（species）是一个用来指涉不同种群（populations）之间共同之处的笼统术语，而不是一个形而上学实体]。我们制订一个清单。然后，那些彼此间存在质的差异的物种成员可以按各自的方式使用这些权利。芬吉与其他海豚不同，但保护海豚的能力清单也会保护他，并由他以自己独特的方式使用。如果他不愿意，他不必与一个庞大的种群交往，他完全拥有在海岸附近闲逛的自由。如果有一天他决定去寻找一个更大的种群,那么他的这个选择也会受到保护。(这是发生在他身上的一种可能性,尽管鉴于他的年龄较大,另一种可能性是死亡。他在 2021 年被确切地目击,这使那些关心他的人备受鼓舞。)这就是该理论对个体生物的尊重:通过为它们创建受保护的空间,使其以自己的方式寻求繁兴。这个清单将通过未来的司法规范得以改进。而且,如果那些与动物一起生活并关心动物的人们抱怨这份清单不完整或有误,它总是可以修改的。

部分善也许是跨物种的

人类的能力清单中包含的一个条目是"与其他动物和自然界的关系",换句话说,一个合宜的社会应该提供良好的种间关系。有些动物的日常生活几乎被同类内部的生活占满。海豚和大象似乎并不依赖与其他物种的牢固关系,这种关系并非其利益的关键因素(尽管这并不意味着,在适当的条件下不会出现跨越物种障碍的友谊)。但还有一些动物,它们的生活形式中充满了跨越物种障碍的关系,包括狗、猫、很多马和农场动物。这些动物彼此之间建立关系,而且它们似乎都尝试并需要与人类建立关系。第 9 章将全面研究这个问题。因此,这作为一项重要需求被纳入我们为每一类生物制订的清单中。对于物种标准的依赖并不会将一个生物禁锢在它自己的物种内。这些关系会随着时间推移而进一步发展,清单可以随之改变并反映这种发展。

四种观点之比较

　　能力论不会按照任何一种"阶梯"来对物种进行排序，也不会根据与我们的相似性而给予奖励。相反，它遵从惊奇和好奇，发现动物以各种不同的、非凡的方式追求繁兴生活。它在动物的行动和生活方式中看到了一些共同点：所有动物都有某种类型的感官知觉，都有传递环境信息的能力，都能养护自己，都能繁殖，都有社会性，尽管以各不相同的方式。与"如此像我们"进路不同，能力论并不特别看重一个生物使用人类语言（如手语）进行交流的能力。相反，它研究了各种生物实际上使用的许多交流方式，其中有些比其他方式更"像语言"，但都适合特定生物的环境、身体和生活形式。那种认为鲸鱼最好能使用人类语言的想法似乎非常奇怪。它的生理机能、环境和需求都是全然不同的。一件非常有趣的事情，就是去看看世界上到底有哪些交流形式。

　　无须赘言，能力论非常关心疼痛，这对一切有感受的动物来说都是一种严重的恶。但除疼痛外，还有其他坏事。动物可以被剥夺自由行动，被剥夺属于其物种的正常社交，被剥夺玩耍和以轻松的方式使用其能力的机会，而所有这些都可以不造成身体上的疼痛。我们如果关注能力，而不是追随边沁，就可以在一只动物的生活中看到多种维度的剥夺，就像在瓦桑蒂的人类生活中所看到的一样。能力论将动物视为能动者，而不是快乐和痛苦的容器，这是一种对它们的尊重。

能力论在很多方面都接近科斯嘉德的康德式观点。它坚持认为，所有动物的尊严都应得到尊重，我们不能把一种类型的生物排在比其他生物更重要的位置，而且每一种生物都应该有机会以自己的方式繁兴。但是，能力论认为动物是能动者，具有潜在主动性，而不是"消极公民"，它们向愿意倾听的人表达自己的需求。能力论还坚持认为，大自然并没展现出科斯嘉德在遵循本能与遵循伦理选择和决定之间划出的清晰界线。许多（如果不是大多数）动物都有文化，它们有时遵循本能，有时遵循习得行为，而且有时做出自己的选择。道德能力在大自然中也并非不连续的。有许多种动物都遵循行为规则，通常是非常关注他者的规则，并将这些规则教给它们的孩子。人类的规则可能更复杂、更哲学，但它们并非完全不同的类别，它们像动物的规则一样，也是为了适应人类生活的环境而演化的。狗、大象、猎豹和许多其他动物都选择将他者的利益置于自我之上，这不仅是本能，而且部分地具有文化因素。尽管我很欣赏科斯嘉德的书，尽管我们在很大范围内都是盟友，但我认为能力论在某种程度上更适合我们的世界和其中的动物，更适合我们自己的动物性。而且，它以非形而上学的方式构建政治原则，展示出对多元和差异的高度尊重。

尽管我相信能力论比其他三种观点更适合我们的世界，但重要的是要看到，所有这四种观点都在反对人与动物关系中那些最恶劣的做法，它们在这方面是一致的。虽然史蒂文·怀斯没有对工厂化养殖做出评论，而是专注于圈养灵长类动物和大象遭受的残忍对待，但他有意留下一扇敞开的门，允许其他物种在适当的时候进来；与此同时，我很高兴地支持了他在法务方面的工作。[25]功利主义者严厉地批评工厂化养殖、实验室中对动物的折磨，以及在彼得·辛格《动物解放》中所记述的一切有辱尊严的做法。辛格和我是政治盟友，尽管我们在哲学上有分歧。科斯嘉德也一样，她和我在实践中是盟友，我们之间的差异更多是具体伦理论证上的，而不是政治原则上的。这种趋同意味着在涉及政治原则的地方，我们正顺利地朝向不同观点之间的"重叠共识"迈进。尽管我认为能力论是政治原则的最佳来源，但其他理论可以在适当的时候使用它，并将它纳入自己观点的某个修正版本。

濒危个体与濒危物种

能力论关注每一动物个体，并将人类个体与非人类个体都作为关注的焦点。其背后的一般想法是，任何一个个体或一群个体都不应该被用作他者的财产，或成为实现他者目的之手段。每一个体都是目的。

但是物种呢？我们今天看到的一些动物保护立法是旨在保护濒危物种的立法。要想捍卫能力论，就得界定它与这个运动的关系。那么，能力论是否支持对濒危物种的保护？我的答案很复杂。

首先，正如前文所述，物种这一概念本身就是有问题的。[26] 大自然中的界线并不像许多生物学家过去认为的那样僵硬而清晰，而科学家现在的工作大部分是在使用"种群"这一比较宽松的概念。很难用能否杂交来划定一条清晰的界线。尽管如此，传统的物种概念仍然提供了一个粗略的划分方式，也就是说，只要我们记住它的局限性，它还是有用的。

但是，如果我们要保留一个可用的物种概念，就必须坚持认为，一个物种本身并不具有一种善。个体物种成员拥有一种可感知的善，并争取实现它，而且这些个体要被视为目的。把生物个体仅仅当作实现其物种繁兴的手段，和将其当作实现其他生物之目的的手段一样，都是错误的。一个物种并不具有对于这个世界的视角。它没有感受，没有痛苦，也没有知觉。"鲸类"不会因为摄入塑料而死亡，"象类"也不会被偷猎者杀死。是个体鲸鱼和个体大象在受苦和死亡。如果挥动一下魔杖就可以使一个物种突然消失，那么似乎没有任何个体生物会受到伤害，也没有任何有感受的生物会被不公正对待。这一观察表明，虽然物种保护可能具有科学或审美价值，但就政治正义而言，它本身并不能算作一种目的。

然而，对于作为目的本身的个体生物来说，物种保护有巨大的工具价值。生物多样性通常对生物有好处，虽然那种认为大自然是一个美好的和谐系统的想法是一种迷思（我将在第10章予以批评），但我们知道，一个物种的消失，即使那是一个没有感受的物种，也会伤害到许多有感受的生物，后者需要这些物种来达到各种目的（作为食物、辅助授粉、杀死危险的寄生虫、维持多样化且健康的栖息地，等等）。而且，在通常情况下，我们对这些相互联系太无知了，以至于不能说："这个物种的消失不会伤害其他留下来的个体生物。"此外，动物们需要自己物种基因池的多样性，这样其后代才不会患上近亲繁殖的疾病。

此外，物种灭绝的方式包括给许多继续存活的成员带来巨大痛苦。想想那些无法交配或觅食的北极熊，它们因极地冰层的融化而被困在浮冰上。想想被偷猎者威胁的濒危大象和犀牛，它们被迫看着偷猎者为获取它们的牙而宰杀它们群体的成员。那些幸存的动物往往生活在创伤中，与此同时，栖息地的丧失也使其面临饥饿的威胁。想想那些搁浅的鲸鱼（许多鲸类物种现已濒危），努力喘着最后一口气，因为它们的身体塞满了塑料，而海洋正被倒入越来越多的塑料。更宽泛地说，栖息地丧失（很大程度上归因于全球变暖）和栖息地破坏（例如塑料对海洋的破坏）是我们这个世界上物种灭绝的主要方式，它们通常会给个体带来巨大痛苦。如果我们关心个体生物的生命，我们就有强大的理由去反对这些毁灭物种的方式。

最后，没有哪个生物是一座孤岛。它们的善在任何情形中都是某种类型的社会善，它们需要与他者一起，并在与他者的互动中实现这种善。[27] 与其他生物相比，有些生物需要更大的种群，才能进行正常的社会生活。海豚比许多鸟类更具有社会性。然而，即使社会性较弱的鸟类（也许是那些与配偶终身结对，很少与他者互动的鸟），也要依赖足够大的交配群落，这样种群才不至于最终遭受近亲繁殖所导致的健康缺陷。即使对鹦鹉来说，每一个体的利益也要依赖于其所属的物种群落的健康和多样性，在某些情况下还依赖于一个跨物种群落的健康和多样性。

简言之，个体生物才是我们为之努力的目的，才是正义理论的核心关注点。但是，物种在个体生活中发挥着至关重要的作用，这使我们有理由对许多物种目前面临的危险给予极大关注。

对权利之基础的看法

能力论把实现核心能力规定为政治正义的目标，它认为动物有权获得支持，以得到其各自的生活形式中那些核心能力，它们的能力要达到某种合理的门槛，而这种支持要以他人的合理要求为限。（第 7 章将明确指出，这些限制包括自卫原则。）这些权利是每一动物个体之尊严的内在要求。它们需要得到保障。正如我们彼此要求有机会生存、说话、享受健康，等等，每只动物也是如此。但一项权利只有能在原则上被依法执行的情况下才是真实的。尽管在世界历史的这个时间点上，人类是立法者和执法者，但没有理由认为人类应当只执行人类的权利而不执行其他有感受者的权利。

然而，读者也许会发现能力论很有趣，甚至认为它对于确定目标和志向很重要，但仍不相信动物真的对能力清单上的东西有权利，或者不相信缺乏这些东西就标志着不正义和权利受侵犯。因此,我们必须就此多说几句。

我们的部分任务是要认真地思考义务。权利通常被认为是与义务相关联的。那么,如果每只动物都有一系列权利,谁负有相关的义务?否认动物有权利的人常常提出这种质疑,因为他们看不到这个问题的合理答案。这个问题的更棘手之处在于:权利不仅与义务相关,而且与法律相关。科斯嘉德令人信服地论证了(基于康德的观点)权利在概念上是与法律相关的,我也同意这个观点。因此,说一个生物有权利获得某种东西,也就是说应该有法律来保护这种权利。但我们可以想象,有人认为用法律保护动物权利的想法是无法实现的乌托邦。这种人会拒绝动物有权利的想法。我们能对他们说什么呢?谁有义务来维护这些权利,最终用法律来保障权利呢?

对此,科斯嘉德通过拓展康德的观点给出了正确的答案:动物的权利是"不完全的权利",这种权利并非针对任何明确的人或动物,而是针对所有人,针对被认为能够采取集体行动的人类。[28](在第10章,我将讨论动物是否拥有针对其他动物的权利,例如不被吃掉的权利,以及一个正义社会是否应当以某种方式执行这类权利。)不完全的权利是指个体虽有不被不公正对待的权利,但我们还不确定如何组织有效的行动。在这种情况下,我们作为个体的最直接责任就是,努力通过调动群体来保护所有权利。

但我们为什么要承认动物有任何权利呢?大多数伦理观都提出了一些弱得多的建议:我们应该出于善意或同情来人道

地对待动物。然而，这还不够有力：只要有感受的个体生物受到不公正对待，这就是不正义的。能力论描绘了一幅有吸引力的图景，即动物的尊严和努力本身就要求法律和机构提供相应的保护。我们还能对这些权利的基础说更多吗？如果不能，那么对许多读者来说，能力论也许是一个有吸引力的理想，但它对于我们应该做什么没有直接影响。

在此，科斯嘉德所阐释的康德再次为我们提供了帮助。康德认为，对人类来说，权利是对抗支配的壁垒。我们都发现，自己在这个世界上非常容易遭受他人的支配。如果没有权利（被理解为法律上可执行的道德要求），我们就无法使用资源来支持我们的需求，就会持续面临受他人支配的威胁。我们的权利以一个非常简单的想法为基础：每个人都有权利在他或她所在的地方。在拥有或使用任何物品之前，你有权利只是在你所在的地方。因此，如果物品的划分方式使一些人无法生活，那就是不正义的。这样一来，康德不仅为财产权提供了依据，也为民主参与权，即对世界上发生的事情拥有一份控制权提供了依据。

然而，人类并不是唯一被抛入这个世界的有感受生物，也不是唯一一种需要免受支配才能过上合宜生活的生物。康德本人认为动物只是财产，而且他论证了人类有权将它们用作财产。但科斯嘉德反对这个观点，她认为其他动物和我们一样都是被抛入这个世界的，都在努力生活，而且易受支配。现在，所有其他动物都受到人类的支配。根据康德自己的论点，这看上去是不正义的,其他动物也必须有权利留在它们所在的地方,并且像我们那样去参与正在发生的事情。它们也有自己的目的,我们对它们的支配不会无关正义。[29]

这种"你有权在你所在的地方"的直观想法是深刻的,而且它已经被我们的一些法律和机构承认,这不足为奇。根据法律学者卡伦·布拉德肖(Karen Bradshaw)在其最近出版的《作为财产所有者的野生动物:一种新的动物权利观》(*Wildlife as Property Owners: A New Conception of Animal Rights*)一书中的研究[30],法律已经通过多种方式赋予动物对栖息地的权利,以及某些种类的财产权。当然,就像我们所有关于动物的法律一样,这些法律是零散的、不完整的,但它们表明,与"野生"动物一起生活的人们对康德的论点很敏感,却没有正式阐明这种论点。这些动物就在那里,它们有权利在那里,我们无权把它们赶走。

我将在第 12 章详细论证,这个观点可以而且必须落实到法律上。但这种物种间法律的想法并不完全是单向的,并不是把所有义务都给人类而只给动物权利。动物也可以有法律上的义务,它们的权利也可以受到法律限制,这样各物种才能在这个多物种世界上共同生活。在思考伴侣动物时,我们对这个想法已经很熟悉了,伴侣动物在某些约束下被禁止伤害人和其他动物,对此我将在第 9 章详加论述。我们通常设想负有义务的是"主人",不允许"她的"狗咬孩子,不允许"她的"猫吃邻居的鸟。但我们可以毫不费力地将这些义务重新表述为相关动物的义务，这些义务必须通过合作和教育来履行。与此类似，幼童和有严重认知障碍的人的法律义务实际上也是他们的义务，尽管他们需要通过协作者的监护代理来履行这些义务。

新理论要付诸行动

能力论描绘了一个目的地。它并没有告诉我们如何到达那里。我说过，它就像为这个世界上的动物们颁布的一部虚拟宪章。尽管它们应该被视为拥有权利的公民，不实现这些权利就是不正义的，但没有一个国家的动物是公民。因为在为动物伸张正义的政治旅程中，我们尚处于起步阶段，所以任何对能力论思想的应用都必然是零散的，包括：努力达成更好的国际条约和协议，每个国家制定更好的国家法规，并改进许多州和地方的法律。在可预见的未来，这些法规仍将是令人困惑和不协调的拼凑。第12章我将进一步探讨这种拼凑现象。

然而，在这里，我们需要对实践和法律方面的发展前景有一个初步的了解。下面这个例子也许有助于我们的进一步讨论：美国联邦第九巡回上诉法院于2016年发布了一份引人注目的意见书，这也许是迈入一个法律新时代的可喜前兆。在"自然资源保护委员会诉普利兹克案"（*Natural Resources Defense Council, Inc. v. Pritzker*）[31]中，第九巡回上诉法院裁定，美国海军因试图继续实施一项影响鲸鱼行为的声呐项目而违犯了法律。[32]该意见书在某种程度上对《海洋哺乳动物保护法》(Marine Mammal Protection Act)[33]进行了字面上的法定解释：法院宣称，一个项目对海洋哺乳动物的"影响可以忽略不计"这一事实并不能使其免于遵守另一项法定要求，即它要确立"对海洋哺乳动物物种产生最小的实际不利影响"的方法。[34]一个引人注目的重要事实是，这一论点在很大程度上考虑到了该项目对于鲸鱼能力的损害：

> 承受180分贝以下[1]的声呐，会导致海洋生物短期中断或放弃其自然行为模式。这些行为干扰可能会导致受影响的海洋哺乳动物停止相互交流，逃离或避开声呐区域，停止觅食，与幼崽分离，交配受阻碍。LFA声呐[2]还会引发海洋哺乳动物的高度应激反应。这种行为干扰会迫使海洋哺乳动物做出取舍，比如推迟迁徙、推迟繁殖、延缓成长，或者以更少的能量储备进行迁徙。[35]

这份意见书并没有赋予鲸鱼法律地位（即向法院提起诉讼的资格，我会在第12章详细讨论这一概念），即使不采取这种激进的法律举措，法院也可以明确判定该项目是不可接受

---

1 是指在120~180分贝的区间会造成这种影响。分贝数越高，就越有可能对海洋动物行为造成更严重的影响。如果承受高于180分贝的声呐，则会产生更严重的影响（包括生理伤害）。
2 是指"低频主动声呐"（Low Frequency Active sonar），这是美国海军设计的一种反潜艇装置，通过主动发射低频声波来监听潜艇活动。

的。但由于鲸鱼没有法律地位，它们只能依靠运气得到《海洋哺乳动物保护法》的保护，这是一部由人类立法者制定的法律，但对鲸鱼的利益给予了一定的考虑。

鲸鱼还不得不依靠那种伦理化的惊奇：法官们富有想象力地解读法律，非常认真地对待一系列对鲸鱼生活方式的阻碍，即使这种阻碍并不涉及施加痛苦。这份意见书由法官罗纳德·古尔德（Ronald Gould）撰写（代表了一个由三名法官组成的小组的一致意见），他在华盛顿州工作并长期居住在那里，观赏鲸鱼在当地是一种常见的消遣方式。这份意见书的结论是，即使不造成痛苦，阻碍一种典型生命活动形式也是一种"不利影响"[36]。我想象这位法官是一个真正观察过鲸鱼的人，他对鲸鱼充满了好奇心和惊奇。但无论他或他的办事员是否真的去看过鲸鱼，这份意见书都展现出一种伦理意义上的、富有想象力的契合（attunement），这种反应在美国沿海地区，也许特别是在西雅图地区越来越常见。它将鲸鱼视为复杂的生命，具有一种积极的生活形式，包括情感的健康、联系和自由行动，简言之，就是该物种特有的各种能动形式。这份意见书已经远远超越了边沁，它也不同于"如此像我们"进路。它也不像康德主义者那样，把鲸鱼仅仅视为"消极公民"。希望这是一个先兆，预示着一个动物福利法和动物正义的新时代。

第 6 章

感受与努力：一个初步可用的边界

>   这就是动物如何开始运动和行动的：它们运动的最直接原因是欲求，而欲求是通过感知或通过想象和思考产生的。[1]
>
>   ——亚里士多德《论动物的运动》

现在我们已经看到了能力论的实际应用，该理论以有感受动物的生活形式为基础。作为一种关于基本正义的理论，它旨在支持它们在核心领域的努力，它不仅关注痛苦，还关注每种生物所追求的不同目标（为物种内部的个体多样性和选择留有很大的自由空间）。

但这些有感受的生物是谁？是那些我的理论认为有资格得到正当对待的生物。能力论是一种最低限度的正义理论，它可以作为一部理想的虚拟宪章，来指导我们在地方、国家和国际的各种立法实践。我把不正义理解为不正当地阻碍有感受动物的典型生命活动，我把最低限度的正义构想为对动物核心能力的保护，使其达到一个合理的门槛。

但哪些生物应该被当作目的？基于我对正义和不正义的理解，这可以归结为一个问题：哪些生物能够做出重要的努力？哪些生物在其努力过程中不仅能受到损害，而且能受到不正当的阻碍？能力论本身通过关注有意义的努力，为这个问题提供了答案。但我们现在必须明确，这个理论具体对我们说了些什么。

能力论所讨论的生物（即该理论要求我们去保护其重要努力的那些生物），似乎必须具有感知和欲求的能力，并且能够对二者的组合做出反应并行动。我所说的感知是指（无论它实际上多么难以讲清楚）能够关注世界上的物体，不仅是以一种因果碰撞的方式，而且具有真正的指向性或哲学家所说的意向性。世界在这些生物看来是某个样子的。它们有某种主观体验。至于欲求，情况也一样：我们所关注的生物并不只是机械地跳离伤害或挪向食物；它们对被视为好的东西有一种感觉上的趋向，对被视为坏的东西有一种感觉上的厌恶。这使它们的努力具有意义。它们不只是自动机械。

换句话说，它们拥有那种难以捉摸的特性，即感受。世界在它们看来是某个样子的，它们为自己所看到的好事物而努力。有时，感受被简化为感觉疼痛的能力，但它实际上是一个更广泛的概念，它是指对世界有一个主观视角。我认为我们应当首先以这种方式来理解感受，然后才能开始进入关于如何证明某只动物有感受的艰难的科学辩论，这些辩论通常狭隘地关注疼痛。我想说的是，我关于不正义的核心想法只适用于那些有能力做出重要努力的生物，这不仅涉及感受疼痛和快乐，还涉及感性觉知，在大多数情形中还涉及从动物自己的视角来决定靠近或远离物体的能力。这通常不仅涉及欲求，还涉及情绪，因为情绪已经演化为生物获取消息的路径，它们通过情绪来感知那些关乎其最重要目标和设想的事物的情况。

今天，科学家通过大量有趣的工作，普遍认为大多数动物都属于这种生物，包括所有哺乳动物、所有鸟类和硬骨鱼，尽管这些科学争论一直存在种种困难。其他情况（昆虫、甲壳类、头足类、软骨鱼）则更加模糊。还有植物，比如有些科学家就想把植物纳入正义领域。我将介绍这些争论，但重要的是理论：因为我们一直会有新的发现，如果我们将这个理论作为模板，就可以很容易重新分组，以不同的方式对生物进行分类。

我的结论在某种意义上是新亚里士多德式的：动物是复杂的生物，它们在感知/想象/思考以及多种欲望和情绪的帮助下，努力实现它们特有的目的。所有这些能力都丝毫不神秘：它们具有演化性/解释性的价值。

本章会运用伦理直觉，就此而言，本章的所有内容都是谦虚的和可讨论的，新的知识可能会改变我的暂定结论。

证据与陷阱

我们必须提防的一个陷阱,就是一种人类中心主义的自满。人类研究者认为,人类很显然拥有意识(无论我们如何定义这个难以捉摸的术语)、情绪、想象力、主观感知和多种类型的认知。(科学家通常以广义的方式定义认知,即一个生物获取、处理、使用或储存信息的任何过程。因此,这些范畴之间有相当大的重叠:感知和想象是认知的方式,情绪通常有认知要素或承载信息的要素。)简单地说,在行为主义的全盛时期,一些心理学家认为人类没有这些东西,只有刺激-反应机制。然而,这种想法与生活经验如此冲突,以至于它从未深入生物研究领域,到今天它已经被抛弃了。

尽管生物学普遍回归到对于人类的一种更人本主义的观念,认为人有多种形式的意向性(内心对于外在对象的关注),以及我所谓的重要努力,即带有个人意义的努力,但我们要正视这种观念所面对的认知困难,通常在哲学家讨论"他心问题"时就会面对这个困难,但科学家在研究动物心智时却不常讨论这个问题。因为事实上,我们用来证明这幅人本主义人类图景的证据是复杂且不确定的。我们知道我们自己的主观经验,但即使这种经验也是不牢靠的。我们知道,我们并不总是知道自己在做什么,也不总是知道我们的情绪和意图到底是什么。至于其他人类,有什么可以引导我们从自我跃向他人?事实上,当我们谈论其他动物时,我们会(非常谨慎地)依靠同样的东西：生物学、行为学、最佳解释推理，以及解释性想象。我们知道其他人类的神经解剖结构和我们的一样，由此推断它可能会有类似的表现。如果我们通过我们的神经机制的运作而拥有主观意识，那么具有类似神经解剖结构的其他人也很有可能有这种意识。这是最简单的解释，也是一个非常合理的解释。我们采取某些行动时，会伴随着许多种类的主观意识，因此当我们看到其他人做出类似行为时，就会推断，对这种行为的相似性的最佳解释是假设其背后有着相似的经验基础。但是，究竟有什么证据真正支持这种从自我到他人的充满想象的跳跃？我们如何真正知道这个假定的、有说有笑的朋友，不是一个聪明的机器？

我并不想说，我们没有理由把精神生活归于其他人类。相反，我想说我们有理由，但我们缺乏那种在非人动物情形中通常要求的压倒性证据。研究人员没有认识到在我们自己的情形中存在困难，这使他们对动物设定了高得不可理喻的标准。在这两种情形中，有着大致相似的证据和困难。

科学家在解决动物意识问题时使用的第一个证据来源就是神经解剖学。如果它与我们自己的神经解剖结构足够相似，那么根据解释的简约性，它的功能很可能就是相似的：它扮演着同样的演化角色。如果它在我们身上产生知觉体验、感觉和情绪，那么它在其他有类似配置的生物（包括其他人类）身上也很可能如此。至此，情况还算不错。任何与此相反的假说都可能带来不必要的复杂性，对相似的情况没必要做出不同的处理。

然而，反过来说就不对了。也就是说，如果我们看到一个与我们极为不同的神经解剖结构（没有新皮质，甚或没有一个中心化的大脑），我们就不能合理地推断：无论取而代之的是什么样的系统，其功能一定是极其不同的。在很长一段时间里，人们都在犯这样的错误：科学家说，没有新皮质，就没有认知、疼痛或情绪。但我们现在已经了解到，演化是迂回曲折的，而且往往通过多条趋同的路径达到相似的目标。因此，我们在后面会看到，人类和鸟类在演化树上分化得如此之远，以至于二者在神经解剖学上存在许多巨大的差异。然而，鸟类与人类栖居在同一个自然界中，都面临着一系列没有太大差异的挑战。事实证明，鸟类已经适应了这些挑战，但其结构却极为不同。那么，结构的相似性为相似的功能（包括其主观属性）提供了很好的证据；但当我们能够去研究那个生物自己运作的方式，并试图弄清楚它是如何做到这一点的时候，结构差异并不能为功能差异提供很好的证据。

在此，我们需要记住，主观体验不是一个无用的装饰品，它具有多种重要的解释性作用。举个最简单的例子，疼痛感对于维持动物的生命是很有用的，而且毫无疑问的是，它经过演化，承担起一个至关重要的角色，即提示有害物质的出现。因此，疼痛与动物行为有着有用的联系，并因为具有生存价值而不断演化。

第二个证据，也是在许多方面看来最重要的证据，是动物在各种实验和观察条件下的行为。行为是很重要的，但它不容易解释。有些会动的生物可能是在没有主观意识的情况下避开伤害的。我们在后面会看到,科学家已经想出了一些办法,将这些生物与真正有意识的生物区分开来。在此,疼痛扮演了一个有用的角色,因为它是一种尖锐的主观体验,通常会对行为有明确的影响。但这些实验本身是有争议的,而且存在多种解释。

对于这一问题,科学家和许多哲学家都使用了最佳解释推理,就像我们自己在普通生活中认为其他人类有心理状态一样。[2]这种类型的推理充满了不确定性(我们真的击败了相竞争的其他解释吗?),而且它顶多是一种不严密的推理。然而,如果结合其他线索来使用它,就能让我们得到一个足够可靠的结论,科学家通常就是这样做的。哲学家迈克尔·泰伊(Michael Tye)通过使用这种策略取得了很大进展。例如,对于疼痛,他写道:

> 如果我内在有一种现象性质(phenomenal quality)导致了呻吟、身体紧张、行为畏缩,等等,却假设你内在有一种不同的现象性质产生了这些影响,那么这种假设就更加复杂,而且是特设性的(ad hoc)。假定存在这个差异,是没有任何证据,也没有任何理由的。……那么,我的最终结论是,当我看到你被坏掉的自行车摔得鲜血淋漓时,我承认你感到疼痛是合理的,因为它为你的行为提供了最佳解释。对疼痛的推理也适用于恐惧和对

红色的视觉意识。事实上，它也适用于一般的感觉和经验。[3]

有时，这种大有前途的推论会因为过于强调人类和其他动物之间的一种或多种差异而受阻。我把一种特别常见的情况称为语言的虚假诱惑。科学家常常倾向于认为人类的意识在结构上是语言性的，而没有语言的生物必定有一种完全不同的意识，甚至没有意识。但是，人类的知觉体验和情绪体验当然不总是语言形式的。我们习惯于用语言来报告我们的体验，但这是一个翻译游戏。并不是说在我们有体验的时候，句子就会出现在我们的头脑中，或至少不是很频繁地出现。我们习惯于阅读那些对人类体验进行详细语言描述的小说，但那是通过极大的压缩和极少的语词表述，对发生在我们自己头脑中的事情进行艺术化呈现。小说家甚至用精心设计的语言去描绘儿童的内心世界，但他们承认，他们试图呈现的东西非常不同于儿童内心体验。亨利·詹姆斯（Henry James）在《梅奇知道什么》（*What Maisie Knew*）的序言中写道："小孩子拥有的感知要远远多于他们能译为语词的，他们的视野在任何时候都更为丰富，他们的理解力一直都比他们掌握的……词汇表更强。"[4] 但这个看法不仅适用于儿童。也许只有小说家才能掌控小说家的词汇表，而且毫无疑问，当他们在自己的生活中快速行进时，也无法完全掌控它。出于这个原因，马塞尔·普鲁斯特大胆断言，唯一完全实现的生活就是文学，意思是说，小说家丰富的语言超越了日常经验的呆板、沉闷和贫乏。我们不应该相信普鲁斯特的论点,即小说家的语言比大多数人的日常经验更优越。我们应该永远记住,它是极为不同的。

简言之,人类的经验远远不是小说式的,甚至它通常并不是特别语词化的,它经常呈现为图像和声音。即使它在某种程度上是语词化的,它也不像一个描述它的句子那样清晰和精准。在一些罕见情形中,我们的经验被高度划分为一些复杂模式,而这些模式并不都是语言的,其中有些是图像的,甚至是音乐的。我们所有人在开始生活时都不知道如何使用语言,甚至不知道如何将自己的身体与他人的身体区分开来。在这个早期阶段,我们有深刻而强大的感知和情绪,其中许多会持续存在并影响成年后的意识。

当小说家试图从非人动物的角度进行写作时,他们会被指责犯了拟人化的错误。有时,如果一个小说家没有费心去研究那类生物的生活世界,而是懒惰地把动物想象成一个穿着戏服的人,那么他就应该受到某种批评。但小说家并不总是以这种方式犯错。[5] 然而,批评者忘记了,一部从各种人类角色的视角来描述世界的小说也犯了拟人化的错误,也许可以说,那是在假装可以将我们杂乱无章的内心世界表述为一些清晰流畅的句子,这些句子专门被用来描绘一个作为文学建构的"人类"。

摆脱语言的虚假诱惑是非常困难的。与此相关联的是另一个类似的困难,即摆脱元认知的虚假诱惑。许多人,包括一些科学家和哲学家,都迷恋这样的想法,即人类的独特之处在于反身性自我觉知,即对于自己的心理状态的觉知。有时意识被定义为这种元认知,任何缺乏元认知的东西都被认为缺乏意识。泰伊和其他人令人信服地论证道(真的,如果有人持有不同的观点才奇怪),当我们在这个世界上追求自己的生活时,我们的大部分经验是在没有反身性觉知的情况下进行的。我们去看、去听、去感觉。对我们来说,事物在感觉上和看上去是某个样子的,而大多数时候,我们并没有把反思的光束打到这些心理状态上,当然有时我们会这样做。在这种情况下,存在双重的虚假诱惑:首先,我们被引诱认为这种反思自己状态的特殊能力是感觉到痛苦和拥有许多其他主观体验的必要条件。这是假的,我们在日常生活中都知道这一点。其次,我们错误地认为只有人类具有这种特征。然而实验表明,非常多的动物都有这种特征。我们不需要在它们的头脑中寻找高贵的光束,而可以从它们能够做的事情中推断出这种能力。其中一个要点是欺骗行为,例如一只动物要想欺骗另一只动物,使其搞错一些美味食物的位置,这个动物就必须能够思考表面现象,能够思考从被骗者看来,这些给定的迹象是什么样子的,是如何对其加以解读的。我们后面会看到,像狗和乌鸦等不同的动物都会实行欺骗,这表明它们有元认知。因此;元认知并不像有些人认为的那样,是一种能够把一个生物抬到高贵地位的至高无上能力;它也不是只有人类才有的特殊高贵属性。它是一种普通的能力,它对许多会利用隐藏和欺骗的生物来说都是有用的，而且它肯定还有许多其他方面的用处。再举一个例子，我们后面会谈到一些鸟类，它们也许必须能够思考，雌鸟会如何看待自己正在精心制作的那个窝巢，或者如何看待自己正在吟唱的那首经过不停排练的歌曲，就像我们在选择一件新衣服时需要考虑别人（也许是某个特定的人）会如何考虑它。

虽然元认知只是意识觉知的一小部分，但可以用来证明意识觉知的存在。如果我们遇到一个能够欺骗另一个生物的生物，它能够察觉到世界在另一个生物看来是什么样子，那么我们就更加确定该生物拥有基本的觉知：世界呈现为某个样子。[6]有时这是有用的，特别是当我们强烈质疑世界对某种生物呈现为某种样子和感觉的时候。在讨论鸟类的时候，对欺骗的分析可以打开思路。当然，元认知虽然对普通的意识觉知来说是充分条件，但并非必要条件。[7]

什么是感受，以及我们如何发现它？

我们如何辨别哪些生物拥有我们通常所说的感受？我们首先需要明确我们正在寻找的是什么。

首先我们必须牢记，动物是通过自然选择演化而来的。它们的主要属性和能力为它们提供了一些帮助，否则它们很可能不会被选中。因此，感受不只是一个令人羡慕的好特征，更是一个有用的特征，我们需要时刻牢记这一点，以免我们被一种主观臆断倾向带偏。感受帮助生物做了一些事情，否则它就不会在那里。即使没有自然选择理论,亚里士多德也强调,动物是以生存和繁殖为目标的目的(目的导向)系统,而且他认为它们所具有的系统和属性要能够促进其综合的目标系统。亚里士多德对演化一无所知,但我们知道演化是如何运作的,因而更有理由相信,动物的大多数构造都有某种目的。当然,偶尔也有一些无用的东西。(亚里士多德提到了阑尾。)但总的来说,一切都是"为了某个目的",所有能力都被整合进一个整体上成功的生活形式中。既然我们知道了演化论,我们就更有理由遵循亚里士多德的方法,更倾向于将事物解释为的确具有功能性和适应性。

科学家将感受分为三个要素。

1. 伤害性感受(nociception),其字面意思是"感受到有害的事物"。

2. 主观性感官觉知,即世界看起来/感觉上是某种样子。

3. 一种对于意义或重要性的感知。

科学家倾向于过分关注疼痛,这就是为什么第一个要素是伤害性感受,即对有害事物的觉知,这是一种生存所必需的能力,它能引起躲避行为。然而,我们应当更全面地关注健康和努力,所以要考虑生物对有益事物的觉知,它推动个体朝向那个事物运动。亚里士多德想象了一个口渴的动物(其实是在）对自己说"我想要喝的"；然后，如果幸运的话，它会发现"这里有喝的"[8]。"这里有喝的"是伤害性感受的反面，是对善的感知。动物需要觉察到哪里可以找到食物和水，正如它们需要避免痛苦和危险的能力。因此，我们可以称之为：知道好与坏。

但是，一个生物可以有这种能力，却仍然像一台自动机一样对刺激做出反应，缺乏感受觉知。科学家通常用"伤害性感受"一词来描述周围神经系统的反应性作用，这种作用本身不涉及对疼痛的主观觉知。[9]（他们专注于疼痛，而没有相应术语来描述对食物或其他好事物的反应性觉知。）事实表明，有些生物可能或多或少像自动机。（我将论证，不仅植物，一些动物也是如此。）除此之外，我们要寻找的第二个东西是主观觉知：在这个生物看来世界是某种样子的，它有一个感觉视角。同样，我们不要过分执迷于疼痛，而要考虑各种感受：看到颜色，感受到欲望和快乐，以及疼痛和苦恼。疼痛在研究中起着很大作用，因为它比其他主观状况更易于检测，但我们应该全面思考一个生物所需要的各种东西。这就是我们对于意识觉知的日常看法。

为了举例说明日常意义上的觉知对于智能生物的作用，我们必须把它们的思想翻译为我们的语言，我们不应该寻求诗意的修饰，因为大多数智能动物的觉知是高度实用的。那么，让我回到布兰丁斯皇后的例子，这头了不起的猪经历了绑架，在整个什罗普郡遭受驱赶，最后被送回她自己的家里，而伍德豪斯以具有洞察力和幽默感的方式描述了她在上述经历之后可能会有的各种想法：

> 她环顾四周，很高兴能回到熟悉的旧环境中。再次安顿下来使她感到舒适。她是个哲学家，可以随遇而安，但她确实喜欢安静的生活。无论是呼啸而过的车流，还是被扔进陌生厨房的经历，所有这些事对一头习惯规律生活的猪来说都没有任何好处。
>
> 她身旁的食槽里看上去有可以吃的东西。她站起来，审视了一下。是的，一些东西，显然可以吃。也许现在有点儿晚了，但总是可以吃点儿东西的。她低下了高贵的头，走向食槽。[10]

伍德豪斯的描述与亚里士多德的动物"实践三段论"相差无几，它包含了"我要喝的"和"这里有喝的"这两个前提，而结论就是喝水的动作。[11]这两位作者都捕捉到了感知和欲求在一个智能生命的生活中相结合的方式，它们在生活中寻求各种各样的好事物——食物、安静、稳定。这就是日常意义上的感受，很明显，大多数脊椎动物都有这种感受。

主观觉知对生物是有用的。疼痛是躲避运动的强大推动因素，正如欲求和快乐推动了朝向某种事物的运动。通过观察那些失去了对身体某些部位的疼痛感受能力的人（例如，通过移除一只手臂上的所有神经），我们可以知道这一点。这个人受伤的风险会很高。她将不得不一直盯着那只手臂，以防止它接触到锋利的、烫的或粗糙的东西，那些部位不会产生疼痛来通知她迅速抽离肢体。同样，当你在牙医那里注射了奴夫卡因[1]后，如果你马上去吃东西就会咬伤自己的舌头。简言之，主观觉知真的很有用，我们可以理解自然为何会选择它。它不是一个花里胡哨的东西，而是动物生存装备的一部分。很多生物都拥有它，这是合理的。

但还有其他东西。我谈到过重要的努力。生物追求一些对其生活至关重要的目标，而忽略其他更琐碎的目标。感官经验可以报告重要和琐碎的事情，但为了在这个世界上做出选择和行动，生物需要一种对于重要性的感知，对某些体验有更强的"意兴"（oomph），无论是躲避性的还是推进性的。这种"意兴"通常被理解为情绪的演化作用，我们将在后面讨论这一作用。现在，让我们仅关注一个更简单的例子，即疼痛。如果疼痛很小，那么生物可能会，也可能不会为了避免它而运动。如果疼痛很大，通常就会躲避运动。但这里有一个难题：有时可能感觉到非常大的疼痛，而这种疼痛看上去并不是坏的。这种情况在正常生活条件下不会发生，但我们知道一些阿片类药物正是以这种方式发挥作用的：感觉就在那里，但你并不介意它。由此产生了一种分离状态。因此，我们可以看到，至少在理论上，感觉和它的重要意义是可以分开的。也许一个

---

[1] 一种常用于局部麻醉的药。

真正信仰禁欲主义的人会认为饥饿是没问题的，甚至是好的，因为这是他正在朝着自己目标前进的标志。而且，很多人在很多时候都对自己的性欲有这样的分离经验：强烈的冲动是存在的，但它被认为是罪恶或危险的标志，这促使人们不是去寻求满足，而是去努力克制它。对于非人动物来说，如果它们没有被注射诱导分离的药物，那么也许很难将其感知经验与生活意义分离。许多人类文化会扭曲我们的想法，而它们的文化不会这样扭曲它们。[这就是沃尔特·惠特曼那句话的意思："我想我可以转变，和动物一起生活。……它们不会醒着躺在黑暗中为自己的罪孽而哭泣。"]尽管如此，我们仍然需要在我们的图景中确立关于重要性的想法，因为如果没有后者，对运动和活动的选择就可能是随机的，无法指引生物实现自己的目标。布兰丁斯皇后不只是看到了可以吃的东西，她还为这些东西赋予了很大的重要性。

因为主观性（subjectivity，另译"主体性"）和意义通常是相伴而生的，而且事实上，除非主观性能表达出一些对动物活动有重要意义的目标，否则它不会有多大用处，所以真正的问题在于我们能否认为动物具有主观觉知。一些科学家是持怀疑态度的。玛丽安·斯坦普·道金斯（Marian Stamp Dawkins）评论道：

> 动物因为具有许多与我们相同的大脑结构而像我们一样有意识吗？或者它们因为缺乏一些关键的神经通路

而不同于我们,无法具有更进一步的意识经验?……我们自己意识的来源是难以捉摸的,而且令人烦恼的是,它拒绝被限制在特定的神经结构上,这使我们目前完全无法在这些截然对立的动物意识观点之间做出辨别。[12]

请注意,道金斯把意识想成了一个神秘的、具有某种隐匿性的实体。她所想的似乎不是我一直在谈论的东西:一种普通的日常对于物体的主观觉知。把它当作神秘和未知的东西是很奇怪的,对此泰伊曾多次给出有力的论证。我们在研究那些可以在不同神经结构中多重实现的行为时,可以诉诸心理结构来解释行为,而不是在每一种情况下都将其还原为一种特定的神经机制,这种解释方法实际上比还原论解释更可取,因为它更简单,具有更强的预测能力。

这与几何学是一样的。例如,为了解释为什么半径为 r 的青铜球能穿过半径略大于 r 的木制圆环,我们不需要借助原子图来描绘出青铜和木头的原子的所有具体轨迹,即使我们知道其轨迹。这种层次的具体性是不相关的,会使一些无法用于预测的材料搅乱我们的头脑。几何学法则给出了一种解释,这种解释既适用于这个情况,也适用于无数其他情况,包括用金子、大理石或其他固体材料制成的球体和圆环。没有人会宣称球体不是由某种具体材料制成的,只是当我们试图解释那些待解释事物的时候,这种具体性是没有助益的。[13]

今天,科学家几乎普遍将主观体验(以及对于意义或重要性的感知）归于许多动物，这是有正当理由的：疼痛可以很好地教动物做出维护生命的行为。它提醒动物注意那些可能导致损害甚至丧命的危险。而且，它还能训练记忆，促使生物避免过去曾造成痛苦的事情再次发生。[14]（因此，布兰丁斯皇后现在学会了喜欢待在自己的住处，并厌恶不确定的交通方式。）好的事情也一样，只是导向另一个方向。

实验证据：鱼的例子

但是，即使我们决定相信类似的行为需要类似的解释，并相信如果意识对于我们人类至关重要，就可以推测它对于那些寻求目标和躲避目标的动物也至关重要，我们仍然有更多工作要做。特别是在神经结构有巨大差异的例子中，需要通过实验来探究相关行为，以考察我们的初步假设在多大程度上是合理的。再次强调，我们正在寻找的是主观觉知。在实验中，我们几乎总是要在那些对生物也有重要性或意义的领域中找到它，因为对琐事的觉知不会改变行为。

大多数实验科学家已经得出结论，认为鱼会感到疼痛。[15]支持阵营的领导人物是宾夕法尼亚州立大学的生物学家维多利亚·布雷思韦特（Victoria Braithwaite）和利物浦大学的林恩·斯内登（Lynne Sneddon）。但也有怀疑者，2013年怀俄明大学荣誉教授詹姆斯·罗斯（James Rose）与他的6位同事在《鱼类和渔业》（Fish and Fisheries）杂志上发表了一篇论文《鱼真的能感到疼痛吗？》（"Can Fish Really Feel Pain?"），对这个问题给出了否定的答案。[16] 给出否定回答的作者们所采取的思路犯了乞题谬误，因为他们预设了一个前提：只有具有新皮质的生物才能感到疼痛，而鱼明显缺乏新皮质，因此无论实验结果如何，它们都不可能真的感到疼痛。把自己的结论作为论证的前提，这不是一个好思路，我不确定这篇论文是否真的值得反驳。一个明显的问题是，现在有一个压倒性的共识，即鸟类有许多种类的主观体验，而鸟类没有新皮质。然而，我们还是有必要问一下，为什么布雷思韦特和斯内登得出结论说鱼确实能感觉到疼痛。毕竟，我们认为伤害性感受并不是主观觉知的充分条件，而且我们在后面会看到，有些生物可以在没有主观觉知的情况下却有伤害性感受和躲避行为。

布雷思韦特在她的《鱼会痛吗？》(*Do Fish Feel Pain?*)[17] 一书中概述了她们巧妙的实验，事实表明，这些实验是有说服力的。她们首先仔细检查了鱼的神经解剖结构，发现神经中同时含有 A-delta 纤维和 C 纤维，二者与人类和其他哺乳动物的疼痛有关。A-delta 纤维为受伤所致的最初那种尖锐痛感传递信号（例如，触摸发烫的炉子），而 C 纤维则为损伤的后续感觉传递信号，那可能是一种更迟钝的、颤动的痛感。因此，鱼也许没有新皮质，但它们确实有恰当类型的配置。然后，布雷思韦特和斯内登在鳟鱼皮肤上具有敏感神经组织的区域进行疼痛刺激。[18] 有四个实验组：一组注射蜂毒，一组注射醋，一组注射中性盐水，还有一组进行类似操作但没有实际注射，以排除操作过程对行为的影响。前两组鱼展现出第三和第四组鱼所没有的痛苦迹象：鱼鳃跳动加速，嘴唇摩擦鱼缸，左右摇摆。她们的下一步研究基于一个简单的事实：给这些鱼注射了诸如吗啡之类的止痛药后，它们就不感到疼痛了。(我们知道，鱼对吗啡有生理反应。)使用吗啡消除了不适的行为。

所有这些都有力地表明，这些鱼感觉到了疼痛，而不只是做出反射性痛觉行为。实验的下一步证实了这一结论。鱼类通常对突然出现在它们环境中的新物体非常警觉。实验者搭了一座红色乐高积木塔并把它放在鱼缸中，没有接受注射的鱼避开了塔，而接受注射的鱼未能以通常的方式改变其行为。它们似乎不能正常活动了，而是在那个奇怪物体附近徘徊，显然注意力涣散。这种行为变化表明，它们确实感受到了某种很强大的信号，这分散了它们的注意力并改变了它们对其他环境要素的觉知。然后，最关键的是，他们给第一组和第二组鱼注射吗啡后，它们恢复了正常的警觉行为。[19] 布雷思韦特指出，这个实验非常不同于一个对蜗牛的实验，在蜗牛身上，吗啡阻断了刺激反射反应的痛觉神经信号；然而在鱼的情形中，"对新奇物体的躲避不是一种反射反应，因为它涉及觉知，而觉知是一种认知过程，这种认知过程由于醋酸引起的主观感受而受损"[20]。

这些实验还有其他变式，我在此不做详述，经过长期验证，该团队的结论得到了进一步的证实。

简言之，我们手上的证据包括：神经解剖学，主观疼痛感为行为提供的最佳解释,以及疼痛对于目标的重要性(趋向和躲避)。

情绪:重要性之导图

动物通常有许多主观感觉状态。但我们现在知道,它们有另一个密切相关的配置——情绪。也就是说,除了疼痛之外,它们还有恐惧和其他一系列情绪。这些情绪因动物及其生活和认知形式而异,它们可能包括:快乐、悲伤(如果该生物对于死亡和失去宝贵的东西有想法)、愤怒(如果该生物有因果推理)、同情(如果该生物能明确区分自我和他者,并具有某种共情能力,即能够想象自己处于他者的位置上),也许还有羡慕和妒忌。弗朗斯·德瓦尔是这个领域中的著名生物学家,他在最近一本书中强调,这些都是对于一般范畴的命名,而我们在这个世界上经常会发现混合的情绪,以及微妙的物种差异。[21]

情绪通常与感觉密切相关,但它们不能被简化为感觉,因为它们不仅涉及一种刺痛的感觉(举个例子),还涉及一种对重要的好或坏的认知。情绪使我们明确地从主观性迈向重要性,也就是我清单上的第三个条目。过去的行为主义者曾认为,对于动物(或人类)行为的精深的心理学研究不会涉及情绪,然而时过境迁,如今这个世界上的生物学家将情绪视为演化适应性的关键要素。动物需要去感知这个世界上发生的那些关乎其最重要的目标和构想的事情。情绪满足了这种需要：它们实际上是对重要性的认知，是对著名心理学家理查德·拉扎勒斯（Richard Lazarus）所谓"核心关系主题"的认知。[22] 正如弗朗斯·德瓦尔所说，神经科学家像许多人（尤其是哲学家）一样，过去常常贬低情绪，极力将其与"理性"相对立。现在不同了："由于达马西奥的洞见和其后的另外一些研究，现代神经科学已经抛弃了那种认为情绪和理性是对立的力量，二者就像油和水一样不能混合的整个想法。情绪是我们智力的一个重要组成部分。"[23]

达马西奥的洞见是什么？[24] 安东尼奥·达马西奥（Antonio Damasio）在《笛卡尔的谬误》（Descartes' Error）一书中主要是想说服他的读者，情绪/理性的区分是不准确的和误导人的：情绪是各种形式的智能觉知。它们"和其他概念一样具有认知性"[25]，而且它们为有机体提供了实践理性的基本方面。它们是关于主体和环境之间关系的"内部指导"[26]。他的第二个目标是，表明人类的情绪功能与大脑中的特定中心点相关联。

达马西奥首先研究的例子是菲尼亚斯·盖奇的悲惨故事。盖奇是一名建筑工头，在1848年遭受了一场离奇的事故：一次爆炸使一根铁棍穿过他的大脑。盖奇没有被杀死，事实上，他神奇地康复了。他的知识和知觉能力都没有改变，但他的情感生活被完全改变了。他看上去像个孩子，不能稳定地感知到什么重要、什么不重要。他心神不宁、暴躁、放荡，似乎对于任何一件事的关心都不会超过另一件事。他像是离奇地脱离了自己行为的现实。因此,他不能做出好的选择,也不能与周围的人保持良好的关系。

达马西奥意外发现了一个当代盖奇,是一个名叫埃利奥特的病人,他以前是个成功的商人,患有良性脑瘤。埃利奥特具有一种怪异的冷静、超脱和诙谐,甚至漠不关心别人对他私事的冒犯性讨论,就好像那并不真的与他有关。他以前不是这样的,他曾是一位有爱的丈夫和父亲。他保留了很多认知机能,他可以进行计算,对日期和名字有良好的记忆,并有能力讨论抽象的话题和一般的世界事务。手术切除肿瘤后(肿瘤带走了部分受损的额叶),他变得更无法关心事情或排列优先性。他可以全神贯注于一项任务,而且做得非常好,但只要一时兴起,他就会转移注意力,去做完全不同的另一些事。"可以说,埃利奥特在更大的行为框架方面已经变得不理智,这关乎他主要的优先关注点。"[27] 在智力测试中,埃利奥特未表现出受损伤。即使那些经常用来测试额叶损伤的认知任务(如进行分类等),对他来说也是轻而易举。标准的智商测试显示他的智力超群。但有两件事是不正常的:他的情绪,以及他确定优先次序并做出决定的能力。在情绪方面,他完全无法感觉到在他冷静叙述的事件中,有什么东西对他来说是利害攸关的。"他总是很冷静,总是作为一个不带感情的、置身事外的旁观者来描述场景。即使他是主角,他也无法在任何情形中感受到他自己的痛苦。……他似乎总是以同样中立的态度对待生活。"[28] 达马西奥认为，这种失败看上去显然与他的脑损伤有关（就连埃利奥特自己也记得他以前不是这样的），这解释了他为何无法做出决定。如果没有一件事看上去比任何其他事更重要，一个人怎么能在生活中安排好优先次序呢？虽然埃利奥特可以用推理的方式来解决一个问题，但他缺乏那种能让他知道该怎么做的投入感。[29]

达马西奥的研究证实了拉扎勒斯和其他认知心理学家的工作：情绪为动物（在此例中指人类）提供了一幅世界如何与其自身目标和构想相关联的导图。没有这种感知，决策和行动就会脱轨。达马西奥进一步指出，这些活动发生在额叶的一个特定区域内，而我们知道埃利奥特的手术就影响到了该区域，达马西奥的一位同事通过重构发现它可能就是菲尼亚斯·盖奇的脑损伤部位。这些结论非常有趣。它们丝毫不表明情绪是无意向性的生理过程，事实上，达马西奥要论证的整个主题就是强烈反还原论的。所有认知过程都植根于脑功能，而这并不意味着我们应该把它们视为非认知性的感觉。根据达马西奥的论点，情绪也是如此：它们帮助我们理清自己和世界之间的关系。但大脑的一个特定区域的健康运作是这些过程的必要前提，这一事实很重要也很有趣，而我们需要了解每个物种的情况，特别是像鸟类这样具有非常不同的神经解剖结构的生物。

这就是德瓦尔所讨论的结论。他正确地指出，这些和其他的相关研究重新调整了科学家对于情绪和动物智能的态度。事实上，德瓦尔最后得出的结论是，尽管大多数动物显然确实有各种各样的感觉,但我们对它们感觉的了解远远少于对其情绪的了解,因为情绪与世界和行动牢牢地拴在一起,是动物赖以生活的智能配置的一部分。和信念一样,情绪是可理解的,可以为一只动物的行为提供部分解释,而感觉虽然存在,但往往更难以捉摸:对于不同类型的动物,其实际的主观感受总是有些神秘的,尽管疼痛感很可能是一个例外。情绪通常会有某种感觉体验,但这些感觉即使在一个物种内部也不是恒定的。有时,情绪还是内化的,不会被意识觉察到,比如对死亡的恐惧,它一直在指导着我们的行动,但很少被注意到,它肯定并不总是伴随着发抖或战栗。

感受与努力

至此,我们可以勾画出我们的正义理论所考虑的那种生物的生活了,即一种包含重要努力的生活。它还需要两个组成要素:欲求,以及从一个地方到另一个地方的运动。(亚里士多德已经强调了这些。)感知和主观感受,包括愉悦感和疼痛感,加上情绪中传达的关于善的信息,它们告诉动物在哪里有好处和伤害。这进而触发了亲近欲或厌恶,在其他条件相同的情况下,这通常会触发靠近或远离的运动。感受的某些方面,特别是疼痛和愉悦,通常与欲求和行动倾向具有概念性的联系,而情绪也与它们有非常紧密的联系。每当动物从一个地方到另一个地方寻找它的目标时,欲求、情绪与感知是共同延伸的。恐惧并不必然导致躲避运动，因为其他的情绪因素（例如对后代的爱）可能会介入。有些情绪只具有不明确的、极为宽泛的行动倾向：爱和同情常常会导致帮助行为，但这种与行动的联系可能因距离或缺乏明确的前进方向而中断。这就是为什么亚里士多德关于动物的"实践三段论"总包括一个他称之为"可能之前提"的步骤，如"这里有喝的（东西）"[30]。换言之，就是在当前情境中展现为一条前进路径的某种东西。对于有计划能力的动物来说，这一步可能只是一个链条的第一步，它会导向最终的好结果。例如，那些鸦科鸟类为骗过其他鸟类而藏匿食物，它们在自己被抢劫的经验的指导下将食物藏匿起来，以此作为一个中间步骤，为了以后能在这个竞争的世界中享用食物。

这些能力都是紧密相连的，但并非毫无例外。我已经说过，有些生物能察觉伤害却没有感受。（我们很快就会回到这个问题上。）这些生物确实从一个地方移动到另一个地方，但它们没有主观的感知、情绪或欲求（一种主观性）。然后，还有一些生物似乎在没有伤害性感受相关的物理配置的情况下向事物移动和远离（如软骨鱼）。还有一些生物（亚里士多德称之为"固定动物"，如海绵、海葵等）也许能够在没有感受或整体挪动位置的情况下避免伤害。我们后面再讨论这些困难的情形。我主张，成为正义理论主体的一个充分必要条件是拥有我可以称之为"标准动物组合包"的东西：感受，情绪，对物体的认知性觉知，趋向好东西和远离坏东西的运动。对这样的生物来说，世界被赋予了意义：它们主观地体验事物，将其视为与它们的福祉相关。它们对好事物有反应，视其为好的；它们反感坏事物，视其为坏的。在这里，我们又回到了功利主义的伟大真理：自然界中存在一条由感受创立的分界线，它实现了动物界的伟大统一。然而，我们需要以更广泛的方式来阐述这一真理，它不仅指感受疼痛（和愉悦）的能力，还包括拥有多种类型的主观知觉体验、情绪体验，以及对好事物和坏事物的认知性觉知，这些要素加在一起就是我所说的"标准组合包"。

假设我们发现一种生物，它追求一种属于其物种的典型生活形式，趋向好事物，远离坏事物，但它已经失去（或从未拥有）感受疼痛和愉悦的能力（也许因为其交感神经系统受到一些损害）。这个生物是否属于我的正义理论的范围？我们对这个生物做一些通常会导致疼痛的事情，这会不会是不正义的？（泰伊描述了一个真实的例子，一个女孩生下来就没有感受疼痛的能力。[31]）首先，在我的理论中，疼痛是一个门槛，但不是唯一重要的东西，这是一个有残缺的生物，不同于那些其完整生活形式都只包含无感受机械运动的生物。疼痛并不是感受（即世界对生物来说是某个样子的）的唯一形式，尽管它是一种特别引人注目的形式，因而在做实验时容易得到关注。感受是主观觉知，它有很多种类，包括主观的视觉、听觉和其他感官觉知。这个想象中的生物受到了伤害，而且由于它的生活形式通常包括感受疼痛，因而它很可能会很短命。疼痛是有用的，对于能感到疼痛的生物来说确实是至关重要的。这个生物将不得不时刻保持警惕，以免被割伤、烧伤，等等。但这意味着，哪怕要活上一天，它都必须拥有某种更宽泛意义上的感受能力，即使没有感受疼痛的能力，它首先也要有知觉意识。它必须用主观上注意的知觉来留意自己的肢体，并持续不断地注意它们。即使它的某些感官受损（在此例中是触觉受损），它也是有感受的。海伦·凯勒（Helen Keller）既看不见也听不见，但她对触觉非常敏感，并用这种感觉来维持生活和进行交流。因此，这个生物有点像一个反转的海伦·凯勒，它是一个正义的主体，是一个不幸的、极其脆弱的主体。这个理论是关于整个生活形式的，而并非（像边沁那样）将痛苦视为唯一重要的事情。如果我们发现某个生物有努力和某种主观觉知，那么无论它多么残缺，它都是有感受的。我们可以对非正常案例进行逐个处理，但我们在提出对义理论门槛的想法时，通常应该按照预期中的正常物种特征进行处理。该理论的目标是保护个体，但从认识论意义上讲，我们最好将物种作为出发点。

这使我们得到另一个重要的看法。对于一个生物来说，要过上繁兴的生活，就需要尽可能地拥有使自己融入其物种的社群的能力。在那里，它将拥有友谊和社群、后代和家庭，如果条件允许的话。但对某些生物来说，比如狗，相关的社群也包括另一个物种的成员。这就是为什么教有认知障碍的人类儿童使用某种类型的语言（通常是手语）如此重要，而教黑猩猩使用手语并不重要。它们可以学习手语,但这在它们与其他黑猩猩一起的生活形式中没什么作用。那么,当我们遇到另一个物种的残障时,也有类似的重要需求,我们要尽可能地努力使这个残障生物在一定程度上具备其物种群体的典型能力,无论独立地还是借助某种外在援助。例如,一只德国牧羊犬患有髋关节发育不良,如果有一个特别设计的后肢轮椅,就能过上良好生活。在无数类似的案例中,生活都可以借助补充而变得相对完整。(在狗的情形中,它们的社群中要有人类,要帮助它们加入这个更大的社群,而不仅仅是狗的社群,这是很重要的。)因此,对于我想象的这个不能感受疼痛的生物来说(已知世界上大约有 100 个人类有这种缺陷),我们必须要问:能想象出什么形式的生活来补救这种残障。如果想不到,那么这个生物的缺陷就不得不由审慎的代理者来弥补。因此,我们在认识论意义上围绕物种标准建立正义理论,然后再尝试将正义扩展至每一个物种成员。

当我们这样做的时候,应始终牢记,很多种类的生物都是通过物种群体文化内部的教育来习得其能力的,而不仅仅是通过遗传(见第 4 章)。一般的倾向可能来自遗传,但它的具体实现往往要依赖文化习得,这就是一个典型物种群体的存在对于动物的繁兴如此重要的一个原因。

那么,重要的努力包含对有益和有害事物的主观感知(世界在动物看来是这个样子的),还有各种主观态度(比如疼痛和愉悦),以及许多其他激励行为的主观状态(欲求和情绪)。

我们所描述的有感受的动物拥有所有这些能力。现在我们必须问问，这对正义的理论能有什么影响。

生物与初步可用的边界

那么，在涉及正义的问题上，我们该在哪里划定界线？哪些生物被包括在内，哪些是在我们目前的证据看来应被排除在外的？首先，我们的眼睛和头脑必须始终保持开放，虚心地、试探性地划出界线，要意识到我们的知识是非常不完整的。关于什么样的生物才能得到正义对待的理论，远比关于哪些生物属于这个群体的具体结论要可靠得多。尽管如此，还是需要使用一般的理论，来大致了解我们的方向。我把哺乳动物放在一边，因为现在很明显，鉴于科学共识，我的正义理论应当包括所有哺乳动物。

鱼 类

正如我们前面看到的，鱼绝对是有感受的生物，而且，它们还是努力繁兴的生物，我的理论适用于它们。绝大多数科学家和我本人都承认这一点。关于鱼，还有很多事情要讲，读者可以在巴尔科姆（Balcombe）的书中找到对此通俗易懂的讲述。它们拥有惊人的智能，包括会进行传递性推理[1]。[32] 它们

---

1 一种推理方法，例如，已知 A＞B，B＞C，那么可以推出 A＞C。

有各种复杂的感知世界的方式，包括敏锐的视觉、听觉和嗅觉，而这些也是主观呈现的，因为实验表明鱼会被光学幻觉迷惑。[33] 它们甚至有一种我们所缺乏的感知能力——通过电波感知物体。它们能够产生许多情绪，包括恐惧和喜悦，可能还有某种类型的爱。它们有丰富的社交生活，包括成双结对的关系。简言之，它们有非常复杂而迷人的生活，似乎和哺乳动物一样值得我们关注，对我们的行为构成约束。正如布雷思韦特所说："考虑到所有这些，我认为我们没有理由不把目前对鸟类和哺乳动物的福利的考虑扩大到鱼类。"[34] 能更多地了解我们这个世界上的这些了不起的成员，这是令人兴奋的。

到目前为止，我和布雷思韦特及巴尔科姆一样，一直谈论的是"真骨"或"硬骨"鱼，它们占我们已知鱼类物种的96%左右。至于软骨鱼或板鳃类鱼，例如鲨鱼和黄貂鱼，情况截然不同。[35] 这些生物在历史上与硬骨鱼相去甚远，这两类鱼早在泥盆纪和白垩纪就已经分道扬镳。因此，尽管人们在心里把这两类动物放在一起并称为"鱼"，但二者在各方面都有极大不同。因为没有证据表明软骨鱼具有足以产生伤害性感受的解剖结构，它们"普遍缺乏痛觉感受器"[36]，所以有很好的理由认为它们没有感受。这导致的一个后果是，它们会吃一些实际上对自身有害的物种，它们被发现嘴里有几十根黄貂鱼的倒刺。当行动受到干扰时，它们确实会扭动身体并试图离开，但正如我们将看到的，许多没有证据表明有感受的生物也会这样做。而且，它们即使被切成两半，仍然可以不受干扰地继续进食,这种行为是我们在有感受的生物中没有发现的。正如泰伊所总结的:"据我所知,对于软骨鱼,没有任何行为需要由疼痛感来提供最佳解释。"[37]

鸟 类

对于鱼类是否有感受仍存争议,尽管正在形成一个明确的共识。对于鸟类的感受,如今已不再有疑问,但过去不是这样的。在不久之前,由于鸟类的大脑体积小,而且缺乏新皮质,人们还普遍认为鸟类是"可爱的自动机,只能进行刻板的活动"[38]。特别是自20世纪90年代以来,我们对鸟类的认识迅速增长,因为"复杂的认知观念(比如对未来的计划或拥有心智理论)被转换到精心控制的测试中。结果令人大开眼界,而且由于实验很严谨,使质疑者难以否认"[39]。事实上,正如德瓦尔所说,我们认识到鸟类有高度复杂和灵活的智能,这比任何其他领域的动物研究都更彻底地颠覆了科学界对智能的总体看法:

> 我们过去以一种线性阶梯观看待智能,认为人类在阶梯顶端,但如今我们意识到,它更像一个有很多不同分支的灌木丛,每个物种都在其中演化出赖以生存的心智能力。[40]

长期以来,阻碍人们认识的是那种对解剖学的盲目推崇:

没有新皮质,就没有或很少有智力。正如科学家威廉·索普(William Thorpe)在1963年所总结的:"毫无疑问,这种基于对大脑机制的错误认识的先入之见,阻碍了对鸟类学习的实验研究的发展。"[41] 时至今日,通过仔细观察鸟类那被普遍认为很弱小的大脑,发现其中实际上有丰富的神经元,经过趋同演化,鸟类大脑以不同的方式组织它们,其神经元组织方式是集群的而非分层的,但细胞本身"基本相同,能够快速地重复放电,其运作方式同样是复杂、灵活和富有创造性的"[42]。

对鸟类行为的研究也同样具有革命性,推翻了陈腐的刻板观点。我们现在知道,鸟类对其环境具有很强的适应性,并具有各种各样高度发展的能力。这些知识是大量科学家工作的成果,每个科研小组通常专门研究一个物种或一组物种。鹦鹉和鸦科已被证明具有出色的概念性智力和灵活性。鸦科比大多数非人动物都更会使用和制造工具。[43] 艾琳·佩珀伯格(Irene Pepperberg)对一只名叫艾利克斯的灰鹦鹉进行了实验研究,这些实验最初受到嘲弄,但现在广受赞誉,她的研究表明鹦鹉具有各种各样的复杂心智。[44] 佩珀伯格的每一次实验都曾遭到那些认定"只有人类才能做X"之人的嘲笑。但到了今天,她的严谨工作,加上其他人对鹦鹉和鸦科所做的类似工作,令质疑者哑口无言。

在语言和表达方面,不只鹦鹉拥有语言天赋。事实表明,鸟类的歌声不仅是可爱的,而且是一种高度聪慧的交流系统。对于许多物种来说,歌唱都需要无休止的排练,鸟类甚至独处时也在练习,而其他鸟类(特别是雌性)会欣赏不同个体在流畅度上的差异。鸟类的解剖结构会让许多人类歌手羡慕不已:鸟类的鸣管,也就是类似于我们咽喉的器官,可以同时发出两个音符。因此,鸟类歌唱涉及复杂的审美能力,而且有些鸟类物种还拥有类似于语言的组合能力。例如,山雀的叫声被认为是"所有陆地动物中最复杂且最严密的交流系统之一",而且它的句法结构可以产生出无数种鸣叫方式。[45]

语言是社交互动的一部分,而鸟类是最复杂的社会动物之一,它们形成持久的配对关系(80%的鸟类物种是一夫一妻制),并教授自己的孩子各种各样的行为,这是文化习得的一个引人注目的例子。喂养雏鸟是一项繁重的任务,需要父母的密切沟通和悉心关注。同样令人印象深刻的是,一些鸟类物种在建造它们的住所时会关注审美问题:园丁鸟是非凡的艺术家。喜鹊通过了镜像测试,展示出对自我和他者特别敏锐的意识,而鸦科一般都擅长互惠,还会赠送礼物。[46] 在这个过程中,鸟类显然能体验到各种情绪,包括恐惧、爱和悲伤。它们不仅能感受到自己的痛苦,而且非常敏感于同类的痛苦。[47]

同样令人印象深刻的是,鸟类拥有一些人类不可企及的能力,特别是它们在绘制空间定位图方面有着神奇的能力,这部分地依靠视觉(鸟类拥有所有脊椎动物中最先进的视觉系统,对颜色区别特别敏感),部分地依靠嗅觉。因此,鸟类能找到往返于遥远目的地的路,这种能力如此超出人类认知,以至于我们对鸟类 GPS 系统的运作仍然所知甚少。[48]

我之所以在鸟类上花这么多时间，因为解剖学类比的错误是很顽固的，许多人仍然认为鸟类是愚蠢的，不可能有感受。但说到努力，这些脆弱和相对弱小的生物属于最成功的努力者，它们有着敏锐的感官和灵活的生活形式，使每种鸟都能够在自己的环境中繁兴。

爬行类

爬行动物与鸟类有联系（鸟类是恐龙的后代），但鸟类在某一时期变成了温血的，而爬行动物依旧是冷血的。它们与鸟类一样，也没有新皮质。它们的行为表现出的灵活性和复杂性要少得多。尽管科学家对其行为和神经解剖结构的研究都比较少，但其行为和生理机能都表明，它们可能有感受，可能不仅感到疼痛，还有其他感官体验（尽管它们的不同感官方式之间似乎没有联系，这不同于鸟类）。至少，在解释它们的行为时，人们倾向于假设其有感受，而非相反。[49]

头足类

现在我们转向无脊椎动物，进入一个很不确定且有争议的领域。在这些动物中，头足类动物（乌贼、墨鱼、章鱼）是最可能有感受的。章鱼能学会打开预防儿童开启的瓶盖，这种瓶盖是被设计来阻止人类儿童打开瓶子的。彼得·戈弗雷-史密斯对这一整组生物进行了详细研究，并提出一个很强的论点，即它们拥有一种有感受的内在生活，而布雷思韦特等主流科学家虽然有所迟疑，却倾向于同意这一结论。[50]戈弗雷-史密斯（一位科学哲学家）总结说，这个群体是"无脊椎动物的海洋中一个充满精神复杂性的孤岛……是大型大脑和复杂行为的演化中一次独立实验"[51]。章鱼曾经拥有保护壳，后来在某个时候失去了外壳，因此章鱼非常脆弱，为了生存，它们发展出非常大而复杂的大脑。戈弗雷-史密斯指出，一只普通章鱼的大脑所包含的神经元数量与狗或人类幼童大脑中的神经元数量相当。但这些神经元分散在其整个身体里，使章鱼全身都有感受，这使它的四肢具有显著的能动性和独立性。而且，它们不仅可以应对环境的挑战，还能操控环境，例如向实验室的灯泡喷水以使其熄灭。（它们不喜欢光。）研究鱼类使研究人员明白，没有新皮质也可以有感受；研究章鱼使他们认识到，无脊椎动物也可以有感受，尽管这在科学家内部还没达成一致意见。[52]

甲壳类

甲壳类动物（如虾、蟹、龙虾等）的情况并不明确，尽管新获得的知识已经导致人们反对那种常见做法，即把龙虾活生生地扔进沸水中。特别是对寄居蟹的实验，至少使科学家对它们是否感到疼痛进行了辩论。以下是贝尔法斯特的科学家罗伯特·埃尔伍德（Robert Elwood）的实验情况。[53]把寄居蟹的壳装在一个电源上，对其进行轻微电击。它们的反应是放弃壳，即使目前没有空壳可用，这种不寻常的行为表明疼痛是不愉快的，因为寄居蟹这样做会使自己极易受到伤害。（寄居蟹使用空的蜗牛壳，并经常换壳。）被电击的蟹表现出行为改变，即使已经没有电击，它们似乎也显示出对不愉快经历的记忆，这种记忆至少可持续 20 秒。埃尔伍德的结论是，这些蟹能感觉到疼痛，也能记住它，而其他科学家（甚至包括以大度的方式解释动物行为的泰伊）则怀疑这一点。埃尔伍德确实证明了蟹和虾的智力比我们以前认为的更高。我们以前在感受上也曾犯过错误。然而，在这里，部分地出于解剖学的理由（甲壳类动物的神经元远远少于头足类动物，甚至少于蜜蜂），我们仍然不能得出确定的结论。我们在努力了解更多的同时，也许应当谨慎行事。

昆　虫

昆虫的大脑在结构上与哺乳动物的大脑有相当大的同构性，一些昆虫（如蜜蜂）拥有惊人数量的神经元。蜜蜂的大脑包含大约 100 万个神经元；由于其体积小，所以神经密度比哺乳动物的大脑皮质大 10 倍。因此，从解剖学上讲，昆虫有感受并不是不可能的。[54] 另一方面，昆虫的行为在某些关键方面与哺乳动物非常不同。昆虫不保护其受伤部位。它们即使在受到严重伤害时还继续进食，例如，舌蝇在被肢解时还会进食，蝗虫在被螳螂吃掉时还会继续进食。一般来说，对哺乳动物来说非常痛苦的刺激，昆虫没有反应。因此，我们有理由怀疑昆虫是否会感到疼痛。蜜蜂似乎是这一规律的一个例外，它们能够进行回避学习[1]。

从更一般的意义上讲，蜜蜂的情况表明我们需要了解更多。实验似乎能使它们产生一种近似于焦虑或恐惧的状态。蜜蜂被绳带绑住，无法移动。然后它们学会了将一种气味与愉快的味道（如糖）关联起来，将另一种气味与一种不愉快的味道（如奎宁）关联起来。一旦确立了这种关联，蜜蜂在闻到预示着好事的气味时通常会伸出嘴，而当它们闻到"坏预兆"的气味时则把嘴缩回。然后，它们被分成两组。一组被剧烈摇晃（就像蜂巢被獾摇晃那样），另一组则没有。实验者利用了一个普遍的事实，即焦虑的受试者是悲观的，期待着坏事，而不焦虑的受试者却更乐观。当出现混杂的气味时，被摇晃的蜜蜂比不被摇晃的蜜蜂更不愿意去伸嘴品尝。它们似乎对模棱两可的刺激有更负面的解读。它们似乎确实处于一种很像焦虑的状态，由此诱发了一种悲观的认知偏差。但它们真的对此有主观感受吗？实验者认为，这一点已经像对大鼠和其他哺乳动物的研究那样，得到了同样可靠的证实。但还有保持谨慎的空间。例如，也许摇晃只是导致被摇晃的蜜蜂辨别气味的能力普遍下降。[55]这些实验虽然极具启发性，但似乎不如布雷思韦特和斯内登对鱼的实验那样有说服力。但是，鉴于蜜蜂的解剖结构至少允许有感受，而且蜜蜂的一般行为也不排除有感受，我们也许应该对蜜蜂是否有感受这个问题继续争论下去。

1　是指个体能够学会对于危险或负面体验进行预先回避。

亚里士多德所谓"固定动物"：刺胞动物和多孔动物

自亚里士多德以来，科学家就把某些很像植物的生物归类为动物，而非植物。我所说的"很像植物"，是指它们位置固定，不从一个地方移动到另一个地方。被亚里士多德称为"固定动物"的这一组生物，我们现在称之为刺胞动物（如珊瑚、水母、海葵等）和多孔动物（如海绵）。其中有些动物（如水母）事实上是可以运动的，但一般来说，它们并没有表现出我的模型所要求我们去寻找的那种以目标为导向的、趋向欲求对象的运动。刺胞动物没有大脑，也没有中枢神经系统，但它们确实有神经组织网，这似乎发挥着感知作用。而且，它们作为单个实体在生活、（有性）繁殖和死亡。因此，今天的科学家同意亚里士多德的观点，认为它们有触觉，而不是像植物那样仅具有趋向性的生物。多孔动物是更简单的生物，它们在所有其他动物诞生之前就从所有动物的共同祖先中分化出来了。海绵根本没有神经系统，但它们确实有神经元，而且它们确实能协调自己的活动，确实作为个体在繁殖、生活和死亡，因此它们是动物而不是植物。然而，这些生物似乎都不太可能有感受。

那么植物呢？

就动物而言，我已经列出了一些一般标准用来衡量动物是否拥有关乎正义的利益，并试图对哪些种类的动物符合这些条件得出一些结论。我们应该总是试探性地划界,鉴于我们知识的不完整性,我们更加确定的应当是一般标准而不是谁符合这些标准。但我一直都在谈论动物,默认将植物排除在正义理论之外。很多人会不同意这样做。我现在必须面对这个问题。

我们显然可以将植物称为目的系统。也就是说,植物以有组织的形式运作,这种运作形式大多可以起到维持生命和繁殖的作用。这些是生物的基本功能,植物无疑是有生命的。矿物质和其他物质在其运动中服从确定的法则,但植物是自我滋养和自我繁殖的,而矿物却不是。这是植物与动物的共同点。它们的行为是遵循规律的,也就是说,我们可以在各种情况下预测,植物会做一些事情来维持生命、茁壮成长,并繁衍自己的物种。

纵观历史,关于植物是否有感受的问题一直存在争论。亚里士多德否认了这一点,甚至将植物与那些"固定动物"(如海绵和海葵)区分开来,在他看来,这些动物似乎具有基本的感知形式,尤其是触觉,但它们缺乏听觉、视觉和嗅觉等有距离的感知,对于需要从一个地方到另一个地方获取所需的动物来说,这些感知至关重要。但是,植物和固定动物之间的这条界线难以得到辩护:难道维纳斯捕蝇草不能感觉到它的猎物?所有的植物不是都能感觉到热和冷、光和暗吗?

一些著名的植物学家认为,植物不仅能感知,而且具有我所说的感受。希腊柏拉图主义者波菲利(见第 2 章)在其关于动物伦理学的名著中否认了这一点。他说,植物与动物不同，因为植物体验不到疼痛和恐惧，所以不需要得到正义对待。但一些杰出的现代植物学家却得出了相反的结论。达尔文的祖父伊拉斯谟斯·达尔文（Erasmus Darwin）在 1800 年左右对植物做了实验，使他相信植物既能感受到疼痛，也能感受到烦躁。[56]19 世纪中期，德国生物学家古斯塔夫·费希纳（Gustav Fechner）认为，植物有情绪，因为与植物交谈似乎可以改善其健康和生长。著名的印度植物学家贾格迪什·钱德拉·博斯（Jagadish Chandra Bose, 1858—1937）认为，植物有类似于神经系统的东西。博斯开发了一种仪器，他称之为植物生长测量仪，用来记录植物的细微运动。[57]他确定植物对许多外部刺激都非常敏感，包括热、冷、光和噪声。他通过展示这些反应是多么灵活和敏感，试图让人们相信，植物有主观感受，包括疼痛感。博斯并不是一个怪人，他的成就为他赢得了骑士爵位，而且他备受尊重。但他是否成功地证明了植物有感受？或者仅仅得出了一个较弱的结论？另一个问题是，科学家一直无法复制他的发现。[58]

最近有一群自称"植物神经生物学家"的科学家，他们研究植物的信息传递网络，将其与动物神经系统进行比较。[59]他们受到一些最著名植物学家的强烈批评，后者在 2007 年联名撰写了一封公开信，说他们的结论"建立在肤浅的类比和可疑的推断上"[60]。他们的实验表明，植物可以通过电信号向其他植物传递关于光的强度甚至颜色的信息。但这些传递反应并不能充分证明植物具有感受或认知性评价。

尽管这些有趣的证据表明，植物对外部条件的敏感度远远超出我们的想象，但出于几个原因，我们很难将感受赋予植物。我们从神经解剖学说起。植物没有大脑，没有类似于中枢神经系统的东西，也没有专门的细胞网络来执行信号传递功能。但我们应当保持谨慎，记住我们在鸟类和鱼类身上犯的错误：新皮质不是有感受的必要条件。然而，这些动物确实拥有一个可识别的中枢神经组织，尽管不同于哺乳动物。

那么行为呢？鉴于植物和动物之间缺乏结构上的相似性，我们应该对最佳解释推理感到犹豫，需要思考是否存在其他方式来解释那些被普遍观察到的反应。看来是存在的。植物具有鲁钝性和趋向性。它们的根沿着重力方向生长，表现出向地性。它们还表现出向光性，向着阳光生长。

植物有季节性节律。但这些都是固定和不灵活的，是植根于其物种本性之中。趋向性在某方面与动物行为相似，是一种维持生命和自我滋养的行为。但它缺乏环境灵活性，正是这种灵活性使我们推断出鱼类有感受。布雷思韦特的实验非常清楚地表明，鱼的主观感受是决定行为的关键因素，而植物没有这种表现。没有这种感受，就很难认为植物可以意图某事，或为良好生活而努力。

植物也没有表现出因个体而异的反应，没有灵活的能动性，而鱼类和鸟类一般都有这种特征。你可以肯定植物的行为总会遵循其物种的行为方式。

此外，植物根本不是个体生物。动物一个一个地出生，一个一个地死亡。在生命过程中，它们彼此间是有界线的。无论它们对彼此有多大的反应，一只动物都不会感受到另一只动物的痛苦，一只动物吃的食物也不会滋养另一只动物（除了在妊娠期）。正如亚里士多德所说，它们是"数量上的一个"，这一明显的事实在很大程度上支撑着我们的一个强烈直觉，即发生在每一个体身上的事情都很重要，每一个体都应该被当作目的。当哲学家提出（功利主义者和佛教徒都曾提出），快乐和痛苦构成了一个单一的体系，而我们的任务是使前者最大化，使后者最小化，这就有悖于我们的一个非常基本的伦理直觉，即每一个生命都是某个生物所拥有的唯一生命，每一个生命都有其自身的重要意义。我已经通过援引这种直觉论证了对于伦理学来说，个体生物才是目的，而不是物种。但植物并不是这种意义上的个体。我们不可能清楚地说出，植物是什么时候出生或死亡的：扦插、拼接、秧苗生根、球茎花卉的季节性重生，所有这些寻常的活动和事件都向我们表明，一株植物基本上是一个集群实体，是一个它们，而不是一个它。即使我们对某一棵树有很深的感情，我们也不能确定这棵树的存活究竟是指什么，如果它的种子或一根枝条能生根的话。对于植物来说，保存物种似乎很重要，但我已经论证过，这不是正义的要求，而是另一种不同类型的伦理关切，也许更像我们对生态系统的那种关切。

我们仍然可以对保护一棵树有深厚的关切，但在我看来，这与我们对动物的那种关切是不同的，动物只有一次生命可活,当它结束时(往往伴随着痛苦的折磨),那就是结束了。

我的结论是,植物没有基于正义的权利。它们可以受到伤害,但不会受到不正义的对待。某种伦理上的关切似乎仍然是必要的。自然环境具有伦理上的重要性,这种重要性既是工具性的(它为有感受生物的能力提供支持),也是内在的,我们有伦理上的义务去关注它。(一般来说,我在本书中避免使用"道德地位"这个词,因为我认为道德地位不是一个单一的东西,而我正在谈论一个非常特殊的事物——正义。)但这些并不是我们对一个能出生、能努力过好生活、能遭受痛苦和死亡的生物所负有的那种义务。

伦理影响

我曾论证说,各种类型的生物在正义理论中都有一席之地,我们应该对其他生物保持开放态度,因为我们的知识是不完备的。这意味着我们的义务是艰巨的,甚至是令人窒息的:我们怎样才能面对它们呢?但我们要记住,一个生物有正义成员身份还不能告诉我们它应当得到何种对待。自然阶梯是不存在的。生物以多种方式努力繁兴,而不是在一个单一的尺度上被排序打分,正义的资格并不取决于生命有多大的复杂性。然而,生命的层次和复杂性确实决定了什么会对有正义资格的生物造成伤害。人类并不比海豚更好或更高等,但有些事情对人类来说是严重的伤害和错误,而对海豚来说却不是错误,例如不提供基本的识字教育。另一方面，不受约束地游过大片水域的能力是鱼类和海洋哺乳动物的生活形式中一项关键能力，但剥夺人类游过无限英里的机会并不是不正义的。如此等等。

简言之，当我们考虑正义和不正义时，我们心中要考虑每个生物的生活形式。目标是让每个生物都有一个适当的机会，以它自己的方式繁兴。然而，我们人类阻碍了这种繁兴，我们在它们的生活中无所不在，因为我们控制着地球、海洋甚至天空，因此，需要纠正我们那些过分的做法。有一件事我们可以肯定，那就是功利主义的伟大真理：痛苦对一切有感受的生命来说都很糟糕。因此，在我的理论中，肆意施加痛苦（施加不促进动物自身利益的痛苦）总是对有感受生物的不义之举。在下一章，我将论证无痛死亡对一个生物是不是一种伤害，这取决于其生活形式中一些具体因素。如果死亡甚至算不上一种伤害，那么它很可能就不是一种不正义。在第9章和第10章，我将以类似的方式思考限制动物行动的问题，由此得出的结论是，它有时是不正义的，有时不是。在第8章我将探讨，在当前一些情形中，我们出于重要的人类理由而违背了正义，但科学和医学的新进步有可能使我们克服这些困境。一旦我们接受了这些论点，我的理论所提出的要求也许会逐渐被一些认真且敏锐的人类接受，或者，至少随着时间推移，这些要求可以渐渐地被越来越充分地实现。

第 7 章

死亡的伤害

如果一只动物在足够长的寿命中过完了还算充实的生活，然后真正无痛地死去，那么我们该如何看待这种死亡？这样的死亡对动物是一种伤害吗？我们造成这样的死亡是伦理上可允许的吗？

边沁认为，人道地（无痛地）杀害动物在道德上是可接受的，如果这样做是为了某种"有用"的人类目的，而不仅仅是"肆意地"杀害——无论是施虐还是为了娱乐。最近的功利主义者，如 R. M. 黑尔（R. M. Hare）和彼得·辛格基本都同意，这至少为杀死某些动物留下了道德上可接受的空间，但他们谴责当今世界的大部分肉食行为，因为这建立在工厂化养殖业所制造的痛苦之上。在不同时代都有很多理论家，从古代印度教、佛教和柏拉图主义思想家到当代哲学家，比如克里斯汀·科斯嘉德和汤姆·睿根（Tom Regan），划出了一条更激进的界线：为人类目的而杀害动物永远是错误的。只有当动物可以被正当地视为人类的财产时，为人类目的而杀戮才是可以得到辩护的。然而它们不是财产,它们是生活的主体,所以必须停止杀戮。在本章中,我将采取介于这两类学者之间的一种进退两难的立场(尽管更接近第二类),我将展示当能力论与对死亡危害的哲学探究相结合时,会将我们引向何处。

对于任何一本关于动物伦理学的书来说,这都是最紧迫和困难的问题之一。然而,对这个问题的讨论往往缺乏哲学上的清晰性。死亡不是一个简单话题。为什么以及在什么情况下死亡对一个生物是坏事,这个问题远远没有一个明确的答案。如果这一点不明确,那么什么时候终止一个有感受的生命是坏事,甚至是不允许的?答案也不明确。我对第二类学者的主要反对意见是,他们没有充分调查这个问题。我相信如果我们着手调查,会发现答案是复杂的。让我们退一步,在哲学史的帮助下认真思考一下死亡的危害。我们不要忘记,有两种不同的事情可能是坏事:死亡过程和死亡状态。让我们从人类开始,然后将我们的思考扩展至动物。在此过程中,我们将看到能力论如何帮助我们专注研究相关的问题。

动物们互相捕杀,这些捕杀也给我们带来了伦理问题,因为在某些情况下我们能够进行干预。然而,我不会在本章中讨论这些问题,我要在第 10 章完整讨论了"野生动物"问题以及我们在各个领域的道德监护责任之后,再讨论这些问题。因此,本章只关注我们人类杀害动物的做法。

必须首先说明,关于人类目前的做法,本章先从极少数情形谈起。大多数人类对动物的杀戮都不是无痛的。更为重要的是，它们也未曾过上完整、充实的生活。在工厂化养殖业中，动物作为食物而被饲养，其生活从一开始就受到了损害并充满痛苦。在导言中，我描述了母猪在怀孕箱中的生活。在第 9 章，我将描述鸡和奶牛受损害的生活。我会在第 12 章再回到这些问题，询问法律对这些做法已经做了什么和必须做什么。因此，我这里要讨论的，是作为食物而被人道饲养的哺乳动物和鱼类，这种人道饲养仅占全世界养殖业的极少数。我之所以纠结于这个边缘问题，因为从伦理学角度看来，它确实很复杂，而工厂化养殖业所制造的恐怖并不复杂，应该受到所有对伦理敏感的人们的谴责。

我在其他地方会讨论另一个相关问题，就是一只狗或猫的陪伴者能否决定终止该动物的生命。在第 9 章，我声称如果这种选择合乎伦理，那是因为这个人很了解这只动物，理解它的生活形式，并对这只动物的表现做出响应，它的表现说明其衰弱的生命在遭受着不可容忍的痛苦或不体面。当人类为了自己的方便，或者因为不愿意支付医疗费用而终止伴侣动物的生命时，这总是错误的，正如因为提供护理太麻烦或太昂贵而终止残障儿童或老年亲属的生命。那么，这里我只讨论动物生命相当健康的情况，由于显而易见的原因，我们为食物而杀死的动物通常是健康的，但这些在工厂化养殖业中被杀死的动物几乎无法真正地茁壮成长。

我从一个关于死亡的问题开始，这个问题长期以来一直困扰着那些思考人类生命的哲学家。在我们开始讨论动物生命之前,需要尽可能地看清这个问题,因为对该问题的伦理争论还是非常不成熟的。

"死亡对我们来说不算什么"

在人类生活中,对死亡的恐惧造成了很多痛苦,有时是以有意识的方式,有时是通过一种背景性的沉重感和不满足感。公元前4世纪,古希腊激进的哲学家伊壁鸠鲁(公元前341—前270)就是这么想的,他至少部分地是对的。这种恐惧也许不像他和他的罗马弟子卢克莱修(约公元前99—前55)所认为的那样,会产生各种相关的罪恶,包括嫉妒、战争、性暴力、对宗教权威的盲目顺从,甚至过早自杀,但它至少是相当令人讨厌的。然而伊壁鸠鲁认为,我们没有足够的理由害怕死亡,死亡并不会伤害我们。他以这种简洁的方式表达了他的观点:"死亡,这个最可怕的恶,对我们来说不算什么。因为当我们活着时,死亡未降临,而当死亡降临时,我们已不在。"[1]

伊壁鸠鲁并不否认死亡的过程往往是痛苦的。他留下了一封临终信,描述了他自己因痢疾和尿路梗阻而遭受的极度疼痛。然而,他认为这种疼痛可以被友谊和记忆的快乐抵消,他甚至在那个时刻继续享有快乐,因此他声称在自己临终前,快乐仍然有大于痛苦的净收益。然而,这并不是他面对的那个大问题,他所讨论的是生命已结束的坏处,即死亡状态的坏处。

我们可以将他的论证重新表述如下:

1. 一个事件可以对某人是好的或坏的,仅当在该事件发生时,此人至少作为一个可能有体验的主体而存在。

2. 当一个人死后,此人不再作为一个可能有体验的主体而存在。

3. 因此,死亡状态对这个人来说并不坏。

4. 害怕未来的事件是不理性的,除非该事件的发生对一个人来说是坏事。

5. 害怕死亡是不理性的。

请注意,这个论证是基于可能的体验,而不是实际的体验。伊壁鸠鲁并不是说:"你感觉不到的东西不会对你有害。"这种说法显然没有说服力,因为许多发生在我们直接感知范围之外的事情都可能对我们有害:亲人的死亡、无症状的癌症、一个人处于安宁而无知的沉睡状态时房屋被烧毁。他是说,如果世界上根本就没有"你",那就不会有关于坏处或剥夺的想法,也不会有关于好处的想法。

伊壁鸠鲁和卢克莱修并没有简单地假定没有来世,事实上,他们曾用他们关于人格的原子理论对这个结论进行过详细论证。然而我们无须关注这个问题。他们认为,他们的目标听众之所以害怕死亡,主要是因为害怕死后的惩罚。因此,摆脱来世就消除了大部分害怕死亡的理由,或者说他们认为是这样的。今天，相信来世的人通常认为这种可能性使事情变得更好，而不是更坏，人们害怕的恰恰是死后什么都没有。因此，论证来世不存在，这只趋向于放大我们大多数人对虚无的恐惧。（古希腊和古罗马世界的许多人也是如此，我们可以在那个时代的人们对伊壁鸠鲁派的批评中看到这一点。）即使相信来世幸福的人也仍然害怕死亡，因为这是生命的结束。这种对虚无、结束的恐惧应该是我们关注的重点。我们最终的目标是在多元社会中寻求广泛共享的政治和法律原则，我们决不能把它们建立在任何关于来世的有争议的假设上。因此，让我们跟随伊壁鸠鲁，假设所有可能的个人体验都会在死亡时结束，或至少我们在构建政治原则时不应依赖于死后是否存活的问题。

伊壁鸠鲁的论证是非常有力的。很少有来自古希腊罗马时代的论证能够被近期的哲学家如此认真地对待，并进行热切的讨论。它似乎非常反直觉，因为我们大多数人确实认为在大多数情况下（当人仍有活动机能且没有压倒性的痛苦时），死亡是坏事，对人造成伤害。但是，伊壁鸠鲁说，当可以遭受伤害的人不存在的时候，怎么可能会有伤害呢？也许我们害怕失去生活的乐趣，但当帷幕最终落下，并不会有损失，因为你已经不存在了。卢克莱修生动地描绘了大多数人的非理性，他们想象出一个小小的自己在参加自己的葬礼，目睹自己被剥夺了所有的美好事物：

所以他为自己感到难过：他没能

真正地区分

他那具被废弃的躯体，

和它旁边那个悲伤的人，

将他的感伤情绪投射于它。

我们只是自相矛盾：我们想象自己还在那里，然而我们悲伤的全部要点恰恰在于我们不在那里。

一些哲学家试图推翻这个强大的论证。他们指出，我们应该承认：有些我们不知道甚至可能永远不知道的事情，对我们来说肯定是坏事。[2] 因此，一个被背叛的人，即使从未得知这一事实，他仍然受到了伤害，或说有人认为是这样的。一个在事故中失去了所有高水平心理功能的人，他没觉察到自己处于一种衰弱状态，但仍然受到了伤害（甚至可能获得损失赔偿）。我们甚至可以想象一个人永远不可能知道那件坏事，即使在这种情况下，我们往往仍然认为此人受到了伤害。[3]

没错，但是：所有这些例子都涉及一个持续存在的主体，他至少有很强的理由声称自己就是最初那个人。那个衰弱的人可以起诉要求赔偿损失，仅仅因为这个世界上存在一个原告。（如果事故使这个人处于永久的植物人状态，那么我们也许应该怀疑世界上是否真的还有这么一个人，也许我们对于这个人受到伤害的看法确实属于卢克莱修式的双重思考。）然而，如果把这个人完全剥离出来，情况就大不一样了：我们应该把"坏的"和"受伤害的"这样的语词附加到什么主体上?因此,到目前为止,伊壁鸠鲁和卢克莱修未被击败。

中断论证与两个失败的安慰者

然而,还存在更多的争论,这不足为奇。我们现在讨论我所谓的"中断论证",我相信这个论证是由古典学者大卫·福莱(David Furley)首先提出的,之后由我扩展,并由哲学家杰夫·麦克马汉(Jeff McMahan)独立阐述。[4]这个论证指出,死亡常常影响到生活的形态,因为它中断了一些在时间中展开的目标,使它们全部或部分地变得空洞和徒劳。我们追求许多事情是为以后的事情做准备,比如为美国法学院入学考试(LSAT)而学习,甚至进入法学院,这些活动本身并不是值得选择的,而是为律师职业生涯所做的必要准备。如果死亡使我们在准备阶段被中断,就会使这些活动变得毫无意义。年轻人所做的很多事情都属于这种性质。死亡是坏事,因为它以回溯的方式改变了我们生活中那些活动的预期形态,使我们的许多行动变得空洞而无意义。

福莱关注的是一般被认为是过早的死亡,但我在《死亡的损害》("The Damage of Death")一文中,将这一论证扩展至任何会中断随时间展开的活动的死亡。我注意到,人类活动的很大一部分都涉及对工作、家庭生活、友谊及其他许多事情的目标。人们通常没有一个总体计划,但他们确实有一系列在时间中展开的目标,它们可能被中断。我们可以尽量不把自己投入那些时间跨度大的目标中,以免其中有些目标会因死亡而变得无果。事实上,这正是伊壁鸠鲁和卢克莱修的建议。(例如,他们认为对宇宙秩序的沉思可以在一瞬间完成。)但在这种情况下,我们将放弃很多人类价值:爱情和友谊的展开形态、家庭生活的代际动态,以及许多更平凡的追求,如培育一座花园,开始阅读一本长篇小说,等等。还有继续生活下去的单纯乐趣,看看自己的计划和目标接下来会发生什么。如果电影放映机在电影播放到一半时坏掉,你会觉得自己错过了什么。同样,死亡也会中断生命中许多目标的畅快流动。我们不一定要先有一个宏大的总体计划,然后才能拥有各种在时间中追求的目标。即使我们的活动是以前多次重复过的,它们也会从记忆,从我们对重复的认识以及对再次重复的愿望中获得厚度和意义。这就是为什么仪式往往承载着如此丰富的情感,它们从我们的回忆中获得更多的意义。例如,我们回忆过去参加逾越节家宴(Passover seder)[1]的情况,并回忆在这个过程中同样的这些人如何成长和改变。简言之,我们是时间中的存在者,既在时间的河流中游动,同时又从任何一个单一的时刻站出来观察这个序列。(普鲁斯特完美地捕捉到人类时间的这一面向。)同样,当我们不是重复自己,而是开启新的追求时,

---

[1] 犹太教徒的一种节日饮食风俗。逾越节是犹太教徒每年举办的宗教节日,其间,犹太教徒需参加仪式性家宴。

这种新追求的价值源于我们意识到它是新的,这是我们与时间的关系的另一个面向。

那么,许多甚至大多数人的死亡都会对人的生命造成回溯性损害,因为它中断了那些有时间跨度的目标。我们知道有些人似乎以不同的方式生活,活在每个当下时刻,但这是不寻常的。也许最常见的是在一个人漫长生命的末期,他决定是时候收尾了,不再从事涉及计划和时间流的活动。我的祖母在度过了健康的一生后,于 104 岁去世,她的死亡似乎不像大多数人的死亡那样糟糕,正是因为她某种程度上确实在努力让事情有一个好的收尾,尽管她对日常事项的热爱(与她的家人互动,照料她的精美家具)仍然使她的生活具有一种可中断的时间结构。因此,伊壁鸠鲁把他的论证建立在对人类生活和价值的贫乏的构想之上。如果我们接受一个更丰富、更现实的观点,就得承认许多甚至大多数死亡对死者来说都是坏事,不是以卢克莱修想象的那种不合逻辑的方式,而是以一种完全直接的方式:死亡改变了曾经的生活,使其变得更糟。

能力论和中断论证是盟友。能力论强调生命活动随着时间推移而展开,拒绝像功利主义者那样把快乐和痛苦视为静态和瞬时的。中断论证也没有像"如此像我们"进路那样建立一个等级制度,它对中断和伤害的主张是描述性的,并不主张可被中断的生活比其他生活更高贵或更好:在这里它再一次与能力论的主张相吻合。这个论证并没有确立等级,但它确实指出了动物生命的一个特点,这使它们以一种非常具体的方式容易受到伤害。当生活中包含一个被主体意识到的且被主体赋予价值的时间展开（temporal unfolding）时，死亡才会伤害它。然而，不是所有生物都有这样的生活（尽管有这种生活的生物要远远多于边沁所认为的），因此，这个论证并没有证明死亡对所有生物都是一种伤害。我在后面会回到这个重要的事实。

一些哲学家试图为伊壁鸠鲁的结论辩护，而非为其论证过程辩护，他们指出死亡实际上对人是有好处的，因为它为生活带来圆满，防止无聊和失去意义。[5]伯纳德·威廉斯（Bernard Williams）认为，如果无限延长期限，那么所有的人类目标都注定会变得毫无意义和无聊。即使死亡看起来是一种中断，它也比威廉斯所谓"不朽的乏味"要好。他以雅纳切克（Janáček）的歌剧《马克罗普洛斯事件》（*The Makropulos Case*）为例，在这部歌剧中，歌手埃琳娜·马克罗普洛斯最终在341岁时，通过拒绝定期注射长生不老药故意结束了自己的生命。[6]威廉斯将此解读为她厌倦了生活中的所有追求，并认为这是人类欲望的普遍状况。我认为这是基于一个非典型案例而得出的过度推论。我在《死亡的损害》一文中指出，埃琳娜·马克罗普洛斯之所以厌倦了生活，是因为她一再被她生活中的男人们物化和剥削。她的自杀并非展示了一个关于人类欲望的必然真理，而是展示了两性关系需要改变的事实，或者至少，她需要认识一些新的男人！

另一位安慰者，就是我在《死亡的损害》中提到的"年轻的玛莎"，她为同样的结论给出了不同的论证。在1994年出版的《欲望的治疗》(*The Therapy of Desire*)一书中,我曾说死亡是大多数人类价值的必要条件,它给出了一种限制,在这种限制下,努力、牺牲和人类追求的其他善都拥有其意义。[7]我将华莱士·史蒂文斯(Wallace Stevens)的诗《星期天的早晨》(*Sunday Morning*)作为我的口号,在这首诗中诗人得出结论:"死亡是美的母亲。"我试图论证,没有死亡的生活必然会缺乏人类通常拥有的那种爱、友谊、美德,甚至运动的卓越。我现在认为这种说法是错误的,要使这些追求具有通常意义上的人类价值,所需要的是某种意义上的努力和抵抗,而不一定是死亡。我们可以很容易地想象,死亡被消除后,人们能继续表现出勇气、对痛苦的抵抗、慷慨和牺牲的能力,等等。鉴于永恒的痛苦可能被认为比死亡更可怕,这甚至会增加牺牲的可能性。而且,由于人们喜欢重复,也不会坚守一种宏大的叙事结构,所以没有理由认为大多数人类价值的必要条件是有一个终点。

哲学家非常关注一个事实,即人类经常将自己的生活视为有叙事结构的。杰夫·麦克马汉认为人类生活的这一方面使我们比其他动物更有价值,在他看来,其他动物没有对叙事结构的认识。(他没有考虑到许多物种能从事与出生和死亡相关的复杂活动,而且他只是说到"动物",没有表现出对不同物种的好奇心。)我已经彻底拒绝了这种存在之阶梯(ladder-of-being)的思路。叙事结构是我们做事情的方式(至少对某些人来说),但其他物种有它们自己的方式,而我们的方式对它们中的大多数来说是不合适的。然而，对叙事结构的思考有时确实有助于我们思考人类或动物的死亡在什么时候是对其不利的。就此而言，"年轻的玛莎"曾有一个观点：对于非常关心叙事结构的人类来说，使故事圆满结束的死亡是更可取的，例如，它比中断或长期衰退，甚至可能比永生的重复更可取。如上所述，许多人喜欢重复，并通过许多不同的方式找到意义，因而我认为年轻的玛莎把这种规范强加给所有的生命是错误的。"老玛莎"认为，存在多种方式来想象毫不无聊的永生生活。比方说，同一个主角可以参与许多不同的剧集，尝试新的职业，等等。没有一条单一的叙事线并不会使生活变得无聊或不值得过。它不太像简·奥斯汀的小说，而更像托尔斯泰和陀思妥耶夫斯基的"闲散和松垮的怪物"，或者我们在詹姆斯·乔伊斯（James Joyce）那里发现的一种对于日常生活常规的欣然接纳。然而，对于那些与亨利·詹姆斯一样不屑于"闲散和松垮"的人来说，对叙事统一性的考虑可能有助于解释为什么对这些人来说，一些死亡，包括较早的死亡，比其他死亡更可取。我不禁觉得，任何具有这种审美观的人都必然会对现实中的人类生活感到不满，但由于这不是我在此关心的问题，所以我不再进一步讨论它。

简言之，生命是在时间中展开的，一个对时间有高度意识的生物不仅生活在当下，还生活在过去和未来（人类通常是这样的），死亡会因为打断时间流而对其造成伤害。但是，如前所述，情况并非总是这样，也并非对所有的人都是这样。能力论给予我们一种看待典型活动的方式，它是支持上述论断的，它要求我们在任何时候都要考虑生物的整个生活形式，包括其时间形态。相比之下，如果专注于瞬时快乐的最大化，就忽视了那些有时间跨度的目标。因此，到目前为止，我们的理论很符合我们倾向于做出的判断。它承认时间性和叙事结构在人类和许多动物的生活中是有分量的，而且公正地对待这样一个事实，即许多人类和动物的生命活动并不那么宏大，但不管怎么说，它们可以是愉快的，也可以是有价值、有人性的。

被我们杀死的动物：功利主义论证及其超越

现在谈谈动物的死亡。首先，再次强调，我们应该拒绝一些哲学家的一种论点，即人类生命因为具有叙事结构，或因为敏感于死亡导致的重大中断，所以优于其他动物的生命。但不同物种与时间的关系存在差异，这确实会影响到对生物的伤害。人类从嗅觉中获得的关于世界的信息相对较少，这一事实意味着嗅觉丧失（尽管有时是疾病的症状）本身对人类造成的损失，并不像对其他大多数动物那样严重，因为它们非常依赖嗅觉。丧失听力对鲸鱼来说是致命的，因为那是鲸鱼了解世界的主要信息来源，而许多人类没有听力也能活得很好。现在让我们开始思考死亡在非人动物生活中扮演的角色。

如前所述，伴侣动物的情况很特殊，我们将在第 9 章继续讨论。伴侣动物与细心的人类同伴用一套高级指令进行交流,比方说,这可以表明死亡何时以及是否造成一种伤害。总体而言,我们的法律不允许一个人提前选择医生协助自杀,但我认为一旦繁兴的生活不再可能,法律也许应当允许这种选择。如果一只动物处于慢性疼痛和/或认知障碍的状态,那么大多数人类陪伴者在读懂动物的信号后都会选择死亡,而我认为这种死亡不是一种伤害。选择这样的死亡是为了动物考虑。如果这种选择是出于敏感的关心,而不是别有目的(例如为了摆脱昂贵的护理负担,或为了继承财富),那么就是可接受的,且不是一种伤害。

所有这些都与我们吃动物时发生的事情相去甚远。(我主要以食物为例,但许多动物实验也存在同样的问题。)在这种情况下,我们通常并非代表动物做出代理判断,而是为了自己的愉悦,把动物作为达到自己目的之手段。我请求读者反对工厂化养殖业,这已无须进一步论证,因为它让所有身处其中的动物过着痛苦而受束缚的生活,无法进行其典型生命活动,比如自由活动、社交关系、呼吸新鲜空气,以及选择如何度过一天。让我们考虑一下人道养殖的最佳情形,在这些情形中,动物过着还算不错的生活,有良好的食物、新鲜的空气、其他动物的陪伴等等,然后以真正无痛的方式被杀死。

我们为获取食物而杀死的一些动物是非常年幼的,它们没有机会在成年的活动中展开它们的典型生活形式。在我看来,能力论,再加上中断论证的补充,会要求我们拒绝这些做法。能力论涉及一种对自然界中各种生活形式产生的道德化的惊奇感，而这些生命提出了一种道德上的要求，即允许它们成长并展开自己的生活。从童年长到成年，这在所有动物群体中都是重要的，也是年幼的生物能意识到的一件事情。我们有理由推断，年幼的生物能学会将努力成长作为一个核心目标。如果没有达到这个目标，那么它们确实遭受了一种可悲的中断。

但在另一些情形中，人道饲养的动物度过了足够长时间的成年生活。大自然并没有为我们任何个体指定任何特定的寿命，在疾病和衰退来临之前，死亡似乎未必是难以接受的。在人类的情形中，我之所以认为这种死亡是一种伤害，仅仅是基于中断论证。因此，我们需要进行深入研究。

边沁认为，非人动物与人类不同，它们不会预先惧怕死亡。他很草率地做出推断，认为由于这个原因，如果死亡来临时没有痛苦，而且之前也没有痛苦，那么死亡对非人动物来说就不是一种伤害。他只是直接做出这种关于恐惧的断言，缺乏证据，但这并不正确：许多种类的动物在威胁临近时都能察觉，因此对即将到来的死亡感到恐惧。许多动物会规划自己的行动，以避免自己曾经历过的或从其他动物那里了解到的威胁。因此，他的论证是没有说服力的，我们需要更好地思考这个问题。[8]

现代功利主义者做得更好一些。彼得·辛格和杰夫·麦克马汉都认为人类生活具有更高价值，声称只有人类才会为自己的生活赋予叙事结构。我已经拒绝了这个事实性论断，也拒绝了他们从中得出的优越论。即使人类生活且只有人类生活能展现出"叙事结构",这也不会使人类生活比其他动物的生活更好,二者只是不同而已。正如我们在第 3 章所述,我们还应当反对这些功利主义者信奉的"容器"模式,在这种模式看来,一个生命的重要之处在于它所包含的快乐或满足的数量。[9] 这幅图景意味着一个生命在原则上可以被另一个包含相似快乐量的生命取代,这没有公正地对待这些生命的整体生活:我们和其他动物都不是接收快乐流的瓶子,我们是追求目标的能动者,我们每一个都有自身的价值。约翰·斯图尔特·密尔理解这一点,并修改了功利主义,使其为生命的分立性(separateness)和尊严留有空间。因此,让我们从现在开始,考虑一种在这一点上与密尔观点相一致的功利主义。

然而,最近功利主义者也采用了某个版本的中断论证,在此我们可以谨慎地考察他们的观点。从这个论证的实际观点看来,死亡是否以及在何时会对各种非人动物造成伤害?正如我所说的,如果死亡来得太早,在一个生物达到成熟机能之前就中断了发展,而且这个生物能意识到这种发展,那么死亡显然就是一种伤害。如果这只动物追求有时间跨度的目标,即使追求的是重复性目标(而且能记得和觉察到这种重复),那么它也是一种伤害。辛格和麦克马汉似乎认为只有少数物种(如猿、鲸鱼和大象等)是这样的。但我们不应该追随他们的观点,而应当通过研究来获取知识。有时间跨度的目标显然存在于所有灵长类、大象、鸟类、啮齿类、牛、猪、海洋哺乳类、狗、猫和马的生活中。因此,死亡对这些生物来说可以构成一种伤害，而施加这种伤害是错误的。如今很少有人吃狗、猫、马、大象、猿和啮齿动物，但很多人吃鲸鱼、鸟类、猪和牛。

我们还记得，第6章的结论是，有一些动物似乎根本没有感受，或只有最低的感受。这包括亚里士多德所说的"固定动物"（如海绵、海葵等），还有大多数或所有的昆虫，可能还包括甲壳类动物，但显然不包括头足类动物。当我们杀死无感受的生物时，我们不会对其造成伤害，而且由于它们感觉不到疼痛，我们不需要过于担心对待它们的方式。但我们最好把赌注押在无痛处死上，因为我们有可能在了解更多之后发现自己是错误的，在龙虾的情况中我们似乎就是这样的。

另一类动物是边沁所关注的，他称之为"有害动物"，即那些不断试图危害我们的动物。其中许多动物（如蟑螂、蚊子、苍蝇等）都是昆虫，但我们也应当把街边的老鼠（而非实验室老鼠）归入此类。对此边沁认为，根据自卫原则，杀生是可以接受的，我基本上同意。然而，根据大多数合理的自卫法规的要求，被攻击者在使用致命武力之前应当先尝试撤退。在这个问题上，人类的类似做法就是使用非致命的自卫手段（如节育），只要这种手段可行，就不应当杀戮。我们已经有了一些针对昆虫的这类方法，而对于减少老鼠数量来说，最近的研究表明这类方法甚至比致命的方法更有效。[10]

我们现在进入问题的核心部分。主要被食用的动物是牛、猪、鸟类和鱼类。（根据成年原则，羊羔和小牛犊已经被排除在这个名单之外。）在我们使用中断论证之前，我们应该研究一下每一种动物的认知生活。猪非常聪明,而且显然对有时间跨度的目标是有意识的。鸟类是了不起的、非常细致的计划者,因此我完全无法相信,鸡不具备鸟类的这种常见能力。牛看上去也明显位于"中断"线之上。因此,即使对这些生物进行人道处死,也会造成严重伤害,从而是错误的。

但有一点是可信的,那就是中断论证无法适用于某些生物,也许是某些种类的鱼。它们生活在连续不断的当下之中,没有可被中断的长时目标,而且它们不记得自己一直在重复惯常的活动。在这个问题上,研究结论还不太确定:如果某种鱼生活在连续不断的当下之中,那么像一些科学家那样将时间性情感(如恐惧)归于这种鱼似乎就是错误的(见第6章)。但是,也许基于躲避行为尚不足以推断出恐惧来。好吧,假设我们开始相信,的确存在这种活在一个个瞬间之中的生物。功利主义哲学家 R. M. 黑尔想象一条鱼被本地鱼贩子熟练地用一根击打棒无痛地杀死。[11] 这条鱼一直自由自在地游来游去,拥有很好的(成年)生活,直到最后那一刻。鱼类权威专家乔纳森·巴尔科姆描述了大规模使用这种做法的人性化渔业。[12] 巴尔科姆认为吃鱼的道德问题很复杂,最好留给每个人去判断,但他说他自己也吃鱼。黑尔判断,吃以这种方式杀死的鱼在道德上是可接受的。在对黑尔文章的回应中,彼得·辛格表示同意,但他说他自己不吃以人道方式杀死的鱼,因为身为公众人物需要一个更简单的原则。

如果我的论证是正确的,那么死亡对这些生物来说就不是一种伤害。尽管我们直觉上认为死亡是对一切努力的最终挫败，但在这种情况下，它并没有挫败动物的目标，因为不存在可被挫败的、有时间跨度的目标。伊壁鸠鲁对这些生物的看法是正确的，尽管他对人类和大多数动物的看法是错误的。鱼是正义的主体，因为它们可以因疼痛、饥饿、痛苦的死亡而受到伤害。但是，如果我的论证是正确的，那么它们在茁壮生活期间的无痛死亡也不是一种伤害。我们需要等待鱼长到成年吗？它们是否有意识地将成熟作为一个目标？似乎不会，如果它们真的活在当下的话。尽管如此，我们也可以想象，一条非常年幼的鱼也许在一瞬间觉察到自己很小，而其他鱼很大，所以情况并不清楚。因此，谨慎起见，避免杀死幼鱼总是好的。

在过去好多年里，我每周都要吃大约四次鱼，但随着我们越来越了解鱼的认知生活，我备感不安和疑惑。老年女性对蛋白质的需求很高，尤其像我这样有大量体育锻炼的人，再加上我难以消化扁豆和大豆，使我难以过渡到纯素食（vegan diet）。根据目前的计算，一个体重115磅（约合55.2千克）、有高强度运动量的74岁女性每天需要70~100克蛋白质。在写作本书的过程中，我认真尝试过渡到以素食（vegetarian diet）为主，每周只吃一次或最多两次鱼。我不确定这在道德上是不是更好，因为与人道渔业相比，乳品业（我当时吃了很多酸奶）更不人道。我一直尝试向扁豆过渡，但我对它消化不良。而且，我偶然发现，饮食上的改变使我变得更加虚弱。我一直把我的运动能力下降归结为"只是衰老"。但很偶然的是，2021年5月我女儿的追悼会时剩下的饭菜中，给我留下了很多比目鱼，那是极好的蛋白质来源。在连续一周每天吃比目鱼后，我发现肌肉功能突然改善，现在我又回到了较多的鱼类消耗。[13]

我应该如何从伦理角度看待这件事？中断论证为我提供了一些安慰自己的说辞，但我并不舒心。这个论证可能是错误的。或者它可能是对的，但在鱼的问题上是错误的。鉴于乳品业中动物所遭受的痛苦，如果选择一种严重依赖乳制品的素食餐饮似乎在道德上更糟糕，这于事无补。

面对道德难题

目前看来，无痛死亡对鱼类来说，很可能不像对那些拥有各种认知生活和目标的动物那样是一种伤害。鱼类通常在成年后被杀死，如果它们快乐地游来游去，真正无痛地被杀死，可以认为死亡对鱼类根本不是一种伤害，尽管我们必须对新的知识保持开放态度。

因此，我倾向于说，像我这样的人没有把鱼仅仅用作实现自己目的的手段，因为我们没有造成伤害。把一个人或生物用作手段，并不总是错误的。我把我的研究助理用作改进我的手稿的手段，把医生用作保持我健康的手段。但当我们把一个人用作一个纯粹手段时，问题就来了，也就是说，我们不尊重这个人的尊严，并且以各种方式对这个人进行有害的剥削。例如，如果我霸凌或骚扰我的研究助理，或不支付承诺的工资，我就是在剥削他们。但是，如果予以尊重且无伤害，我想我们应该认为，这个人没有被用作一个纯粹手段。在第 9 章，我将论证为羊剪毛是一种使用，但不是纯粹使用：羊没有受到伤害，甚至通常是受益的。因此问题在于，为了吃鱼而杀鱼究竟是一种无害的使用，还是一种恶性的、有害的纯粹使用。

在剪羊毛的例子中，我们可以想象一种假定的同意，就像出于敏感的关心而将狗或猫安乐死一样。（"这块羊毛很重，很烦人，我同意脱掉它。"）但很难想象鱼会对被杀死给予这种默认的同意。

我觉得这里存在四个道德问题。第一，我们是自己的案件的法官和陪审团，总有可能对自己进行特别辩护，这种可能性在本章中是一直存在的。为什么我如此关注中断论证？为什么我如此解读关于鱼的证据？我努力保持善意，但当存在如此明显的利益冲突时，我们有充分理由持怀疑态度。

第二，我们习惯于将有感受的生命进行工具性使用，这种习惯可以延伸至其他一些情形，在这些情形中，我们甚至无法利用中断论证来摆脱困境。如果鱼是这样，那么为什么不是一切来自人道养殖的肉都这样？我们弱化自己的道德警觉性，就要自行承担这种危险。

第三，也是一个与此相关的问题：如果允许把鱼作为食物，那为何不允许钓鱼运动？一个有用的目的跟另一个目的很相似，如果我们认为不存在伤害，那么我们可能会类推到不仅允许钓鱼，还允许狩猎等等，谁知道呢。当然，我要求确保死亡是无痛的。线钓和网捕从来都不是无痛的，但可以想象这些做法的改进形式。狩猎，如果由技术高超的射手完成，可以是无痛的，但现实中大多数猎人并非技术高超。

　　第四，这里存在一个纯粹残酷的事实，即对另一个有感受生命进行工具性使用。即使它实际上并没有伤害那个生命，也仍然是对其他生命的一种支配。它要求一种似乎未得到辩护的权威。这就是纯素食主义的真理。谁说我们可以这样做？我在剪羊毛的例子中拒绝了纯素食主义的论点，但在吃鱼问题上仍然存在非常大的困难。我们这个物种特有的道德审慎难道不意味着，当存在很多未知的时候，我们必须在这个问题上更加谨慎吗？如果生命的类型和物种特有能力会影响到有感受生物能受到何种伤害，那么它们也会影响到对有感受生物做出的哪些行为是错误的。伴随着我们的特定生活形式而产生的是责任。

其他选项？

　　当我们纠结于这些复杂的问题时，我们能做什么？我们应当做什么？首先，我们努力思考这些问题，这本身就是进步。但这种纠结并不表明目前的做法是正确的。我们现在面临着一个政治思想中的熟悉问题：我们应该做渐进主义者还是革命者？换句话说，我们是否应该鼓励自己和别人做出许多改变,以改善动物的生活,而不是达到伦理上的无过错(根据我的论证对该目标的解释)?有些人认为这种渐进式改进是一种令人反感的自由派"修正主义",认为除了我们目前可想象的全面的革命性变化,其他更温和的变革都是不够的。在每一个争取正义的运动中,都会出现这种辩论。而且,它在不同的情形中有不同的答案。会令我的少数读者感到惊讶的是:我在内心深处是一个自由派修正主义者,但有革命性的一面。

有些罪恶(如奴隶制)看上去如此可恶,只有彻底、完全、立即废除它才是道德上可接受的。我认为属于这一类的有:工厂化食品工业、将动物用作毛皮,以及为体育运动而猎杀动物。如果我们不能立即废除它们,那么我们至少应当拒绝参与,立即、完全地拒绝。

其他的恶似乎有所不同:一旦人类良知被唤起,我们可以持续地努力改变我们的文化,并最终消除这种恶。在我看来,性别歧视就属于这种情况,它是如此多样、如此深刻地交织在每个社会的日常生活结构中,因而一举废除是不可行的。然而,拒绝参与病态的体制很可能对个人来说很困难,而且很可能适得其反,尽管在女性主义早期,一些分离主义的女性主义者尝试过这条路线。我把对动物的非伤害性宰杀(基于中断论证)放在这个类别中,这些宰杀仍属于我们应该减少的工具性使用和支配。因此我相信,至少对鱼来说,人道养殖是一个很大的进步,虽然这不是最终的目标。毋宁说,就像许多人试图减少自己的碳足迹一样,虽然仍无法达到零碳,但我们可以在生活中逐步减少对这些有害做法的依赖。

我们现在必须把另一个问题摆在桌面上——成本。至少在目前，人道饲养的鱼是相当昂贵的，散养鸡蛋也很贵。因此，我们倡导向这种饮食过渡，却忽视了阶级和经济能力的问题。这种具有道德优越性的选择，以及我所提议的逐步过渡，只有在牺牲贫困家庭的情况下才能实现。（高质量的纯素饮食也有可能存在这个问题，但这要求很复杂的计算。）我们在哲学中经常说"应该"意味着"能够"，也就是说，如果它不可能实现，它就不能成为义务。那么，我们是否可以将我所描述的饮食方式（即使心存不安）推荐为所有人的道德规范呢？这一点并不清楚。然而，如果没有很多人选择这种饮食，它的成本就不会下降。在下一章我们还会遇到这个问题，届时我们将考虑如何解决这个问题，以及其他明显具有悲剧性的困境。

为了更好地深入思考这种道德转变，我们转向悲剧性困境问题。

第 8 章

悲剧性冲突及其超越

　　人类和其他动物经常发生利益冲突。有些冲突是为了争夺土地和资源，例如大象和村民竞相使用同一个空间、同一片树林。许多用来拯救人类和动物生命的医学实验都对动物造成了伤害。在很多例子中，弱势族群声称，他们为了维系作为一个民族的存在方式，需要保留那些对动物造成巨大痛苦的残酷行为。这些冲突很棘手，很难加以思考。至少，有些冲突看上去非常严重。如果我们想捍卫能力论，我们就需要讨论这个问题，因为重视多元能力似乎只会让我们陷入混乱。在本章中我要论证，对悲剧性困境进行反思将有助于我们向前迈进。

　　有两种应对这些悲剧性困境的常见方式，我认为它们是有害的。第一种，我们可以称之为哭哭啼啼的方式：人们扼腕叹息，说我们当前这个世界多么可怕，甚至对于如何可以使事情好转没表现出任何好奇心。第二种方式与此密切相关，我们可以称之为自我憎恨的失败主义：由于人类的恣意妄为，我们才步入今天这个糟糕的境地，我们必须放弃很多野心，并过上一种缩减和节制的生活,除此之外别无选择。(许多希腊悲剧都以这个主题结束。)这两种方式在今天都很常见。通常,"人类世"(the Anthropocene)这个词有两层含义,在描述性意义上它被用来描述这个由人类统治世界的时代,在规范性意义上它被用来指称一种邪恶,并表达出对这种邪恶的强烈负面反应。

二者的错误之处都在于没有前进的动力。我们无法挽回带来糟糕局面的过去,但我们也许能够想出超越它的方式。尽管人类的野心为我们的世界带来了许多问题,但它也可以成为一个改善的来源。

什么是悲剧性困境?

悲剧性困境因其在古希腊悲剧中具有重要地位而得名。一个典型的例子是埃斯库罗斯笔下的国王阿伽门农,众神告诉他,他必须杀死自己的女儿伊菲革涅亚,将其作为祭品献给众神,否则他的整支军队(包括国王和女儿)都将覆灭。他心如刀割,大喊道:"这两种做法不都是恶吗?"重要的是,阿伽门农并不是因为自己的任何不良行为而陷入这个窘境的。[1]

阿伽门农的情况不仅仅是难以做出决定。事实上,正如我所描述的,它可能根本不难,因为第二个选项会导致所有人的死亡。尽管如此,这两个选项都要求他做一些道德上可怕的事情。要么杀死他自己的女儿,他对她负有父亲的责任;要么杀死整支军队,他对他们负有指挥官的责任。(我们假设他没有第三个选项，比如撤退。）因为我们倾向于认为我们应该做的事情总是在我们的能力范围内，"应当意味着能够"，所以这种困境的存在是对我们的能力和控制感的一种侮辱。当这个宇宙带来损害时，就已经很糟糕了，而当它给善意的人们带来道德玷污时，情况就更糟糕了。

生活中充满了大大小小的悲剧性困境。它们是由如下事实造成的：人们有很好的理由珍视多元价值，而超出他们控制的事件使其不可能满足所有人的道德要求。有时，他们是被战争的紧急状况所迫。在内战中，家庭成员往往发现他们处于战线的两边，他们同时负有对自己事业的责任与对自己亲属的责任，从而陷入了悲剧性困境。不足为奇，内战的悲剧性特征一直是许多文化中悲剧文学的核心。

悲剧性困境不仅仅是权衡代价和收益的问题。我们要试图想出该怎么做，就应当一直努力进行这种权衡。但在这些例子中，我们还应当注意到一种特殊类型的代价，它涉及这样一个事实：无论怎么做，你都会违反自己坚守的一个重要规范。[2]

之后应该怎么办？正确的反应似乎包括：承认对自己所采取的行动感到沉重的内疚，然后决心在未来以任何可能的方式赎罪，重新确认自己对危机状况下失去的那种价值的总体承诺。[3] 除此之外，良好的规划也许能防止这种悲剧在未来折磨好人。

在这里，我们来到了哲学家 G. W. F. 黑格尔对悲剧的处理方式，我遵循了他的观点。他认为，两个价值领域之间的悲剧性冲突激发了人们的想象力，促使人们提前思考并改变世界：如果人们能够找到一种方法，从一开始就防止悲剧性抉择的产生，那就更好了。现在，糟糕的抉择摆在我们面前，但下一次，让我们试着想出如何防止它出现。

这并不总是可行的，但根据黑格尔的理解，悲剧激发了道德想象力，使人们设想出一个不会导致主人公陷入如此恐怖的困境的世界，实现他所说的困境的"取消"或"扬弃"（sublation，德语为 Aufhebung）。黑格尔谈到索福克勒斯在《安提戈涅》（Antigone）中的困境，即国家命令安提戈涅违反其神圣的宗教义务。黑格尔说，现代自由国家已经想出办法，既保护公民秩序，又保护人们履行其宗教义务的权利。

这并不像他说的那么容易，但这是一个值得追求的好目标。乔治·华盛顿在 1789 年写信给贵格会信徒，说不要求他们服兵役："我非常明确地向你们保证，在我看来，所有人的良心顾虑都应该得到体贴入微的温柔对待。我的愿景和希望是，法律始终可以尽可能广泛地满足他们，只要从保护国家基本利益的适当考虑看来，这些要求在合理和可允许的范围内。"许多悲剧性困境（尽管不是全部）都被这一观点"扬弃"[1]了，

---

[1] 此处原文为 sublate，也可译为"取消"。但在本书的某些语境中，其含义不单纯是"取消"。例如，在下文谈到人祭传统时，作者提到了黑格尔的戏剧观，指出可以用戏剧中的人祭来代替真实的人祭，从而在保留传统文化的同时，取消野蛮行为。因此，sublate 在某些语境中具有"批判地继承"的意味，符合"扬弃"这个译法。

正是以黑格尔所提出的那种方式。

一旦我们理解了黑格尔的观点，许多日常的悲剧看起来就无法容忍了。忧虑的父母常常在工作场所的职责与照顾孩子的义务之间痛苦挣扎。我们所知道的工作场所，最初是为那些不太照顾孩子的男人设计的。这些工作场所通常缺乏父母所需要的那种灵活性。今天，人们经常努力设想一些能使父母摆脱这些痛苦冲突的时间安排。（经常努力这样做，但还是不够。）例如，他们尽量不要求人们在学校和托儿所关闭的时候在办公室工作。因此，不要默默地忍受内疚的选择，要改变世界。

黑格尔式的改变并不总是可能实现的，但在我们运用政治想象力之前，谁知道我们能做什么？印度喀拉拉邦和泰米尔纳德邦的政府注意到，许多贫穷的父母不让他们的孩子上学，因为只有孩子参加劳动才能维持整个家庭的生存。但是，让孩子辍学就使这些家庭注定只能勉强维持生计，并不能解决他们的问题。邦政府做了两件黑格尔式的事情：第一，在校时间被设定为几种不同的组合，这样家长就可以选择那些允许孩子继续做一些工作的时间安排。第二，更重要的是，政府为所有在校儿童的午餐提供营养补贴。法律规定了卡路里和蛋白质的含量，这足以弥补孩子失去的收入。随后，印度最高法院命令各邦的所有学校提供午餐，并继续执行关于蛋白质水平和卡路里含量的标准。

政府的这些做法与能力论是一致的。第一，他们明确了一个正义的社会必须实现的多元目标——健康和教育。第二，他们看到了，目前的状况导致了两种重要能力之间的悲剧性冲突。他们分析了这两种能力，使人们相信二者都具有真正重要的价值，必须得到尊重。第三，他们没有忽视这两种能力中的一种或降低其优先级，而是想象出一种解决方案，使这两种能力都能达到一个合理的门槛水平。当我们把能力论应用于一个看似悲剧性困境的情况时，必须完成上述这三个步骤。

　　黑格尔式的想象力能帮助我们解决那些危害我们对待其他动物的方式的困境吗？我相信可以，如果我们正视这些困境的道德严重性的话。让我们看看四个存在道德难题的领域：医学实验，肉食，受威胁的传统文化的狩猎行为所导致的问题，以及最后一个更大、更普遍的问题——空间和资源的冲突。在每个问题上，我们都要提出黑格尔式的问题：社会和法律的哪些变化会"扬弃"或取消这种困境，如果它确实是悲剧性困境的话？

医学研究中对动物的使用

　　目前的医学实验具有悲剧性特征。一方面，拯救人类和动物的生命是当务之急，过去利用动物进行的研究对此做出了巨大贡献。另一方面，实验给动物带来了可怕的折磨，并造成了无数的过早死亡。对研究动物的处理方式也非常不敏感于它们的复杂生活形式，被单独关在笼子里是常态。但研究表明，即使大鼠和小鼠也是具有复杂社会性的动物。

很少有动物权利的捍卫者主张突然终止所有使用动物的研究。其中有太多好处,包括对动物本身的。因此,彼得·辛格采取了一种微妙的立场,认为在某些情况下动物实验是可以得到辩护的。[4] 然而,需要问的不仅是实验是否可以在权衡利弊的意义上得到辩护,而且是这些实验是否以及在何时是悲剧性的,是违反道德规范的。如果它们是悲剧性的,这将提醒我们必须尽快采取行动,通过改变我们的做法来"扬弃"这种悲剧。

让我们把这个问题拆解为三个问题。第一个是丧失能力和过早死亡对许多动物造成的伤害,即使这种死亡是无痛的,而且其生前享有繁兴生活。第二个是在研究过程中对动物造成的痛苦,无论是否最终致死。第三个是糟糕的实验室条件使动物处于困乏之中,无论是否致死。所有这三种情况,目前看上去都构成了悲剧性困境:实验者为了不舍弃一种重要的善,而不得不违反一项道德规范。科学家做实验的方式不需要巨大改变,就可以通过一种消除悲剧的方式来解决第二个问题。减轻疼痛现在成了研究指导原则中的规范。第一个和第三个问题则更加难解,有待探索新的研究模式。

让我们来应对第三个问题。考虑一下实验动物通常的生活条件。它们只有一个无遮盖的、单独的笼子,就好像它们只是一些没有复杂生活形式的东西。那些对动物园里许多动物的窘促环境感到愤怒的人,往往没有意识到实验动物通常过着窘促得多的生活。

能力论建议我们尽最大努力去描绘每种生物的整个生活形式，并以合宜的生活为目标，不仅关注快乐和痛苦，还关注运动、刺激和友谊。因此，它设定的目标远远比目前大多数研究的指导原则更加严苛，后者关注的是减轻痛苦。但是，如果人们真的去思考，会发现这些要求应该还算易于满足。所有这一切的前提是，我们所谈论的研究就其内在本质而言，并非必须造成疾病和痛苦。我们可以在善待动物的同时，从它们身上学到很多东西。有些动物根本就不应该被关起来，我将在第10章讨论这个问题。但有时候对某些动物施加限制是伦理上可允许的，这种"限制"环境应该是一个充满了探索、联系、良好营养和自由活动的机会的世界。当然，距离这个目标的实现还很遥远，但能力论至少可以把我们的目光聚焦在一个充实的、有可能实现的目标图景上。

至于实验研究所造成的能力丧失和死亡，监管和法律已经取得了一些进展。英国纳菲尔德生物伦理学委员会（Nuffield Council on Bioethics）于2005年提出3R口号，即减少、优化和替代（reduction, refinement, and replacement），这已经成为所有监管机构的口号：减少伤害，通过优化技术来制造更少的伤害，并尽可能用其他类型的研究替代动物实验。[5] 该委员会制定的指导原则相对较弱，因为其成员之间经常会出现分歧。尽管如此，并不是所有过去的常规做法在今天都被允许。委员会明确表示，研究人员的一个遥远目标是实现一个没有动物实验的世界；同时，它要求对仍在进行的研究进行逐案论证。[6] 委员会还给出一个有用的提示：尽管从所有方面考虑，监管文化是非常可取的，但它会使人们远离道德反思。该报告虽然不是一份可依法执行的文件，但它预示着进步。每个国家下一步都要将这些想法落实在法律上。

然而，整个关于限制和监管的论辩都因自然阶梯思维而存在严重缺陷。因此，即使在最著名伦理学家的著作中，对于何种做法是可允许的这一问题，答案也往往取决于一个生物被认为处于阶梯上多"高"的位置，大鼠、小鼠和鱼完全无法得到与大型脊椎动物的平等对待。尤其可疑的做法是，将大猿类挑出来给予特别保护。[7] 甚至连辩论的设置都是有问题的。因此，纳菲尔德委员会承认了三种立场：

    1. 人类有特殊之处，所有人类在道德上都拥有一些所有动物都缺乏的重要属性。（清晰划界观）

    2. 道德重要性是有等级的，人类处于最高级别，其次是灵长类动物，然后是其他哺乳动物……无脊椎动物和单细胞生物被列在最底层。（道德滑尺观）

    3. 人和非人动物之间不存在绝对区别，他们在道德上是平等的。（道德平等观）

只有选项 1 和 2 明确地以自然阶梯观为基础。但在整个清单中，包括选项 3，都缺少这样一种观念，即每种生物都有一种独特的生活形式，这种生活形式决定了什么能和什么不能造成伤害。当我们询问某个被提出的研究会造成什么伤害时，我们可以而且应当承认物种之间存在重要差异（如第 6 章所建议的，最低门槛是有感受）。但这显然不意味着要把所有生物按等级来排列。

此外，人们越来越意识到，并非所有的人类目的都是重要的。边沁早已强调了这一点（见第 3 章和第 7 章），但我们需要重新审视它。因此，在兔子身上测试化妆品已经受到了严格的审查，目前人们在美妆领域拥有非悲剧性的伦理选择。在毒理学研究中用动物作为研究对象，尽管因为公众对化学风险的焦虑而有所增加，但也受到了越来越多的批评，一些著名的生物伦理学家呼吁完全取消这种做法。

当前的思维还面临一个不同挑战，甚至纳菲尔德委员会努力推动的渐进式改革也面临这样一个挑战：越来越多的证据表明，动物模型不太可靠。这一领域的科学争论已经变得高度政治化，外行人很难知道该相信谁。纳菲尔德委员会对不可靠的说法持谨慎的不可知论态度，可能是因为其成员之间存在分歧。最近，阿伊莎·阿赫塔（Aysha Akhtar）提供了越来越多的科学文献以论证这个问题，她认为我们现在可以肯定，很多基于动物的研究都是不可靠的，因误导治疗和放弃其他可能被证明有优势的治疗，而让人类付出了巨大代价。她的结论是，即使我们只关注人类，动物实验的代价也超过了收益。[8] 在同一期特刊中，安德鲁·罗恩（Andrew Rowan）的结论是，动物实验的预估价值平均只有 50%~60%，但在啮齿动物实验中，这个数字低于 50%，还不如抛硬币准确。[9]

如果这个新的论证思路是正确的，那么利用动物的研究并不构成一个悲剧性困境，因为它没有任何好处。但这种一概而论的结论似乎不太可能是正确的。对于动物实验派不上用场的领域，我们应该放弃它们。该委员会要求以坚实的证据为基础，逐案进行论证，这一立场值得称道。但在另一些领域中，不道德的手段可以为人类和其他动物带来巨大的医疗利益。[10] 在没有替代品的情况下放弃那些可能有用的研究，这本身就会伤害人类和其他动物。至少在这种情形中，我们目前陷入了一个悲剧性困境，如果大家都像我一样相信拯救生命是一个道德律令的话。

然而，在这种情形中，我们可以清楚地看到隧道尽头的黑格尔之光。计算机模拟和其他技术正在迅速发展，这不仅可以减轻伤害，而且有望完全替代对动物的使用，至少在一些我们不允许使用人类进行类似研究的情形中是这样的。即使谨慎的纳菲尔德委员会，也建议尽可能地采用"第三个 R"，即替代。伦理学家走得更远，他们建议对计算机模型进行大规模投资。鉴于动物实验的不可靠性，这些替代方案既有望提高研究质量，也可以避免伦理代价。

应当尽可能缩短过渡期，而在过渡期内，实验动物必须要有合宜的居住条件，其物种所通常拥有的身体、心理和情感需求必须得到关注。必须对施加痛苦严加限制，必须强制要求缓解痛苦。

汤姆·比彻姆（Tom Beauchamp）和戴维·德格拉齐亚（David DeGrazia）在他们 2020 年出版的《动物研究伦理原则》（*Principles of Animal Research Ethics*）[11] 一书中，将所有这些和其他更多内容编入原则，该书将会而且应该很快就会取代 3R 原则，为该领域提供一套标准化指导原则。该书取得了几个明显的进步。首先，比彻姆和德格拉齐亚认为，所有脊椎动物和头足类动物都是有感受的，拥有一种对于世界的视角，因此应当得到严肃的道德考虑。他们完全没有采用自然阶梯排序，尽管他们为避免争议也没有批评它。其次，他们制定了一套原则，这套原则提供的指导比 3R 更明确，也更广泛，实际上采纳了一种旨在保护物种生活形式的能力论。

比彻姆和德格拉齐亚提出了三个基本原则：

1. **避免不必要的伤害原则**。不得伤害动物受试者，除非特定的伤害是科学目的所必需的，并且在道德上可以得到辩护。

2. **基本需求原则**。在进行研究时，必须满足动物受试者的基本需求，除非不满足特定的基本需求是科学目的所必需的，并且在道德上可以得到辩护。

3. **伤害上限原则**。不得使动物受试者长期遭受痛苦。以下极少数特殊情形例外：如果该研究是必要的，并且因具有重要的社会和科学目的，在道德上可以得到辩护。

他们对每项原则都有大量的论述。他们的原则当然比 3R 原则更严格，但仍存在一些明显的缺口，比如他们对于过早死亡的伤害是否可以得到辩护持不可知论，但他们至少承认这种选择具有悲剧性：它是一种伤害。而且，他们承认黑格尔式思路优于一切会造成伤害的方式，坚持认为只要有任何无伤害的选项，那就肯定比任何伤害动物的选项更可取。

特别重要的是他们对基本需求的描述，在很大程度上与能力论的建议相吻合。他们的目录包括以下内容：

  有营养的食物和干净的水；
  安全的住所；
  充分的刺激、锻炼和发挥物种典型机能的机会；
  充分的休息以保持身体和（如果有合适的条件）精神健康；
  兽医护理；
  对于社会性物种来说，能够接触到可相容的同类或社会群体成员；
  免于重大的实验伤害，如疼痛、忧虑和痛苦；
  免于疾病、伤害和残疾；
  在足够的空间中自由行动。[12]

然后他们接着补充说：

以下是否属于基本需求是有争议的：免于过早死亡。

我坚持认为这是一种基本需求（在第 7 章所表述的一些限制下），而且我将删掉"如果有合适的条件"，因为一切有感受的生物都有精神生活，这就是感受的含义。但总体来说，这份清单很好。弗朗斯·德瓦尔对此撰写了评论，他指出，我们从来没有理由将一只猿与猿群分开，即使是短暂的分离。如果实验者需要将某一个体隔离一段时间，可以通过门或入口将这只猿从其群体中召唤出来。[13] 他指出，允许灵长类动物保持其物种典型生活，这会产出更好的科学成果，也更加人道。我们可以把他的观点延伸至一切有感受的动物。

我们还没有触及黑格尔式目标，即一个没有悲剧的世界，这个目标要由我的能力清单为世界上的生物确定的门槛来衡量。设定门槛一直都是个有争议的问题，对此可能会一直存在合理的分歧。而且，即使在达到门槛要求的世界里，也会存在可允许的实验，仍需接受谨慎的监管。因此，比彻姆和德格拉齐亚为我们实现最低限度的正义做出了有价值的贡献。

再谈肉食

现在我们简单地回顾肉食问题。这里是否真的存在悲剧性困境，以及这种困境有多普遍？纯素食主义者会说，大多数人（如果不是所有的人）都能迅速健康地过渡到基于植物的饮食，这个过程不仅对自己无害，反倒有好处。我对此至少提出了一些怀疑，我提到老年人（我们也许要加上儿童）的蛋白质需求，并提到不是每个人的消化系统都能处理大量的大豆、扁豆等。因此，在这种情况下，对这些人来说可能面临一个悲剧性困境，因为我们有责任保持自身健康。对于非精英家庭来说，成本也是一个问题。这些困境在一定程度上可以被第 7 章提到的人道饲养的替代方案缓解（尤其是鱼的无痛死亡，因为鱼没有或很少有在时间上展开的计划和目标）。但难题并没有完全消除。

另一个潜在的问题是，如果每个人都真正过渡到纯素食，那么农作物种植的大规模变化可能会对动物栖息地造成损害。这个问题目前还不清楚，但应该认真研究。

但这里也有一个黑格尔式解决方案——人造肉。在我开始计划写这本书的时候，它几乎不为人知，但现在它是一个大规模增长的产业，用植物成分可以制成许多不同种类的"肉"。这些肉类替代品之所以受欢迎，其原因只有一部分是道德上的，人们还希望通过降低饱和脂肪含量和钠含量来得到健康收益。这门科学仍处于起步阶段，因为有人说代肉食品缺乏各种风味和口感。而且，据我所知，对于我们这些喜欢吃鱼的人来说，还没有人造鱼。然而，这就是未来。我们可以看到未来，并为之努力。就连棒球场都提供素热狗和素汉堡了[14]，"扬弃"的未来就在眼前。实验室培植的肉是来自动物干细胞的"真正"的肉，但生产过程不杀害动物。这种肉已经有了，而且市场上可以买到,至少在新加坡是这样的。而且,对这些发展进行投资看上去是很合理的,现在已经有足够多对动物友好的厨师,我们可以期待这些富有想象力的人们立足当前起点并继续前进。

文化保护?

残酷的做法最近已成为文化/政治上的时髦,其表现形式是为那些长期处于从属地位的原住民争取文化权利。请考虑三个例子。[15]

2009年,南非夸祖鲁-纳塔尔省农业部公开为祖鲁人在一个年度节日上的杀牛行为辩护,认为这是受南非宪法第31条保护的"文化仪式",该条"规定每个人都有践行其宗教、文化和语言的权利"[16]。宰杀公牛的过程缓慢而痛苦,包括"挖出眼睛,拔出舌头和尾巴,把睾丸打成结,把沙子和泥巴塞进其喉咙"[17]。祖鲁人把这种做法作为一种成人礼来加以辩护,认为这是维持其传统的必要方式。

齐佩瓦人猎杀白尾鹿,将其作为维持他们的物质生存和文化完整性的一个必要部分。他们声称,鹿肉不仅可以提供必要的营养,还可以促进社区纽带的形成,并通过与体力较差的本族成员进行仪式性分享,培养所有社区成员的平等尊严感。狩猎本身是由祈祷和规则构成的,这些都是齐佩瓦人信仰体系的核心。[18]

《国际捕鲸管制公约》(The International Convention for the Regulation of Whaling)包含一项"文化豁免":限制鱼叉的规定不适用于在缔约国领土"沿海居住的原住民",条件是他们使用传统渔船,不携带枪支,并且他们捕鲸只是为了供本地使用。最后一条规定经常被忽视,许多鲸鱼肉被用于商业用途,在餐馆和市场被出售,特别是在格陵兰岛(另见第12章)。尽管如此,丹麦仍积极地为这种文化例外辩护,他们公开表示:他们并不关心原住民是否将鲸鱼肉卖给游客,只要捕鲸者愿意,他们甚至可以用球棒打死鲸鱼。[19]

如果人们真的关心对弱势者的保护,使其免受权力滥用的伤害,那么在当今世界上,没有哪个有智能和有感受的群体比非人动物更受支配,更不被尊重了,但它们也有文化。因此,这种为文化辩护的方式似乎很不合理:它非但没有赋予弱势者以权力,反倒进一步剥夺了完全弱势者的权力。

但我还有很多话要说。这种诉诸文化的辩护,在逻辑和定义上面临着两个几乎无法克服的问题。第一个问题我们可以称之为"谁在内、谁在外"的问题。谁是"因纽特人"?所有生活在世界各地的因纽特人吗?或者仅仅是一个特定地理范围内的群体(例如格陵兰岛上的人)?绝非所有因纽特人都从事捕鲸,如果要支持"因纽特文化"需要捕鲸这个说法,就必须回答这个问题。此外,我们必须对"文化"这个概念本身给出定义,因为存在许多相互竞争的定义。[20]

与这个问题相关联的问题是"谁的声音算数"。大多数对文化价值的呼吁都是在关注该群体中有权势的领导者的声音，这些人通常是男性。他们忽略了女性的声音、批评的声音、被疏远的声音，等等。[21] 在这种情况下，年轻的男性猎人的声音被听到了，而其他各种有因纽特人资格的人的声音却没有被听到：女性、那些因为对传统不满而离开的人、那些批评传统的人，等等。文化既不是铁板一块，也不是静止不变的，它们是充满辩论和论争的场所，处于变动之中。[22] 将至高无上的地位授予一个捍卫古老习俗的狭隘的亚群体，拒斥其他不和谐的声音，这就是在做出一个决定。但这个决定的规范性基础会是什么呢？[23]

如果诉诸文化来为原住民捕鲸辩护，就会面临所有这些问题。马修·斯库利在《统治》一书中指出，马卡人受到日本亲捕鲸势力的启发，欣然接受了一个他们已经多年没有继续的传统。人们听到的声音是由这些受日本影响的人发出的。[24] 斯库利承认，阿拉斯加的因纽特猎人更有资格正经地宣称自己是"真正的"原住民捕鲸者。然而，他的研究表明："今天捕鲸的大多数爱斯基摩人并不是在文明的严酷边缘挣扎求生的原始人。他们是年轻人，捕鲸对他们来说是一种激情，据说这是一种文化上自我肯定的行为。他们捕鲸，不是因为他们必须这样做，而是因为他们想这样做。"[25] 斯库利的结论是，这种做法与战利品狩猎并无太大区别，特别是考虑到今天阿拉斯加原住民的生活方式在很大程度上依赖于石油工业。他们所谓的对"习俗"的尊重也是有选择性的，因为把鲸鱼从水中拖走的做法通常与传统相去甚远。[26]

简言之，对文化的呼吁好像展示出一种规范力量，但它们并没有告诉我们这种力量来自何处。各种各样的坏习惯都是非常传统的，例如家庭暴力、种族主义、儿童性虐待，当然还有对动物的折磨。这些做法已经存在了很长时间，这一事实并不能为其提供辩护。[27] 如果传统有一种规范性力量，那么它的辩护者必须更努力地说明这种力量是什么。

这一论证不能如此简单地说：如果文化拒绝了它们曾经持有的某个突出的价值，就会崩溃。即使纳粹主义所包含的价值观很可能曾深深融入了德国的文化传统中，但在彻底拒绝纳粹主义的过程中，一种可以得到承认的德国文化还是保存下来了。所有的文化都已经开始拒绝性别歧视，虽有斗争，但并没有导致彻底的文化崩溃。基督教文化曾经对犹太人、穆斯林和印度教徒怀有深深的敌意；现在，他们的敌意已经大大减少，而且他们为了表示对非基督徒的宗教信仰的尊重，已经重新塑造了自己的文化。虽然德夫林勋爵（Lord Devlin）在 1958 年曾预言，如果法律不禁止同性行为，英国文化将无法保存，但历史表明他错了。[28]

那么，鲸鱼自己的文化又如何呢？尽管原住民文化权利的支持者经常谈到这些族群对自然的尊重，但不可能通过捕鲸来展现对鲸鱼的生命和文化的尊重。安东尼·达马托（Anthony D'Amato）和苏迪尔·乔普拉（Sudhir Chopra）说得很对："没有人问弓头鲸，那些用棍棒和鱼叉攻击它们的团伙是否在表示尊重。"[29]

哲学家布瑞娜·霍兰（Breena Holland）和埃米·林奇（Amy Linch）在最近一篇杰出的文章中指出，将原住民仅仅视为历史的奴隶是对他们的贬低。[30]文化本身就是一个"工具包"[在此他们援引了社会学家安·斯威德勒（Ann Swidler）的研究]，被人们用来继续构建自己的故事。有很多族群在过去曾对动物实施过残忍的行为，但由于伦理上的争论，有些族群已经适应了改变。他们认为，一种更加尊重传统社会的态度，就是期待他们审慎思考并向前行进。事实上，正如哲学家乔纳森·李尔（Jonathan Lear）在《激进的希望》（Radical Hope）中展示的一项激动人心的研究，他研究了克劳人，这一族群即使看上去面临着彻底的文化毁灭，也能够找到完全不可预见的前进道路。[31]因此我的结论是，这里不存在真正的悲剧性困境，因为其中一个目标有可能被重构，从而能够在尊重动物生命的同时尊重文化。

林奇和霍兰似乎对人道宰杀感到满意。但我想更进一步，回到黑格尔的问题和能力论的观点。想象一下，如果文化或民族的毁灭与对动物造成痛苦和伤害之间的悲剧性困境不复存在，那将会是怎样一个世界？在此，作为黑格尔最初灵感来源的希腊戏剧，引导我们找到了答案：对于一种维系族群团结的实践，一个族群可以通过将其戏剧化，并完全移除致命手段来保留其价值。希腊悲剧很可能就是一种文化上的修正，通过这种修正，戏剧替代了人祭。不再有年轻人在祭坛上被宰杀；相反，伊菲革涅亚的牺牲发生在戏剧中，族群通过戏剧回顾自己的历史，同时也庆祝自己的进步，它超越了过去那种对文化传统的理解方式。[32] 同样，体育也可以被视为对致命战斗的戏剧性替代（尽管在橄榄球运动的情形中，人们可能会怀疑是否完全消除了致命的可能性）。

这些群体需要依靠自身来探寻解决方法，但是，鉴于文化旅游的日益普及，不难想象这些群体本身会认识到仪式性戏剧在维系文化方面的潜在作用。切罗基人的历史剧《去往群山》(Unto These Hills)取得了长期成功，自1950年以来一直是北卡罗来纳州的主要文化名胜之一，这展示了祖鲁人、齐佩瓦人和因纽特人可能的未来。[33]

我的结论是，我们不应当容忍把杀害动物作为一种文化表现形式，正如我们现在不容忍把对女性施暴作为一种男子气概的文化表现形式一样。所有群体都有能力改变，而且所有群体都必须改变，这种改变是出于对自身道德能力的尊重，而首先且最重要的是出于对动物的尊重。全人类都负有集体义务，为更好的法律和制度而努力。

空间和资源的冲突

到目前为止，我们的悲剧可以由想象力和努力来克服。人类与动物在空间和资源上的冲突所造成的普遍的悲剧性困境却顽固得多。在非洲，人们为保护大象做出了广泛的努力，但大象的存在往往给村民带来巨大的困难,因为他们需要树木来为自己提供食物,而大象啃食了这些树木的树皮。这种冲突很常见,并涉及许多动物物种。一个物种的复兴和成功通常恰恰是冲突的前奏,例如人类和美洲狮在我们西部各州发生的空间冲突。这是一些非常基础性的冲突:一方面是动物过上其完整生活形式的能力,包括清单上的许多能力;另一方面是贫困的人类对于健康生活能力的需要。

我们需要认真思考这些情况,第一步要清晰地分析冲突。这两个方面是否真的会将人们推到某项真正重要的能力的门槛之下?并非所有的利益都是同等重要的。例如,人类比大多数大型动物更容易适应更小的空间,城市的成功向我们展示了这一点。因此我们不应该认为,当人类被要求为了支持一个动物群体的繁兴而让步时,这必然是悲剧。人类的经济利益本身也不会造成悲剧。因此,当怀俄明州的农场主们努力扑杀野马群,并阻断那些能够增强物种成员健康的繁殖廊道时,其中涉及的经济利益并非维持人类健康和生存所必需的。我们需要对野马在更大的生态系统中所起到的作用有更好的科学认识,从而为各方带来更好的结果。[34]

然而,经常会出现更重要的利益冲突:双方的健康和生存。这在很大程度上取决于数量。对于城市里的郊狼,由于其数量相对较少,而且其对人类和驯养动物的威胁是可控的,因此已经发展出一种"生存与允许生存"(live-and-let-live)模式。[35] 对于更危险的美洲狮,虽然最近有一位勇敢的徒步旅行者为自卫而不得不勒死了那只动物[36]，而且更多类似的情况无疑还会发生，但我们有可能以人道的方式捕捉狮子，并将其运往野生动物康复机构，也可能以后将其放归野外，那只死去的狮子的亲属就得到了这样的对待。[37]

大象本身并不会威胁到人类，但它们需要大量的空间，并且消耗大量的树皮和植物。人类也占用大量的空间，并且对树木和植物有许多迫切需求。这类竞争可以通过建立有明确规则的野生动物保护区来缓解，这通常可以得到生态旅游的慷慨支持。但是，只要动物能自由进入人类居住区，就会出现真正的悲剧性场景。

农村的贫困加剧了这些情况，这使得与大型动物的资源竞争变得更加严重，甚至可能导致人们与偷猎者站在一起，以寻求经济利益。因此，黑格尔式解决思路肯定是复杂的，它必须推动建立明确划定的、安全的野生动物保护区，但也要帮助那些社区充分利用社区土地。[38]加强非洲的法治对结束偷猎也是至关重要的，但同时也要对需求方进行干预。

我们现在必须讨论人口控制。人类数量的增长是导致问题的一个要素，而合理的控制肯定是解决问题的一个要素。如果严格规定生育限额，会导致一些严重的道德弊端，正如阿马蒂亚·森在他影响极大的论文《生育与强迫》（"Fertility and Coercion"）中所论述的。[39]幸运的是，自由与人口控制之间的困境只是表面现象，因为有证据表明，限制人口的最有效方式是让女性接受教育，这种干预方式是在促进自由，而非限制自由。但是，只有当公共卫生和可用的医疗保健条件足够好，使女人和男人有理由相信可以将两个孩子养活到成年时，他们才会选择限制家庭成员的数量。

需要讨论动物的节育吗？许多大型动物，包括大象、犀牛、长颈鹿、老虎和狮子都如此濒危，限制其数量是不合理的，我们需要做的是保护和增加其数量。但在其他的冲突情形中，只要研究工作做得仔细，不对动物造成伤害，就可以谨慎地研究动物节育。就野生动物而言，我们目前对这种做法的潜在危害还不够了解。为野马准备的避孕药似乎会产生有害的副作用，但这并不意味着不应进行更多的研究。和人类避孕药一样，研究应该继续下去，直到发现一个安全的备选措施。

我集中讨论了人与动物冲突的一些特定案例，避开了一个可以说是最大的冲突。在一个有人挨饿、有人因缺医少药而死亡的世界上，我们能有理由花费大量的时间和金钱来照顾其他动物吗？当我在人类发展与能力协会介绍本书的部分内容时，我们协会一些年轻的发展思想家对此感到震惊并提出了这个问题。我的确认为，我们不应该为人类利益赋予任何绝对优先性，正如这些反对者似乎希望我做的那样。我认为，所有生物都应得到平等考虑。但我也认为，这种两难困境是虚假的：目前人类生活所面临的贫困和疾病的威胁，大多源于缺乏高效的政府机构，而非源于地球承载力的"自然"限制。我们能够且应该去设想并努力追求一个多物种的世界，在这个世界里，所有个体都有机会过上繁兴生活。我还认为，我们应该更进一步，将我们对动物生活的伦理契合以及对其复杂性和尊严的惊奇感视为我们自己人性的一部分，没有这些，人类的生活本身会变得窘促。

总之，每当我们觉得为了维护一个健康的人类社群而不得不对动物带来困难时，我们都应该退一步，问问我们是如何陷入这种糟糕处境的，以及我们可以做些什么来创造一个更好的未来世界，使这种严酷的选择不再出现。当我们有工作要做时，就不应自我沉溺于哭泣和悲叹中。这些困境的确难以解决，而且无法保证不会出现一些无法弥补的损失。但让我们看看能做些什么。黑格尔式乐观主义不会满足那些悲观者，他们乐于认为一切都是不可改变的坏事，他们乐于相信人类世是一场大劫难（apocalypse），因为我们罪孽深重、恣意妄为。我就不相信这个。我认为我们能够周全考虑，并创造一个可行的多物种世界。唯一的问题是：我们会这样做吗？

第 9 章

与我们一起生活的动物

在美国,大多数人类家庭里都住着动物同伴,根据最近的一份报告,这个比例是 67%。[1] 人们珍视他们的伴侣狗和猫,并经常与它们有非常强的情感联系(他们与马和其他一些生活在家附近的动物也有这种联系)。亲密(mutuality)和关心的规范标准正在提高。根据最近的调查,与狗或猫一起生活的人中有 89%~99% 认为那只动物是家庭的一个成员。[2]

在古代,人类与生活在他们身边的动物之间真正的互惠和尊重并不罕见。当奥德修斯在离开 20 年后回到伊萨卡岛时,发现他心爱的猎犬阿尔戈斯躺在一个粪堆上,皮毛上长满了虱子,无人理睬。[3] 尽管阿尔戈斯年事已高,被人忽视,但在伊萨卡岛有感受的生物中[包括奥德修斯的妻子珀涅罗珀和他的朋友猪倌欧迈欧斯],他是唯一一个在奥德修斯伪装成乞丐的情况下认出他的。二者之间显然是相互尊重和关心的,阿尔戈斯试图起身靠近奥德修斯,但由于病得太重而起不来,只能摇尾巴。奥德修斯(由于他在伪装,所以不能在公众面前与阿尔戈斯相认)称他是一只"高贵的狗",眼泪夺眶而出。阿尔戈斯显然因为再次见到心爱的人类而感到满足,躺下去,死了。[4]

同一个故事,既向我们展示了人类与动物同伴之间可能存在的那种深刻的忠诚和关心,也展示了人类与动物同伴之间关系的阴暗面:因为忽视和虐待,特别是当一只狗太老而无法发挥工具用途时,就会遭受这种待遇,这也是狗和猫的共同命运,而阿尔戈斯还遭受了求婚者们的屈辱虐待。事实上,奥德修斯知道有些狗一生都受到恶劣的对待,他把阿尔戈斯高贵的外貌(尽管他目前身处悲惨窘境)与其他狗的情况做了对比,那些狗"在桌子旁乞食,主人只是为了炫耀而饲养它们"。[5]

在古希腊世界,狗通常与人类一起工作,得到大量锻炼,并通常因为有活力而受到尊重。人类和狗是有共同目标的伙伴,像奥德修斯和阿尔戈斯之间那种相互尊重的共生关系一直都存在。在牛津郊外的斯提普尔阿斯顿,有一个叫鲁沙姆宫的乡村庄园,游客在那里可以看到林格伍德的坟墓,林格伍德是一只"非凡睿智的奥达猎犬",其墓志铭的作者是诗人亚历山大·蒲柏,他是庄园的访客,同时还是一位著名的爱狗人士。[他写了很多作品来赞美自己最心爱的伙伴,一只名叫蹦蹦的大丹犬。]然而在今天,随着狗做的工作越来越少,而且通常生活在更狭小的环境中,这种关系已经被贬低,正如"宠物"这个词所表明的,许多狗被当作玩具和装饰品。人们注意到最近有了更多尊重和关心,但这是相对于之前的贬低背景来说的。然而,狗和猫太经常地被视为财产,它们被人类占有,因而生活在人类的容许之下。其本身不被视为目的,而是作为附属品:有时用于提供保护,有时用于情感支持,有时作为可爱的玩具来玩,有时作为彰显人类地位的名贵战利品装饰。

今天,许多人反对这种态度,他们认为狗和猫不是财产,而是同伴,是家庭成员,正如其他成员一样宝贵。他们要求让自己的动物同伴得到更多的通行空间,去公园,进酒店,上飞机。这种转变是曲折的、不稳定的,而且它与大量的虐待和疏失行为并存。很多时候,那些想带猫和狗上飞机的人们也会忽视它们,他们为其提供的锻炼不足,在学习社会限制方面为其提供的支持是不稳定或不足的。他们不再将这些动物视为财产,但他们也没有充分尊重和照顾它们。而且,这些人常常从幼犬繁殖厂买狗,这些繁殖厂以虐待和忽视的方式饲养它们,使它们感染许多疾病。即使一个人类家庭以某种方式获得了一只健康的动物,其人类成员选择这只动物也往往是因为喜欢它的外貌,或者他们在一部电影中看到过它,而他们对这种类型的动物在锻炼和陪伴方面的具体需求一无所知。因此,最初健康的动物往往会变得焦躁和反社会,就像一个被忽视的孩子。简言之,许多自认为爱动物同伴的人往往就是虐待它们的人。[6]

我们与伴侣动物的关系的改善仍然是不足的,顶多是一项正在向前推进的工作,如果换作对人类儿童这样,那么这种关系在许多情形中都会被视为道德上罪恶的,而且是法律上可被起诉的。

本章将探讨，能力论会如何看待我们对与我们一起生活的动物的道德/政治义务，以及我们如何能在与它们之间的伙伴关系中，最好地促进它们的能力。我将主要关注狗和猫，但后面也会把分析扩展至马和其他伴侣动物或工作动物。在这个过程中，我将探讨并在相当程度上同意将伴侣动物视为同胞公民的观点，这是哲学家休·唐纳森（Sue Donaldson）和威尔·金里卡（Will Kymlicka）最近合著的一本重要著作《动物社群》（Zoopolis）中提出的观点。[7] 在第 5 章中，我已经声称能力论将动物视为积极公民。在本章中，我们将首先考察这在实践中意味着什么。

共生繁兴

能力论要求我们尊重一种动物的典型生活形式。尽管每一个有感受的动物个体都将被视为目的，但制定对待物种成员的政治原则的一个好方法是首先考虑物种生活形式，包括该物种内部通常会有多大的个体差异。而且，尽管我们完全可以承认，大象甚至鲸鱼在某些情况下可能会与其他物种的成员（包括人类）发展出重要的关系，但这里有一个要点是，一头大象或鲸鱼要顺利地按大象或鲸鱼的生活方式繁兴。我并不认为这种看法意味着"野外"是一个有利于野生动物繁兴的地方，正如我在下一章要论证的那样。我也不相信，在一个我们普遍支配一切的世界里，我们对野生动物的正确行为方式是放手不干预它们，这甚至是无法想象的。然而，我们至少可以想象在没有人类的情形中大象的生活形式是怎样的，可以想象这种生活会很不错。

对于伴侣动物，情况则有所不同。几千年来，人类培育这些动物是为了供人类所用。它们已经产生了温顺和机敏等心理特征，甚至还产生了"幼态持续"（保留了幼年特征，比如成年动物保留了幼年的大头和大圆眼）等生理特征，这使它们看起来对人类有吸引力，而没有威胁性。最重要的是，它们已经产生了脆弱性和依赖性。

这还意味着两件事。首先，如果不把它们与人类的关系放在核心位置，我们就无法描述它们的物种生活形式。其次，这种共生关系是不对称的。我们有可能遇到与其他动物没有深厚关系的人类，事实上，我们一直都会遇到这样的人类。我的能力清单中提到，与其他动物建立有益关系的机会是一种有价值的人类能力，但不是每个人都想使用它。

相比之下，对于伴侣动物来说，它们只能与人类保持不对称的依赖关系，否则它们不可能真正地繁兴。野狗和野猫的状况不佳，很快就会死亡。如果演化出一个可以分开生活的品系，就像野马那样，那就是一个本质上不同的物种，而这个过程需要漫长的演化时间。驯养的狗和猫（而不是一些新的犬科或猫科的品系）要过上繁兴生活，就得与我们处于一种不对称的依赖关系。

有时家养动物被比作奴隶。这种类比误解了我们历史上所作所为的深刻影响,也以某种方式误解了其不公正性。奴隶们曾受到压迫,但他们完全有能力拥有自由和自我主导,而且当他们得到自由时,会很乐意抓住它。奴隶制导致的伤害是深刻的,但它是可逆的。奴隶的孩子在生物学上没有被打上奴隶身份烙印(尽管奴隶制的社会危害还在持续,尚未消除)。但是,如果我们为所有的狗、猫和非野生的马签署《解放宣言》,那不会给这些生物或它们的后代带来幸福。恰恰相反,那将意味着痛苦和死亡。人类创造了像亚里士多德假设的"天生的奴隶"这样的生物,它们的生物禀性本身就注定了要处于一种不对称的共生关系中。

废除主义?

我们讨论的道德问题可以追溯至遥远的史前时代,人类(无疑是通过数千年的试错)从野生犬科培育出家犬,从野生猫科培育出家猫。有人甚至可以从中看到一些好处,认为家养的物种比它们的野生祖先受到了更多的保护,可以免受自然的危害。然而,非常确定的是,那些远古人类的目的不是为了保护,而是为了使用。对于人类的各种目的,包括狩猎、放牧和陪伴来说,野生犬科并不可靠,直到今天它们仍然是不可靠的。虽然我曾说过,在放牧和狩猎中出现的一些关系是互惠的和有感情的,但那些最终培养出一只阿尔戈斯的原始人类并不是为了尊重或爱,他们希望工作能够可靠地完成,而且要由一只没有威胁的动物来完成。所以，驯养不同于奴隶制，前者是通过培育来故意创造一个"天生奴隶"的种族，它们只能在一种不对称的依赖关系中生活和繁兴。

我们应该如何看待那段不光彩的历史？我们当然应该认为，脆弱性和依赖性虽然是不对称的，但其本身并非坏事。人类生命周期的各个阶段，包括童年、老年和暂时的残疾，都涉及不对称的脆弱性和依赖性，这并不是什么卑下或无尊严的事情。许多与我们一起生活的人类一生都处于不对称的依赖状态，比如患有严重的遗传性障碍者，特别是有认知障碍者。我们爱这些人，或说应该爱他们。我们珍视他们本来的样子，并帮助他们以自己的方式繁兴，而且不认为这样做是什么道德错误。事实上，至少在今天，我们认为不这样做才是犯下了严重错误。[8]

然而，伴侣动物的情况不同。残障者并不是故意被培育成具有不对称依赖性的。他们是基因博彩的意外，尽管今天人们倾向于使这种妊娠足月分娩，并帮助出生的孩子茁壮成长，而不是打掉胎儿，但这样的孩子并不是被有意创造出来的。甚至那些为唐氏综合征患者或其他遗传性残障者倡导权益的人们也会认为，鉴于唐氏综合征患者面临的医疗问题和社会困难，故意安排其出生是不道德的，即使这样做是为了给自己家一个已经患有唐氏综合征的孩子一个同伴。

再想象一下，为了拥有索求甚少且顺从的家庭帮手，故意培育出一整个的人类亚种，他们都有认知障碍，而且基因上与其他人类不同，这在道德上多么可憎。也许真的有人会产生这个丑恶的想法，如果不是考虑到大多数有认知障碍的成年人身体不够强健，还存在其他一些会导致这个可怕的实验失败的身体问题；或者像那些有孤独症谱系障碍的人类那样，他们可能身体强健，但并不顺从听话。

我们会看到，当有道德的人看到那种实验的恶果时，会呼吁停止蓄意培育那种类型的人类。在我的思想实验中，那是不难实现的，那种顺从型人类一直没有形成独立物种，但是可以在每一个体的病例中对其进行特别培育，例如通过植入含有相关基因的卵子，等等。

有些动物权利倡导者自称为"废除主义者"（abolitionist），他们在家养猫狗问题上恰恰持有这种主张。这一运动的领导者是加里·弗兰西恩（Gary Francione），他写道，我们人类对这些曾经野生的动物犯下了极其严重的错误，消除这一错误的唯一方法就是系统地禁止繁殖，直到它们最终消失。[9]

人们可以看到这种说法的吸引力。但也有一些问题。第一，就像其他一些关于对过去罪恶进行补偿的论点一样，它无法确定究竟谁应当接受问责并负有罪责。一种思考补偿的最佳方式，就是将其视为一种象征性的道歉声明，但即便如此，也存在一种令人抓狂的不确定性：究竟谁在代表谁道歉，基于何种依据？而且，这不过是一种无用的哀怨而已，我们需要的是采取大胆的前瞻性措施来改善现存动物的生活。今天那些非常喜爱猫和狗的人，或者即使不喜爱也会予以尊重的人，为什么要为远古时期创造它们的人类赎罪呢？那些人类距离我们太过遥远，以至于超出了我们的想象。

第二，废除主义者声称尊重动物，但弗兰西恩的建议会强行对那些动物造成巨大伤害。我们不能通过用一根魔杖许愿来让一个物种消失。正如我在第5章所说的，灭绝总是以伤害现有物种成员的方式发生的：在弗兰西恩的例子中，则是通过一场全世界范围的、大规模的非自愿绝育运动，这将要求某个集权部门围捕所有现存的狗和猫，把它们从家里带走，并对其进行绝育。就像在印度的"紧急状态"[1]下，桑贾伊·甘地（Sanjay Gandhi）曾安排对低等种姓成员进行围捕并强制绝育，以应对急速增长的人口。即使像我们这些不认为动物是财产的人，也可能开始重视财产权，将其用作抵御社会活动家的大军入侵的壁垒。这些社会活动家既不关心动物本身的愿望，也不关心与动物密切生活在一起的人们的愿望。对狗和猫来说，大规模的强制绝育也不是没有痛苦的。绝育是可接受的，甚至在许多情况下是可取的，我将在后面论证这一点。但弗兰西恩的绝育会毁掉现存的关系。我所赞同的绝育手术有两种，一种是由人类同伴实施的，这是为了防止家养动物生下无法找到好家庭的幼崽；另一种是对流浪动物实施的，这是为了防止随后降

---

[1] 指印度从1975年到1977年的一段特殊时期。时任总理英迪拉·甘地（Indira Gandhi）以印度面临威胁为由，宣布全国进入紧急状态，镇压骚乱，肃清政敌。在此期间，她的儿子桑贾伊·甘地发起过一场强制绝育运动。

生的流浪动物遭受大规模的饥饿和痛苦。

废除主义还有一个更有说服力的论证，该论证并非主张消除过去的错误，而是认为人类和伴侣动物之间的共生关系是一种持续的不正义。但该论证不会成功，除非它首先回答一个关于繁兴的问题：狗和猫能否在与人类的共生关系中过上繁兴生活？

故意造成一个物种灭绝的唯一可能成立的理由是，该物种的个体成员无法拥有值得过的生活。但是，假设人类以正当的方式对待狗和猫，它们就可以拥有繁兴和健康的生活。这是一个很大的假设，后面再对此详细说明，但这确实是可以做到的。如果是为了共同生活而饲养，那么它们会被饲养得很强健，除非发生我在后面提及的情况。它们也不会像有严重残障的儿童那样，在自己的物种群体中受到歧视。它们可以有多种友谊：与同物种其他成员的，与其他物种动物的，以及与共同生活的人类的。它们有不对称的依赖性，但通常不是那种伴随着孤独和疾病的痛苦的依赖性。

如果能回到人类史前时代，我们就不应该驯化动物，这也许是真的。这还不确定，因为我们对驯化的史前史还了解得不够。但是，对遥远的过去感到愧疚并不能为当下提供一个有用的政策。狗和猫就存在于当下。它们可以过上繁兴和快乐的生活，尽管是一种具有不对称依赖性的共生生活。但我们为什么要认为这很糟糕呢？依赖可以是有尊严的。我们不应该像弗兰西恩那样，为过去而懊恼并试图取消过去，而是应该正视当下，正视这些共生物种的存在，并共同创造一个未来。现在让我们讨论一下这个未来应符合哪些条件。

但首先要指出的是，我相信在狗和猫的生活中，有一种做法是需要废除的。正如擅长研究兽医伦理学的哲学家伯纳德·罗林（Bernard Rollin）所指出的，最受欢迎的犬种往往是遭受遗传病最严重的。按照严格的品种标准培育出来的狗，遭受着所有近亲繁殖种群的命运：它们是不健康的。拉布拉多猎犬是当今美国最受欢迎的犬种，面临着患有60多种遗传病的风险。其他受欢迎的品种也一样，如德国牧羊犬、英国和法国斗牛犬、哈巴狗，等等。美国养犬俱乐部（American Kennel Club）的标准规定了近亲繁殖，但这是糟糕的兽医学。而且，这对以如此方式繁殖出来的动物个体来说是有害的。

正如罗林所说，如果人类像那样繁殖他们的孩子，选择在审美上让自己满意的特征，但同时使孩子承担风险，使其很可能过上痛苦的生活，这种做法是恐怖的。我喜欢全美狗展（the National Dog Show），并对舞台上的犬类之美感到惊叹。但是，废除审美性近亲繁殖的时候到了。它是不人道的。这种繁殖是为了满足人类虚荣心，而且往往是为了繁殖者的利益，而不是为了相互尊重的共生。

培育狗是有一些正当理由的。一个理由是为了工作，某些品种可以完成其他品种无法完成的任务（如牧羊、导盲）。因此，我将为人道条件下的动物工作辩护，我们有理由容忍某种类型的育种，但如果一个现存的品种有遗传缺陷，那就不应按照美国养犬俱乐部提出的那些严苛审美标准进行繁殖。有些杂交可以保留一个品种的有用特征。另一个是，不同的狗有不同体形和运动要求，人们在为其提供家庭的能力上存在差异。在我的城市，目前的制度只允许宠物店合法地获得来自救助或收容所的狗，这很好地应对了幼犬繁殖厂的恐怖行为（见第12章），但这种人道的做法与那些合法繁殖者的合法性是相容的，根据我的设想，繁殖者可以繁育出适应不同生活方式和居住条件的动物，但不应按照美国养犬俱乐部的标准进行过分的育种。简言之，要想让狗有良好生活，就得废除目前存在的大多数育种方式，但允许为了使狗适应不同的情况和环境而育种。这样的话，当一个人在选择伴侣狗时，就可以大概知道它将来会长到多大体形，需要多少运动量，以及是否适合做孩子的同伴，等等。

一刀切地禁止美国养犬俱乐部的育种行为具有太大的侵犯性。但是，我们可以一方面采取支持领养的政策，另一方面在道德上坚决反对通过过分的近亲交配来培育"纯种"，双管齐下，应该就能很快奏效。人们如今更喜欢健康的混血，而不是几乎无法呼吸的英国斗牛犬。

这种废除对动物没有任何伤害，恰恰可以避免伤害。而且，这很容易在我们的能力范围之内做到，不像要求回到猫和狗不存在的史前时代那样不切实际。

从财产到公民身份

在人类与伴侣动物关系的整个历史中,它们一直被视为财产。它们被买卖,它们被认为完全处于"主人"的控制之下。女性和奴隶也曾被视为财产。奴隶曾一直被买卖。女性在很多社会中也确实是被买卖的,尽管另一些社会采用更委婉的形式:女性在求爱期后被"丈夫遮护"(coverture),即完全剥夺一个女性在婚后的法律权利。对于奴隶来说,财产地位意味着没有真正的法律保护,甚至不能防止谋杀。女性的情况稍好一些,谋杀妻子通常是一种犯罪,尽管强奸和殴打妻子曾被视为正常行使主人的特权。

与此类似,狗和猫曾被视为可供买卖的物品,而且今天在某种程度上依然如此。法律保护它们免受一些虐待,却没有保护它们免受其他更多虐待。今天,虽然"伴侣动物"这个词已经变得更加流行,但"主人"这个词仍然存在,而且在大多数地方,狗和猫仍然被合法地买卖,尽管越来越多的人是从收容所领养。

财产地位意味着仅仅被当作主人利益的对象。财产不是目的,它们是实现别人目的的手段。康德观点中最重要的真理是,只要一个存在者仍被视为财产,就不可能作为目的而获得尊重。[10]

对于奴隶和女性来说,纠正方式是解放,即得到完全的成年人自主权。出于我已经探讨过的原因,这种纠正方式并不完全适合于狗和猫,它们需要人类的伙伴关系和不对称的照顾。但我们现在需要考虑另外两个类比:儿童和有严重残障的成年人。儿童也曾被视为财产,可以被父母用作苦力,而且没有法律阻止父母对他们进行身体虐待或性虐待。残障者也曾缺乏保护,他们会得到好心对待还是残酷对待,取决于运气。相比之下,如今儿童和残障者被视为拥有自己权利的公民,他们本身就是目的,尽管他们需要通过与临时或永久的人类协作者相伴才能行使他们的权利,而且协作者作为法定监护人具有某种替他们做选择的决定权。[11] 那么,如果以我们现在(应该)对待儿童和有认知障碍的成年人的方式来对待狗和猫,会怎样呢?

这意味着,它们首先应当被当作目的而不是手段,而且政策和法律都应该承认其利益,防止其遭受虐待和忽视。虽然人类同伴身份是一种法律地位(通常是通过收养而获得),赋予人类同伴某些权利,但它也赋予人类许多义务,如果不履行这些义务,这种地位是可撤销的。就像儿童可以从对其予以虐待或忽视的家庭中被带走,并被其他家庭收养一样,狗和猫也一样。作为一名教职员工,我最近被要求完成一个关于如何识别对儿童的虐待和忽视的在线培训,我对这样一个事实印象深刻,那些被描述为"加以关注"和/或"可报告"的情况,实际上是很大一部分狗和猫的普遍遭遇。例如,被单独留下,在几个小时内没有陪伴,被给予太少或不充足的食物和水,没有被给予足够的新鲜空气和锻炼的机会。但在动物的情形中,法律只干预极端的虐待。

这个类比还意味着，伴侣动物是平等的公民，在做出公共决策时应考虑其利益。它们的声音应该被听到。儿童的情况不一样，因为他们通常不被赋予投票权，理由是他们还不成熟，但日后会被赋予这种权利。因此，让我们考虑有严重认知障碍的成年人。这些人有充分的法律权利，包括投票权，尽管他们需要依靠协作者来行使其中的许多权利。如果他们的权利受到侵犯，协作者可以代表他们上法庭。

相比之下，伴侣动物目前在美国没有任何法律地位，也就是说，它们不能作为诉讼的原告通过一位代言人出庭。因此，在制定政策时，它们的声音很少被听到。我将在第12章对这种法律现状进行质疑。将伴侣动物视为同胞公民意味着什么？休·唐纳森和威尔·金里卡提出了这个很好的建议，但我们需要详细说明它的含义。有许多关于公民身份及其权利和义务的理论。唐纳森和金里卡提出了有价值的想法，特别是他们从残障者权利中推导出的提议，他们认为公民可以依赖那些试图理解其偏好的协作者来行使政治能动性。但我想首先讨论一下公民权的含义，用能力论对其加以阐述。

根据能力论，伴侣动物的公民身份首先意味着，这些动物是目的，公共政策应当促进其物种的典型能力，使其达到一个合适的门槛，这要由某种基础性法律来规定。

而且，公民身份还意味着，伴侣动物应该对那些影响其生活的政策有决定性影响，这是"实践理性"能力在政治背景下的含义。这是一种政治能动性,无论它是否以传统的民主行动的形式来行使。对于动物来说,这种能力可能会以何种形式来实现?

当我的朋友卡斯·桑斯坦(Cass Sunstein)任职奥巴马政府的信息和规制事务办公室负责人时,他的政治对手阅读了他的文章,包括他的杰出文章《动物的地位》("Standing for Animals")[1],该文记述了动物缺乏法律地位所导致的荒唐结果,并主张改革。[12]保守派网红格伦·贝克(Glenn Beck)频繁撰文,称桑斯坦是"美国最危险的人"[13],因为"他认为你的狗应当拥有起诉你的能力"[14]。在这个日益简单化的时代,充斥着这样一些互联网阴谋论。不过,这个说法倒是不假。

没错,确实如此。我和桑斯坦一样(我将在第12章阐述),都认为狗应当有起诉的能力(例如,通过起诉来要求强制执行那些未充分执行的反虐待法律),并通过人类代表来行使一名公民所拥有的任何一项基本法律权利。当然,这将由一名人类协作者来完成,就像有严重残障的人在法庭上由一名协作者来代表一样。因此,这个建议并不荒诞,正如一个患有精神障碍的老人也应当能够因为缺失护理而起诉养老院,这也要由一名人类协作者来代表。(而且,我们不要忘记,你和我要想保护自己的合法权利,也需要聘请律师来起诉。)但是投票呢?我相信贝克会把动物投票的想法视作比动物起诉更可怕的

---

1 这个标题具有双关的含义,也可译为"为动物代言"。

噩梦。想象一下，在一个投票场所，一群狗和猫聚集在一起登记它们所偏好的候选人，身边是经常对其疏于照顾的主人，于是这些缺乏训练的动物会吠叫撕咬，造成混乱。那将是贝克的噩梦。

但是，这种认为每只动物都要去投票站为候选人投票的想法，完全是以错误的方式来设想猫和狗的代表权。我的基本想法与唐纳森和金里卡类似，就是通过恰当地利用同伴关系、协作和代表，将它们在日常生活中表达的偏好和要求转化为政策。一个想法是在每个城市和州设立"家养动物福利办公室"，该办公室的人类成员负责系统地检查猫和狗的福利，并通过各种政策促进其福利（即那些能力），这或多或少类似于儿童福利部门在一个运转良好的城市或州的运作方式。这将需要大量的学习，包括观察许多不同类型的狗和猫如何生活，如何与其人类同伴对话，以及直接观察动物本身发出的关于其福利的信号。正如通过真正关注残障者的能力，会发现他们因缺乏进入建筑物和公共交通的无障碍通道而受到巨大阻碍，因此建筑物和公交车要被重新设计，以更好地促进能力。同样，对伴侣动物的偏好给予恰当的关注，可以产生出保护其能力的政策，必要时要由联邦法律来推动，这在残障者的情形中是至关重要的。然后，要求城镇和城市为伴侣动物提供合适的空间，提高它们自由活动和锻炼的能力，就像目前要求公交车有轮椅通道，建筑物有坡道一样。

我们将在下一节看到，公民权的想法将对人类同伴施加更多具体义务，以促进与他们一起生活的动物的能力。而且，由于公民身份具有相互性，所以它也会对动物施加义务：不咬人或其他动物，不在不合适的地方大小便，不在机场惹麻烦。如果动物因违规而被传讯，它们的人类同伴必须承担费用，但传讯动物似乎是正确的，因为追究责任表现了一种尊重。培育过程导致动物被驯化，这意味着，只要有适当的教育，家养动物通常能可靠地履行这些义务，而我们不能期望老虎，甚至不能期望黑猩猩遵守类似的义务。这就是为什么这些动物不应当作为伴侣动物来饲养。

显然，这些义务必须由人类同伴和动物来共同履行。当动物的学习能力得到足够的尊重，而它们的同伴又足够关心它们，花时间与它们相处时，受到良好照顾的动物就能学会不惹麻烦。而当城市和城镇为动物提供运动空间时，它们就更有可能在更受限的空间内举止良好。

人类也必须做出妥协，比如不要期望狗完全不叫。他们应该学习了解狗的肢体语言，读懂狗不喜欢某种行为的迹象，学会不要去突然拥抱狗，或直接把手放在狗的脸上。如果互动不顺利，不能总是责怪狗！

一般的和特殊的义务

所有人类都有保障和保护动物能力的集体义务。正如下一章要论证的，这对于野生动物和伴侣动物是一样的。但伴侣动物的情况要更直接一些，因为它们固定地居住在现有的城市和国家中，而这些地方的机构最终应该负责制定和执行那些保护其福利的法律。因此，在一个特定地区的所有人都有责任支持那些充分保护家养动物能力的政策和法律，无论他们是否有一起生活的动物同伴。

然而，对于选择将伴侣动物带入自己家中的人来说，还有一些特殊义务。正如基斯·伯吉斯-杰克逊（Keith Burgess-Jackson）在一篇精彩的文章中所说的，这一决定类似于生孩子的决定：它涉及（或要求）对一个与你共同生活的脆弱生命的福利负责。[15]生孩子的父母要对孩子的营养和医疗保健负责，要防止其遭受残忍虐待，要确保其拥有学习和感官刺激的机会，拥有锻炼和游戏的机会，而且最重要的是，拥有庇护之爱。领养一只伴侣狗或猫的决定也是如此。然而，令人震惊的是，这个决定往往是那么随意做出的，收容所里和街上有那么多狗和猫，这表明人们往往对待动物是一时兴起，觉得如果搬家或只是不想再照顾动物，那么抛弃它是完全没问题的。（在新冠肺炎之后社会重新开放时，这种情况经常发生，令人发指。）如此对待人类儿童的父母会被指控犯罪。而且，即使人们自认为爱自己的动物同伴，他们也常常对这种特殊责任的含义非常无知。许多动物都营养不良。许多（如果不是大多数）狗都缺乏运动。许多人类同伴都认为，动物同伴是任由他们安排的，这意味着当他们喜欢玩的时候跟动物玩就很有趣，但当他们太忙或不想玩的时候就可以置之不理。（许多人认为，拥有一只"宠物"正是意味着拥有一个活玩偶。）猫在被忽视的时候往往表现得还可以，但狗需要互动和感情，而它们得到的往往不够。人们对自己要领养的特定种类的狗或猫的研究也太少了，他们选择看上去很好或很受欢迎的种类，而不考虑自己的生活方式是否符合动物的需要。有些种类的狗永远都不应被养在一间狭小的城市公寓里，如果它们一天中大部分时间都被关在家里，会变得烦躁不安，甚至产生攻击性。另一些狗则适应性更强。但所有的狗都需要锻炼，需要感官刺激，需要大量的爱和感情。

最后，由于我们谈论的是一个多物种社会，所以狗像孩子一样，需要接受教育并成为好公民，而这也是人类同伴的特殊责任。对狗来说，卫生并不难，但它们确实需要接受家居训练。它们还需要学会不去咬人或扑向陌生人。猫应该学会不追赶当地的鸟类，或者如果它们学不会，就应该阻止它们这样做。亲社会行为可以而且应当通过积极的强化措施，予以温和教导，就像对待孩子一样。一个没有接受过如厕训练、没有被教会洗漱或不咬人的孩子，就是受到了一种可以被定罪的忽视，我认为狗也一样。对一只动物的监护是一种特权，在严重或反复对其忽视的情况下，这种特权就应当被撤销。这两套责任是相辅相成的。这些特殊的伦理责任需要由制度和法律来执行，否则它们就不能真正保护动物。这就是集体责任发挥作用的地方。

我们在后面会看到，伴侣动物和野生动物之间的主要区别在于，对后者来说，特殊的责任归属于那些肩负机构职责的人（例如野生动物保护区的官员），他们被官方赋予这种责任，成为其工作的一部分。人们不应当将一只野生动物收养在自己家中。

提升共生能力

现在，我们考虑一下能力清单中那些大条目，问问我们应该为生活在人类家庭中的动物提供哪些能力保障。谨记，这些动物的所有能力在某种意义上都是共生性的。

生命与健康

如今，大多数司法管辖区都为伴侣动物提供某些保护。它们被要求接种预防狂犬病和其他一些疾病的疫苗。人们越来越被要求用领养替代从幼犬繁殖厂购买，从而避免了许多其他疾病。严重忽视动物可能会收到虐待动物的传票。但这些保护措施很薄弱，也不完善。有时收容所会对领养者提出额外的要求。但是，仍然没有强制要求为动物提供定期兽医护理、定期锻炼或高质量的营养。我们只需考虑一下儿童和伴侣动物之间的区别，就会发现还有很多事情是可以去做的，而且我认为是应当去做的。如今，儿童受到了各种公职人员的关护。

我在前面曾提到，以我所在的大学为例，所有教师和行政人员都有义务报告儿童受到的虐待和忽视，这只是因为我们学校有一些涉及 18 岁以下年轻人的项目。对于哪些疏失行为是必须报告的，这有详细的规定。因此，如果我看到一个孩子穿戴整齐且显然营养良好，却在早上校门打开之前就被丢在学校门口，那么我就必须报告其家长的疏失行为，因为学校门口被认为是一个不安全的地方。

对伴侣动物来说，情况就不一样了。缺乏刷洗，明显缺乏足够营养，以及缺乏定期锻炼，诸如此类问题压根儿不会被人们注意到，即使注意到了也不会去报告，或者不知道该向谁报告。只有在非常极端的情况下，邻居们注意到有习惯性的忽视时，才会去报告。我认为，伴侣动物和儿童应该得到相似的对待：应该有一个监督动物福利的办公室接受这些投诉，而邻居们应该接受培训，履行他们作为义务报告人的职责。不幸的是，无论对儿童还是对动物来说，这都是不够的：比方说，没有人知道家里的营养状况是好是坏。孩子们至少可以在学校吃到营养丰富的午餐，但狗和猫可能一直在吃非常劣质的食物。在这个问题上，面向公众的信息传播和劝说是我们的最佳盟友。但是，由于真正营养丰富的狗粮是昂贵的，所以公共项目应该帮助那些不富裕的家庭。

至于兽医护理，一个可悲的事实是，美国有数以百万计的儿童缺乏健康保险，因此，我们就不必惊讶于数目翻倍的伴侣动物也缺乏保险。在没有保险的情况下，医疗护理往往是不充分的。富裕家庭为他们的孩子购买医疗护理，或通过就业来投保。而且，富裕家庭往往为他们的动物同伴购买私人医疗保险，这种保险既相对便宜又很好。因此，问题是如何确保不富裕家庭的伴侣动物和富裕家庭中被忽视的伴侣动物得到所需的医疗。我赞成在人们从收容所领养动物时，要求他们为动物参保，就像要求拥有一辆汽车的人必须购买汽车保险一样。由于目前动物保险的费用并不高，这样的要求不会大大减少收养的数量。这将使动物在美国的处境暂时好过儿童，因为美国人很厌恶以医疗保险为条件限制任何人的生育自由，而一旦孩子来到这个世界上，就无法得到全面的医保补贴。这个问题涉及一种严重的不正义，也亟待解决。而且，这两个问题都必须通过一种公共安排来解决，从而使不富裕的家庭能够负担得起保险。

人们有时会说，当有那么多贫困的人类在受苦时，为伴侣动物提供昂贵的医疗护理是不道德的。这是一个非常令人迷惑的反对意见。这就好比说，人们不应该照顾自己孩子的医疗需求，仅仅因为不是所有的孩子都有健康保险。反对者混淆了特殊责任和一般责任。一旦领养了一只伴侣动物（类似于决定要一个孩子），成年人类就有特殊的责任为该动物提供充分的医疗护理支持。但我们也都负有一般责任，使不富裕的人可以负担得起他们的特殊责任，并在人们忽视责任时强制执行这些责任。

人们经常对不同的家庭成员给予缺乏理由的区别对待，比如为年迈的亲属提供广泛和积极的癌症治疗，而当狗患了癌症时，却选择对狗实施安乐死。这种不对称，在我看来是完全不道德的，是"宠物"心态的残余。这些生物不过是可有可无的玩偶，当事情变得棘手时，我们可以将其处理掉。负责任的同伴不会这样做。在狗和猫的生活中确实有允许安乐死的情形，我相信在人类生活中也有允许医生协助自杀的类似情形，但读者可能会怀疑后者，而同意我对前者的看法。这种情形是：动物发出信号，表示生活不再值得活下去，无论由于无法忍受的痛苦，还是由于羞耻感和落魄感。我认识一只很棒的德国牧羊犬，名字叫拜尔，他与我的一个朋友一起生活，由于近亲繁殖，他患有髋关节发育不良，这也是许多像他这样的狗的共同命运。拜尔的后腿由轮椅支撑，他能够享受生活，到处走动，只是在上楼梯的时候需要他的人类同伴把他抱上去。但是，他大小便失禁的时候是如此的羞耻和痛苦，他发出信号表明生活不再值得过下去，而这些信号被遵从了。

身体完整

法律已经禁止了一些明显的虐待动物身体的做法：殴打、性侵、训练动物并将其用于同其他动物打斗。但仍然流行着一些伤害动物的方式。我们只考虑两种：去爪（如猫）和断尾（如狗）。这些例子表明，能力论能提供一些功利主义无法提供的内容。能力论禁止一切会消除该生物典型生活形式中的核心要素的身体改变（即使是无痛的），如果这种改变只是出于方便或审美的考虑。

人们之所以想给猫去爪，是因为他们关心家具、窗帘，等等。他们怀疑训练的效果，也不想在这方面投入时间。去爪，就像任何其他医疗程序一样可以在无痛的情况下完成，比如拔牙。因此，反对它的理由不能是功利主义的。这里，能力论再次证明了其优越性。去爪的问题在于，它使猫无法行使其生活形式的一个重要部分，即用爪子来攀爬和获得牵引力。如果一只去爪的猫来到室外，它将无法爬树，也无法自卫。给室外的猫去爪是真正的残忍行为。但即使是室内的猫，去爪也会使猫的爪子在牵引、攀爬和抓挠方面几乎毫无用处。当然，这就是全部的要点，把一只猫变成了一只方便的非猫（non-cat）。应当这样回答那些咨询去爪的人：如果你不想和猫一起生活，就不要领养猫。提供领养的收容所通常会要求准领养者签署一份文件，要求对方承诺不给猫去爪，并在发现他们违反协议时对他们进行严格的经济处罚，这是正确的。[16] 与此同时，人类同伴应该在家庭环境中提供充足的抓挠机会，如果抓挠柱有足够的吸引力，那么家具就有可能幸免于难。

对于某些品种的狗的断尾，人们较少讨论，但同样很重要。问题还是在于审美和方便与动物生活形式之间的冲突。过去，人们出于对健康的误解而将尾巴去掉：人们曾认为未剪掉尾巴的拳师犬和其他相关犬种更容易得狂犬病。今天，正如 F. 芭芭拉·奥兰斯（F. Barbara Orlans）所写，人们援引了各种原因："不想打破传统，改善外观，防止狗在参与射击和打猎时受伤，更卫生，以及在空间有限的生活条件下与人类更和谐地共居。"[17] 有 50 个品种的狗因传统习俗而被断尾。

由于断尾通常是对新出生幼犬在没有麻醉的情况下完成的,所以疼痛是一个问题,但这也许不是一个不可克服的问题,因为可以使用麻醉剂。断尾的主要支持者是那些出售用于表演的狗的饲养者,他们出于经济原因而认为必须遵从传统审美。主要的反对者是兽医(英国和其他欧洲国家的兽医专业协会禁止断尾)和欧洲委员会,后者的《保护宠物多边公约》(Multilateral Convention for the Protection of Pet Animals)禁止断尾、剪耳、拔牙以及特别可怕的声带切除术(所谓"消声")等残忍做法。

支持断尾的两个看似合理的理由是防止尾巴受伤和卫生。第一个理由无法得到明确的数据支持,而且按照这个逻辑,你可以通过切掉狗身上各个可能受伤的部位来防止它受到所有伤害,但这并不是一个有说服力的截肢理由。卫生方面的反对意见可以通过更好的照顾和刷洗来解决,而且这个理由不管怎么说都是表里不一的,因为许多长毛品种都没有被断尾。断尾首先是一种审美偏好,其次是图方便,不想照顾动物。不应当以这样的理由来侵害动物在身体结构和机能上的完整性。

尾巴是一个保持平衡的器官,是一个由脊椎骨和肌肉组成的有感受的大型器官。它不仅用于运动,还用于交流(用来传达友好、玩耍、防御和攻击等信息)。它还带有一个用于标记领土的气味腺。因此,毫无疑问,即使消除了最初手术的痛苦,出于对动物能力的考虑也应当决然禁止这种做法。

移动与公共空间

能力清单将行动自由列为人类的一项关键能力。对于人类来说，显然要拥有足够的移动能力。没有人会主张，每个人都应当能步行或开车到任何地方。如果法律不禁止非法侵入、未授权的搜查和扣押，等等，就不可能有产权或对个人隐私的保护。我的行动权还受到交通法、管理机动车所有权和使用权的法律等等限制，其中最重要的是，要受到他人权利的限制。我不仅不被允许进行攻击和殴打，我也不被允许跟踪或骚扰别人，这通常也意味着不应在未受邀请的情况下踏入其个人空间，即使那不是他们自己的财产。

所有这些对伴侣动物来说也一样，它们的行动权也以类似的方式受到正当限制。然而，它们通常还受到许多其他方面的限制。许多猫根本不被允许到户外活动。狗受到牵绳法的限制，而且缺少可以不拴绳奔跑的狗公园。即使那些认真对待自己的特殊义务的人，也很难让自己的狗得到足够的锻炼，因为公共空间的标准设计方式限制了行动。

我们先来谈谈猫。唐纳森和金里卡认为，把猫完全养在室内在伦理上是错误的，他们这种观点似乎基于很强的能力依据。猫确实喜欢攀爬，喜欢在草地上奔跑，等等。然而，在城市甚至许多郊区的环境中，户外的危险显然会使猫的平均寿命减少几年。在这方面有很可靠的数据，它们已经说服了大多数关心此事的美国爱猫者。(唐纳森和金里卡生活在加拿大。)机动车、动物病毒、大型犬甚至郊狼等掠食动物，都是户外不可避免的风险,这些风险是无法通过对猫进行训练来避免的。猫不同于狗,它们更像人类,能很好地适应更多的室内生活,也能适应一定程度上的运动量减少。因此,许多著名的爱猫人士认为,不在室内养猫才是不道德的,除非你生活在没有捕食者的安全的农村环境中。我站在后一个人群的立场上。人类可以过很好的室内生活,我们在城市里都是这样。猫也有类似的适应能力。

狗不一样。狗对运动的需求取决于品种,但所有品种都需要相当多的运动,而它们很少得到足够的运动。一个有围栏的院子是最理想的,但不是所有家庭都具备这个条件。而且,即使有院子,狗也想换个环境。不幸的是,在城市里,人们甚至不一定能找到可以适合拴着狗奔跑的地方,更别说让狗在一个自由的、不拴绳的环境中与其他狗玩耍、探索和社交了。为了便于残障者的无障碍通行,公共空间的设计已经经历了一场革命,同样,空间也需要重新设计以便于狗的通行。但也必须注意:很不幸,许多狗都缺乏训练,可能会咬伤儿童、成人和其他狗。这就是制定拴绳法的原因。也有一些人对狗过敏,因此哪怕是一只非常友善的狗,他们也不想蹭到。

因此,与唐纳森和金里卡不同,我并不敌视拴绳法,它们有其存在的意义。但我完全同意,我们需要创建更多可以让狗(和人类)嬉戏玩耍的空间,尤其是在城市环境中。(也要为人类儿童提供更多游乐场。)狗公园需要更加方便进入,而且要更大,要有更多有趣的攀爬和跳跃的条件。正如残障通道需要对现有空间进行改造，这里也一样：现有的公园需要改变配置，这应该是城市规划的一部分，而不只是一个由少数派发声者提出的小众问题。

性与生育

与人类不同，狗和猫不能通过预先计划和同意来引导自己的性生活。它们即使承受着生育很多后代的负担，也无法选择使用避孕措施。如果人类认为限制动物生育符合该动物和/或可能的新生动物的利益，那么他们要么在伴侣动物的繁殖期将其关在室内，限制其活动空间，要么至少考虑将其绝育。

能力论认为，在一个运作良好的世界上，每只动物，无论雌雄，都至少要有一两次性和生育的机会：考虑到这种能力及其所产生的生活体验的重要性，这似乎是一个合理的门槛，尽管也许是一个较低的门槛。在经历了最初的性行为/怀孕/出生的过程后，有几个理由要进行绝育：防止反复怀孕使雌性动物衰竭；未绝育的公猫难以作为伴侣动物来饲养（攻击性、乱撒尿）；最重要的是，这会伤害一窝又一窝的小狗和小猫，它们找不到合适的家，很可能被遗弃，或者使本已不堪重负的收容所雪上加霜。如果我们思考动物父母本身的假设同意，我们很容易想象，鉴于雌性动物对其后代的强烈依恋，她们不会希望后代过一种悲惨的生活，因而会同意这种手术。

不幸的是，我们的世界并不完美。有那么多野猫过着悲惨的生活（而且还在一直繁殖），还有这么多没人要的小狗，所以就目前而言，理想的解决方案过于纵容了。一个好的政策可能要求对所有流浪动物进行绝育（许多国家已经将此作为一项公共政策），并至少敦促人类同伴在其伴侣动物进行繁殖前做绝育，除非他们承诺照养后代或为它们找到真正合适的家庭。这可以是，而且往往正是领养的一个前提条件。一些关护动物的非政府组织（如动物之友）在积极开展绝育计划，并以此来为动物福利做出重要贡献。收容所里的动物越少，它们在那里找到合适家庭的可能性就越大。[18]

在一些国家，由于野猫对当地鸟类和哺乳动物造成伤害，就更有理由做绝育了。澳大利亚已经启动了一项可怕的灭猫计划。[19] 许多地方则采用更合理的政策，即对野猫进行绝育，如果明智地执行这一政策，可以预期会有好的结果。我相信，自卫原则允许我们杀死威胁人类和其他动物生命与安全的动物（如老鼠），但杀戮（必须是人道的，而澳大利亚的计划是不人道的）应当是最后的手段，在尝试过避孕措施后方可实施。

教育与训练

我已经说过，一个多物种的社会要求所有个体都为他者的福祉承担责任，这意味着一个负责任的人类同伴会教她的动物同伴学会良好的社会行为：不咬人，不弄脏地毯，等等。但教育不仅仅是控制，它还要培养动物的社会成熟（social maturity）。狗和孩子一样，充满了学习的渴望，并从掌握一种社会习惯中获得乐趣，因此这并不是一项沉闷的活动，除非人类把它变得沉闷。

工 作

人类能力清单甚至没有把工作单独列为一个范畴，只是将其视为一个可能没有歧视的地方，以及一个可能培养联系的地方。这种遗漏并不表明工作不重要，而是因为工作是无所不在的。人们可能不喜欢他们所做的工作，还有些人因为富裕或退休而根本不工作，但这样的人很少。相比而言，对伴侣动物来说，工作并不普遍。猫很少有工作。有些品种的狗可以被训练得具有特定功能，它们就可以工作：放牧、狩猎、救援、导盲，以及各种嗅觉侦查职业（如嗅探爆炸物、毒品，甚至新冠肺炎病例）。唐纳森和金里卡对让动物工作提出了严厉批评，他们得出的结论是，动物应当只在愿意工作的时候工作，而且只应承担它们愿意接受的工作量。

工作犬的训练往往要采用负面强化，它们的工作时间往往使其很少有机会玩耍和情感交流。另外，有人养狗是为了做一些本身就不人道的事情，如猎狐。但是，对工作惯例的改革并不意味着废除它们。而且，狗像人一样，工作完成得好可以带来巨大的满足感。再想想阿尔戈斯，他无精打采地躺在那粪堆上，因为他太老了，无法工作，有一种失去地位和没用了的感觉。如果我被迫退休，也会有这种感受。而且，我认为对于许多相关品种的狗来说，有工作总比无所事事地坐在某人家里好，工作可以使其过上更丰富、更充实的生活。马也一样，对于那种为了马术障碍跳跃（hunter-jumper）[1]运动而饲养的马来说，它们就像优秀运动员一样在跳跃成功后获得快乐，如果在衰老之前就把它们放养到牧场上，就等于剥夺了一个巨大的意义来源。简言之，如果总体来说工作为动物的生活增加了意义和丰富性，那么，动物就得像我们所有人一样，必须接受一份合宜的工作所要求的正常时间安排（意味着留有足够的时间去游戏和交往）。这确实意味着，它们有时会在不喜欢工作的时候工作，但这是我们所有人的真实状况。

所有工作动物，包括人类，都在某种意义上被用作手段，用来实现工作场所的目的。但是，合宜的社会要努力将工作者首先作为目的来对待，即使他们只是在提供各种有用的功能。

刺激与玩

与感觉、想象、思考的能力以及玩的能力相对应的是，所有伴侣动物都需要有能刺激感官和好奇心的环境，它们在这种环境中可以享受玩耍，包括与其他动物和人类一起玩。特别是很大比例的伴侣犬都很无聊。如果人类只带它们出去短暂地

---

[1] hunter 和 jumper 是两种需要跳跃障碍的马术项目。hunter 一词源自骑马狩猎传统，这项运动要求骑手和马在跳跃障碍时动作流畅、仪态优雅。jumper 项目则要求跳跃障碍的失误少、速度快。下文提到的 dressage 是另一个马术项目，它要求人穿盛装，马走舞步，二者一起优雅地完成复杂多变的动作，因而被称为"盛装舞步"或"花样骑术"。

散步一两次，并将其单独留在家里（忙于工作的人类经常这样做），它们就会变得无精打采，通常会发胖并患上糖尿病等疾病，而且一般来说，它们根本无法享受生活。收养一只狗，意味着有责任为狗提供一种有认知丰富性且有趣的生活：在各种环境中进行适当的锻炼，提供多种好吃的食物，有机会与其他动物玩，还要拥有与一个有耐心、有爱意的人类一起玩的时间。我将在第11章讨论动物行为专家芭芭拉·斯马茨进一步提出的一个重要观点：狗需要有做决定的能力，至少在某些时候是这样的。因此，当她和她的伴侣犬塞菲出去散步时，她允许塞菲在大约一半的时间里决定路线，追寻有趣的气味或路径。大多数人都不会这样做，他们有自己固定的跑步或散步路线，而狗必须跟着。好奇心被熄灭，又一次使狗的生活变得无聊。许多人也以类似的方式让孩子跟着自己，但这是糟糕的养育方式，好的养育方式要求经常带孩子去他们想去的地方。

联系与实践理性

这些能力是人类清单上的关键能力，因为它们组织起了所有其他能力，并充实它们，为其他一切事物赋予色彩。就狗和猫而言，实践理性与被当作目的密切相关。对共生的动物来说，拥有实践理性的生活，并不是指独自去生活，那对狗或猫来说不可能是一种良好生活。相反，它意味着：在与人类的更大关系中，其自身利益得到尊重；有足够的选择，简言之，即拥有狗或猫的所有核心能力；能够过上一种属于自己的良好生活,而不是完全由人类利益所决定的生活。因为这种良好生活永远不会是一种孤独的生活,而总是与人类(通常也与其他动物)交织在一起,所以它们与人类的关系应当是一种相互钟爱和相互尊重的关系,这一点至关重要。如果有了感情和尊重,如果人类真正学会把伴侣动物当作有其自己目的的独立存在者,而不仅仅是一个玩物或工具,那么其他一切都会随之而来。

不在室内的伴侣动物:马、牛、羊、鸡

我花了大量篇幅专门讨论猫和狗,但它们为其他一些相关例子提供了很好的范例。我认为马(非野生物种)是一个非常类似的例子,尽管它们并不生活在室内。它们有很强的互动性,从与人类的良好关系中获得快乐和意义,能够从自己的优秀表现及其相关的伙伴关系中获得乐趣。如果把它们放开,让它们自己在这个世界上闯荡,它们也不会过上良好生活。这并不是说这个骑马的世界没有充斥着残忍和堕落,但根据我迄今为止所论述的观点,我们应该可以认清这一点并与之对抗。

然而,有一件事需要补充,与我主张废除导致疾病的狗类育种方式相关:整个纯种赛马行业都需要被废除。马被培育成有如此瘦长的腿,以至于它们经常因为最轻微的原因而骨折,这注定导致动物过早死亡。它们的心脏异常地小,还面临着许多其他健康问题。这都是为了钱,而不是为了动物,我认

为必须将这种对动物的培育定为非法,而且越快越好。越野障碍赛(steeplechase racing)[1]也存在类似的健康问题。一匹越野障碍赛马必须比一匹在赛道上赛跑的纯种马有更强的力量和耐力;但显然,它们存在相似的健康问题,甚至更严重。[20] 从事马术障碍跳跃的马则不同,它们可以与人类同伴过着很健康的共生生活,盛装舞步马(dressage horses)也可以。

再来谈谈牛。牛是工作动物,它们如果受到善待,就可以在工作中过上繁兴生活。那么奶牛呢?正如唐纳森和金里卡所讨论的,目前的乳品业犯下了令人恐怖的道德错误。[21] 饲养奶牛是为了生产大量的牛奶,但由于钙的消耗,奶牛的骨骼很脆弱。此外,奶牛在出生时就与小牛分离(以便最大限度地增加流向人类的牛奶份额),并持续处于怀孕状态,这导致了许多健康问题。我同意唐纳森和金里卡的观点,即有可能想象一个经过改革的乳品业。但它在商业上将不再有利可图,因为小牛会喝掉母亲的很多奶,而且母亲不会持续怀孕。他们想象牛奶可能会成为一种奢侈品,"导致一个规模有限但稳定的奶牛社群"。[22]

羊的情况要好很多。虽然羊实际上通常不会得到善待,但

---

1 多组人马同时起跑并跨越障碍的竞速赛马,不同于马术,后者不是多组人马同时起跑的竞速比赛。赛马比拼速度,不像马术那么讲究观赏性和复杂技巧,而且赛马在运动强度上对马的体能有更严苛的要求。

我的观点更接近唐纳森和金里卡，而不同于某些纯素食者[1]，我并不在原则上反对人类使用动物产品，只要动物能过上其典型动物生活就行。使用未必是剥削，驯养的羊需要剪毛，因为它们不会自行脱毛。这对它们来说是好事，可以为其减轻负担。事实上，不为其剪毛才是一种虐待。因此，我们可以很容易想象，人类可以在合乎伦理的条件下，为羊剪毛并使用羊毛。此外，人类还可以合乎伦理地收集羊粪并将其用作肥料。正如唐纳森和金里卡所说："这些使用似乎是完全良性的，羊只是在做羊要做的事，而人类则从这种非强制性的活动中受益。"[23]事实上，他们还认为，羊应当被视为公民，我们要注意到这是它们为共同利益做出贡献的一个重要机会。[24]

那么鸡呢（那些为产蛋而饲养的鸡，而不是供宰杀的鸡）？同样，目前的商业化鸡蛋生产体系是不可接受的，涉及虐待性囚禁、杀害雄性小鸡，而且母鸡产蛋量一旦下降就将其杀死。但在这里，我们可以很容易想象出一种可持续的伦理改革，而且，这种改革已经在一些农场中开始实施了。散养的母鸡会产下大量的鸡蛋。可以允许它们孵化一些蛋，养育小鸡，它们仍然会剩下很多蛋。人类使用这些过剩的鸡蛋似乎没有什么问题，只要鸡有足够的空间过上属于鸡的良好生活，可以四

---

1 纯素食者（包括唐纳森和金里卡）不食用肉蛋奶，大多也不购买羊毛制品，但他们大多数在原则上并不反对为羊剪毛，也不否定人与各种动物共生的可能性。所以，这里的"某些纯素食主义者"仅指那些彻底与一切动物制品（无论商业用途还是非商业用途）划清界限的废除主义者。

处散步,建立关系,有足够的时间去探索和玩。[25]

纯素食者和废除主义者一样,否认了这种互惠共生的可能性。我们需要仔细观察每一种情况,但我相信,对于室内和室外生活的动物来说,共生都是可能的。

其他农场动物是为了宰杀而被饲养的,我把这个话题留到我讨论法律的章节来谈。还有其他动物是准同伴吗?这一称谓包含在家里饲养的大多数动物(仓鼠、沙鼠、长尾鹦鹉、金鱼、乌龟、金丝雀),它们根本不是真正的共生动物,而是被圈养的野生动物,尽管它们身处个人的家里,而不是动物园里。我将在下一章讨论这个话题。

总而言之,很多动物物种通常都在史前接受了有目的的培育,因此完全可以与人类共生。它们生活在我们的家里,或与我们为邻。只要不将其当作"宠物"或财产,而将其当作积极的有依赖性的公民,过上它们自己的生活,就没犯什么错误。如果只是对其放任不管,它们就不能过上良好生活。我们过去对待动物的方式基于财产范式,要改变这一范式并不容易,但这场革命已经在狗、猫和马那里开始推进,甚至在一些个例中,人类对鸡、羊和奶牛的做法也发生了变革。废除主义对这些动物没有好处,它们只有在与人类合作的情况下才能繁兴。那种主张不使用动物的纯素食观点也无法为道德行为提供合理的指导。能力论是一个更好的指南,它以动物自身的典型生活方式为基准。

第 10 章

野生动物与人类责任

化作我吧,借你的锋芒!
吹落我死寂的思绪,吹向寰宇
枯叶消散,新生勃发!

——珀西·比希·雪莱《西风颂》

杀戮,被人类法律视为最严重的犯罪行为,自然界对每一个活着的生命都要做一次;而且,在很多情形中,会有长时间的折磨,只有我们读到过的最坏的妖怪,才会故意对他们活着的动物同伴们施加这种折磨。

——J. S. 密尔《自然》

我们应该尽量不干预非驯养的动物吗?它们生活的野外是其演化的栖息地,但也是一个充满残酷、匮乏和意外死亡的地方。或者,我们应该通过积极干预来保护野生动物吗?如果要干预,以何种方式?什么是野外?它真的存在吗?这个概念究竟服务于谁的利益？

在本章中，我将努力解决由"野生动物"和"野外"概念所引起的困难问题，例如：我们是否有责任保护野生动物免受匮乏和疾病之苦？我们如何能够在不侵犯这些动物的生活形式的前提下做到这一点？我们应当如何去做？鉴于动物园在历史上对野生动物是残酷的，是为人类利益服务的，而不是为其囚禁的动物的利益服务的，那么我们能否正当地在某种类型的动物园中至少饲养某些野生动物？如果能，那么是哪些动物和哪种类型的动物园？我们能否设想出一种合作性的多物种社会，在其中野生动物也可以得到关心？那么，脆弱的动物被其他动物捕食又该怎么办呢？我们是否有责任对其进行限制？

我对这些问题的回答有时是有争议的。在某些情形中，人们可能接受能力论的总体框架，但对它的应用有不同的看法。事实上，对于喜爱动物的人群来说，这可能是本书最有争议的一章。[1]尽管我的结论具有挑衅性，但也具有探索性，因为我们在这个到处都被人类力量和活动主导的世界上，正在探寻进行思考和行动的新方法。

一种西方常见的"野外"和"自然"观念得到了浪漫主义的认可，我首先以怀疑态度对此进行审查，我认为这个观念是人类出于自己的目的而制造的，它并不为其他动物的利益服务，甚至都不太考虑其他动物的利益。此外，无论如何，今天都不存在野外这回事，不存在不受人类控制的空间。假装野外存在是一种逃避责任的方式。

我已经考虑了那些每天与人类一起生活，并已演化为与人类共生的动物们的情况，并为"多物种社会"和将动物视为我们同胞公民的观念进行了辩护，接下来我要继续追问：这种观念在多大程度上能够而且应当扩展至野生动物？作为事实上的监护者，我们在保护野生动物的生命方面有什么责任？

作为浪漫主义迷梦的"荒野"

"野性"自然的观念充满魅力，它深深植根于现代环境运动的思维中。这一观念令人着迷，但我认为它也让人深陷困惑。我们在推进论证之前，必须先了解它的文化渊源，以及它对那些使用它的人有什么用处。

简言之，在浪漫主义的自然观看来，人类社会是不新鲜的、僵化乏味的、贫瘠的。它缺乏那种提供能量和恢复活力的强大源泉。人们彼此疏离，也疏离了自我。工业革命使城市成为肮脏的地方，在城市里，人类的精神经常被压垮［正如布莱克《耶路撒冷》中"黑暗的撒旦磨坊"[1]］。与此相对，在外面某些地方，在群山中，在海洋中，甚至在狂野的西风[2]中，有

---

[1] 英国浪漫主义诗人威廉·布莱克（1757—1827）在其诗作《耶路撒冷》中曾提到"黑暗的撒旦磨坊"，有人认为诗人以此表达对于在工业革命中发展起来的工厂产业的谴责。

[2] 英国浪漫主义诗人雪莱（1792—1822）在其诗作《西风颂》中塑造了"狂野的西风"这个意象。在雪莱笔下，狂风在摧枯拉朽的同时播撒着新希望。参见本章题记所引用的部分诗文。

一些更真实、更深刻的东西,有一些未受腐化的、崇高的东西在召唤着我们,一种可以使我们康复的生命能量,因为它与我们自己的内心深处是相似的。其他动物是荒野的一个重要部分,是大自然的神秘和生命能量的一部分。(想想布莱克的"老虎,老虎,灿若焰火"[1]。)一个典型的浪漫主义场景,就是独自在野外自然中散步:夏多布里昂造访尼亚加拉大瀑布(尽管他从未真正去过那里);卢梭的《一个孤独漫步者的遐想》(*Reveries of a Solitary Walker*);歌德的维特将自己投入风的怀抱;雪莱甚至觉得他自己就是风;华兹华斯的孤独徘徊的结尾,是对于金水仙花的沉静参悟[2];亨利·大卫·梭罗在瓦尔登湖周围的树林中散步。野性自然唤起了我们深刻的惊奇感和敬畏感,通过这些情感我们得以焕新。

这些情感对于思考我们应如何对待其他动物有帮助吗?我认为没有。浪漫主义的"荒野"观念源自人类的焦虑,特别是对城市和工业生活的焦虑。在这个观念中,大自然被认为应该为我们做些什么,它不关心我们应该为大自然和其他动物做些什么。这个观念通常明确表现出一种自恋,如雪莱不断地说"我",或华兹华斯的最后几句:"每当我倚于卧榻/或心神空茫/或若有所思/它们在内心闪现/给孤独以慰藉/我便随水

---

[1] 出自威廉·布莱克的诗作《虎》。
[2] 指华兹华斯在其诗作《水仙花》结尾处关于水仙花的描写,参见下一段对于这首诗最后几行的引用。

仙花起舞／心中充满欢喜。"类似地,布莱克的虎显然是一种对人类心灵中某些内容的象征,而这首诗没有告诉我们布莱克希望我们如何对待真正的虎。

19世纪的很多浪漫主义者甚至认为,农民和其他穷人是自然的一部分或更接近自然,他们应该留在农村的贫困中,而不是冒险进入城市并试图接受教育。托尔斯泰笔下的列文在放弃了城市的繁杂,投身农民的自然劳作生活时,找到了平静。(然而,真正的农民会如何看待这个主张呢?)托马斯·哈代在《无名的裘德》中讽刺了这种虚构,展示了它为真正有智慧和抱负的穷人所带来的可怕后果,但这种虚构仍在持续。E. M. 福斯特在《霍华德庄园》中,将伦纳德·巴斯特的乡下生活描绘得更好,福斯特相信:他的错误在于搬到伦敦并试图让自己受教育。暂且不谈农民,来考虑一下其他动物,你就会明白我要说什么。那些动物啊,在我们之下,离我们那么远,它们是多么有活力,多么强健!如果只是进行短短五天的观兽旅游(safari)[1],我们就可以(从一个安全的距离)体验它们暴力而匮乏的世界。当然,我们从来不会梦想过那种生活,但我们通过短暂的接触感受到一种刺激,并且感到更有活力。(许多参加生态旅游的人正是以这种方式思考和交谈的。)

---

[1] 指一种为游客提供野外探险体验的旅游形式,在旅游过程中游客有时参与狩猎和杀戮,有时只是观看野兽活动。译者根据语境选取不同的译法,在不涉及杀戮的语境中将 safari 译为"观兽旅游",在涉及杀戮的语境中译为"狩猎旅游"。

浪漫主义小说也不是新兴工业化的欧洲和北美洲的特有财产。在其他社会中也有各种关于自然的纯洁性、能量和美德的观念。我们可以看到，古罗马人痴迷于农耕和农业，将其视为恢复活力的源泉；在甘地看来，印度人民的美德将通过农村的贫困、自己亲手织布等等来恢复。很多地方的人们似乎都需要相信，城市的繁杂是不好的，如果他们以某种方式与野性自然交融，他们将变得更快乐、更好。通常情况下，这种交融是非常虚假的，正如夏多布里昂对一个他懒得去的地方进行描述，正如浪漫主义诗人以极其繁复的方式来描绘乡村的简朴。好吧，那仍然是好诗。我的观点是，这是一种人类对于人类自己的想法，而不是对于大自然或动物本身的想法，也没有考虑到它们对我们提出何种要求。浪漫主义的崇高感所涉及的那种惊奇，也是以自我为中心的。它不是我从第 1 章起就一直在谈论的那种惊奇，不是那种真正使我们转向外在世界的惊奇。

浪漫主义的自然观带来了一些好处。因为人们想要某种类型的经验，他们会保护那些似乎能提供这种经验的地方。塞拉俱乐部和美国很多自然保护主义运动都有这个渊源，其他地方的保护主义运动也一样。今天，人们常常在野外寻求身心的疗愈，而保护这些地方的国家真的为人们提供了一种真正的善，这种善在其他地方已经消失了。但这种善往往是非常偶然的：它是关于我们的，而不是关于它们的。随之而来的也有很多坏处：美化娱乐性狩猎，美化捕鲸和钓鱼，以及今天那种可被称为施虐癖旅游（sado-tourism）的恐怖展演，人们花很多钱去观看一些动物把其他动物撕得血肉模糊，它们就像很久以前的角斗比赛中那些被围困的奴隶和狮子。

"野外"并不是善的，而且根本就不存在"野外"

如果我们所说的大自然和野外是指事物在人类不干预时的运作方式，那么它对非人动物来说就不是那么好。[2] 几千年来，大自然都充满了饥饿和严重的痛苦，往往还有整个种群的灭绝。如果我们把野外与工厂化养殖业，或者与动物园里那些缺乏伦理考虑的圈养方式相比，它看起来要更好一些；但如果把"大自然"观念用作一个规范性思考的来源，那么它本身并不能提供有用的指导。约翰·斯图尔特·密尔说得对，大自然是残酷无情的。

甚至历史悠久的"自然平衡观"，如今也已经被现代生态学思想明确否定了。人类不进行干预时，大自然并没有达到稳定或平衡的状态，也没有达到对其他生物或环境最有利的状态。[3] 事实上，自然生态系统之所以在某种程度上能稳定地自我维持，只是因为人类进行了各种形式的干预。"自然平衡观"看似不同于浪漫主义观念，但它实际上就是浪漫主义观念的一种形式：我们的（城市）生活被竞争的焦虑和嫉妒破坏，但大自然是安宁与平衡的。这种观念源于人类的需要和幻想，并没有得到证据支持。

当然有一些很好的理由不去干预野生动物的生活。其中两个理由是:(1)我们是无知的,会犯很多错误;(2)干预往往是不正当的家长主义做法,而我们应该做的是尊重动物所选择的生活方式。然而,这些只是初步的理由。无知可以被知识取代,正如我们不了解什么是对儿童、对与我们一起生活的伴侣动物有利的,这种无知已经在大多数情况下被知识取代。如果我们仍然保持无知,社会就会认为在这些问题上的无知是不可原谅的。因此,一个拒绝为他们的孩子(或事实上为伴侣动物)接种疫苗的父母(在大多数情况下)应该为导致这一选择的无知而受责备。至于自主权,当政府采取全面的社会保障或医疗保险措施时,我们通常不会指责政府以不正当的家长主义行事,或者当他们通过法律将谋杀、强奸和盗窃界定为犯罪并执行这些法律时,我们事实上也不会指责他们犯了家长主义错误。在涉及基本生活保障的时候,我们觉得人们有权利受到保护(但反家长主义者的一个观点是正确的,即对于成年人来说,健康选择至少在某种程度上仍然属于个人事务)。如果我们在动物挨饿时耸耸肩,我们不就是在说动物并不重要吗?如果我们以不了解其利益为由,来为我们的不干预政策提供辩护,那么当我们谈论的是基本生存问题时,这种辩护能有多可信呢?

尽管这场讨论很有趣,但它预设了世界上存在野外自然这种东西,即不受人类控制和管理的空间。它预设了人类有可能不影响动物的生活,但这个预设是错误的。无论土地有多辽阔,我们世界上的所有土地都完全处于人类的控制之下。

因此，非洲的野生动物生活在由各国政府维护的动物庇护区内，他们控制准入许可，阻止偷猎者侵入（只是有时能成功阻止），并采取一系列举措（包括驱除舌蝇[1]和其他许多做法）来支持动物在其中的生活。如果人类不干预，世界上就不会有犀牛或大象了。在美国，野马和其他野生动物生活在我们国家及其各州的司法管辖之下。它们拥有有限的不受干涉权、自由行动权，甚至拥有一种财产权，那是因为人类法律认为应该赋予它们这些权利。[4] 人类控制着所有地方。人类决定哪些栖息地用来保护动物，而只把自己决定不用的东西留给动物。

　　大气和海洋可能看起来更像是真正的野外，但那里可能发生的事情在许多方面都受到国家和国际法律的控制，并普遍受到人类活动的影响。正如导言中哈尔的故事和第 5 章中对美国海军声呐项目的讨论所展示的，鲸鱼和其他海洋物种的生活在不断受到人类对海洋利用的干扰，通过声波干扰、商业捕鲸、塑料污染，等等。第 12 章将讨论法律在保护海洋生物方面至今所做的工作，并展示法律在约束人类贪婪方面所做的是多么少。至于大气，导言中让-皮埃尔的故事提醒我们，人类造成的大气污染严重地干扰了鸟类生活。人类的建筑和城市照明每年都会造成无数鸟类死亡，灯光将鸟类吸引过来，扰乱其昼夜节律，并改变其迁徙模式。[5] 人类活动也会改变并常常毁掉鸟类的栖息地。

1　一种吸血昆虫，能向人类和其他动物传播疾病。

像这样一本书，有可能在承认人类在任何地方都占主导地位的现状之后，仍然仅仅建议人类退后，让所有这些空间中的所有野生动物不受打扰地、尽其所能地过自己的生活。即使这种建议，也要求人类进行积极干预，以阻止那些干扰动物生活的人类行为——偷猎、狩猎、捕鲸。而且，这似乎是在推卸重要责任，我们造成了所有这些问题，但我们却对它们置之不理，说："好吧，你们是野生动物，那就尽力忍受吧。"目前还不清楚这种虚假的不干预政策会导致什么后果。这并不是真正的放手不管，而只是决定不再试图补救我们无处不在的活动给动物带来的问题。这看上去是一个很冷酷的政策，非常不同于物种保护方面的政策，在第 5 章，我在某种程度上把物种保护问题推到了一边。

即使在问题并非由我们造成的情况下，也不确定我们能否合乎伦理地冷眼旁观。如果我们在那里看着，控制和监测动物的栖息地，却允许发生大规模的饥饿、疾病和其他完全属于自然类别的痛苦和折磨，那么这看上去的确是冷酷的管理方式。我们看着这些灾难发生，却拒绝阻止它们。我们稍后会讨论捕食问题，那个问题确实很棘手。但如何对待饥饿和可预防的疾病呢？现有的野生动物庇护区经常试图预防这些事情，而这些事情很可能有部分的人为原因。

举一个有启发性的例子，在吉尔吉斯斯坦，一个名为阿拉阿查（Ala Archa）的国家公园创造了一些由野生动物控制的空间。因此，公园被分为三个区域：一个是人类可以徒步旅行和野餐的区域，一个是动物不受人类干预的生活区域，还有一个是同样一些种类的动物进行繁殖和养育幼崽的区域，也可以说是不受干预的。其基本原理是，像雪豹这样的稀有物种要维持自己的生存和繁殖，就需要得到保护，如果繁殖活动在某种程度上与其他生命活动相隔离，那么所有物种都能够在多物种的世界中发挥最佳机能。因此，在最近一次造访中，我只看到了松鼠和喜鹊。当然，所有这些都是完全人工的，而且要求不断干预。每个栖息地的设置和维护都是为了让动物能享有属于其特定物种的繁兴生活。虽然我无法接近另外两个区域，但我知道那里也有很多管理，以促进成功的养育和繁殖。这种安排对动物来说，要比所有生物都冲撞在一起要好得多。我们甚至可以假定，如果动物们开口说话，它们会选择这种安排，因为这是最能促进健康和繁兴的安排。但在说这句话的时候，我们的意思是，动物和人类一样，不会选择被弃之不顾、失去保护。我们可以假定它们会选择一个有着适当的管理措施，可以促进其繁兴的世界。一个非野外的世界。

你也许认为天空是最后一个动物真正享有自由的疆域，针对这个看法我再举一个例子。新西兰不同于澳大利亚，前者没有未被驯化的中型哺乳动物。但它确实有各种啮齿类动物，主要是由白人移民带进来的兔子、松鼠、小鼠、大鼠。当然，它也有驯化的动物，有狗和猫，其中很多都在野外游荡。但是，这些岛屿上有种类奇多的鸟类，它们不是对啮齿动物具有竞争优势的掠食性鸟类，而是许多种小型鸣禽和几种鹦鹉。你可以很容易地想象，这些小鸟，在一定程度上也包括鹦鹉，都面临着来自啮齿动物和猫的风险。如果自然的进程占据优势，那么许多鸟类物种如今早已灭绝，而且与我的论点更相关的事实是，许多小鸟会被撕碎，在痛苦中死去。在惠灵顿城外，我参观了一个鸟类保护区，它实际上是一个巨大的半动物园。人类可以进入并徒步旅行，但他们必须通过检查，以防止他们给鸟儿喂食或携带任何啮齿动物、狗或猫进入。啮齿动物、狗和猫被一个很大很高的网挡在外面。它是一个三面的屏障，这意味着如果鸟类选择离开，它们就可以离开，去外面寻找食物。但屏障的设计是经过细致计算的，其高度使得任何一般的啮齿动物都无法越过。事实上，在入口处的展示牌上展示了兔子能跳多高，猫能跳多高，以及为它们各自的攀爬能力设置了何种阻碍。鸟类是自由的，恰恰因为这里的空间是受管理的。

这两个例子表明，动物的自由和自主与人类聪慧的管理并非不相容。事实上，它们通常都需要管理，因为大自然不是一个值得称赞的自由之地。

在这个人类无处不在的世界上，人类塑造着每只动物所在的每一处栖息地，如果人类试图放弃管理，这并不是一个可以得到伦理辩护的选择，也不是一个能促进动物良好生活的选择。在目前这样一个世界上，我们面临的唯一选择，就是采取何种类型和程度上的管理。我们需要直面这一事实，否则我们就无法对于如何运用我们真实拥有的权力展开良好的辩论。

管理的伦理原则：野生动物及其栖息地

那么，在此首先列出几条一般原则，指导我们在一个由我们支配的世界中前进，无论它在变得更好还是更坏。（但现在它主要是在变坏）。

原则之一：野生动物的每一处栖息地都是受人类支配的空间。

动物要有良好的栖息地才能繁兴，但人类控制了所有的栖息地，包括陆地、海洋和天空。通常，这种"控制"是分散的、混乱的，有权力而无权威。这种情况允许无数的野生动物受伤害，从偷猎到因污染而窒息。首先要接受第一条原则，才能开始承担责任，开始真正地探讨如何保护动物的能力。

原则之二：人类对于栖息地恶化的因果责任往往被掩盖了，而这种责任是几乎无法被排除的。

人们倾向于认为，人类应该对偷猎、狩猎和捕鲸等明显的伤害负责，甚至可能对那些虽然不那么明显但肯定是由人类导致的伤害（海洋中的塑料、声呐、航运和石油钻井产生的声波干扰）负责[6]，但对其他似乎来自"自然"的伤害不负责任，如干旱、饥荒和失去一个通常用来寻找食物的空间（如浮冰，北极熊必须依靠浮冰渡海才能找到食物）。但稍加思考就会发现，这条界线是无法明确划定的，甚至是根本无法划定的。人类活动是气候变化的核心原因,是导致许多物种栖息地受损的关键因素,造成了干旱、饥荒、洪水和火灾。人类活动污染了空气。人类种群扩散至以前属于动物的空间,减少了它们的空间和食物。密尔说"自然"从来就不是一个有利于动物生活的环境,这话无疑是对的。然而,动物今天面临的最大的"自然"问题是源于人类的。我们做事情的时候,应当假设没有什么是"单纯自然的",所有祸患都主要源于我们。简言之,我们永远不应让自己置身事外。

原则之三:管理不是陪伴,野生动物也不是伴侣动物。

在我的理论中,"野生"这一概念只剩下了一个作用,即警告我们不要把野生动物当作伴侣动物来对待。它们没有演化到可以与人类共生,它们的生活形式只是偶然与我们交织在一起。人类和野生动物之间有时可能会有友谊(见第11章),但这要求对野生动物的生活形式抱有极大的谦逊和敬意。

需要划定一些细致的界线:什么时候给受伤的动物提供医疗服务,以及应当保持多远的距离。下一节将研究其中一些问题。我们应当始终将一幅关于那类生物的理想繁兴生活的图景作为检验标准,一般来说,我们应该只在这幅图景的框架边缘加以干预,维持栖息地,消除危险,有时还处理疾病,但不应当像对待我们的家庭宠物一样对待野生动物,无论对雏鸟还是大象孤儿。这肯定不意味着对动物放任不管,就好像我们对其困境没有责任似的。这意味着我们要寻找的解决方案应尊重动物自身生存所需。

管理与能力

现在，就像第 9 章一样，让我们考虑能力清单上的那些大条目，通过举例说明人类能够（而且通常在伦理上必须）以哪些方式保护动物能力。要考虑的物种太多，所以我只能对能力论的建议做一个简述。

生命、健康、身体完整

第一，也是最紧迫的，人类必须结束直接侵犯野生动物生命、健康和身体完整的做法。偷猎是一个明显的例子，迫切需要更有效的全球合作来制止这种犯罪贸易，既要从源头上进行监管，又要禁止在全世界范围内销售一切象牙。商业捕鲸和其他为赢利或娱乐而猎杀野生动物的行为也应当被禁止，并接受有效监管。应禁止将动物的身体器官（狩猎的战利品）从发生杀戮的国家运出，输送至猎人所在的国家。一些国家和州已经开始这样做了。同样重要的是，应当停止将年幼的野生动物进口至富裕国家的动物园，正如我在下一节要讨论的"斯威士兰 18 象"事件，也正如海洋主题公园中为了逗乐游客而将虎鲸从其种群中掳走。这些做法并没有杀死动物，但侵犯了动物的健康和身体完整，将其从群体环境中剥离出来，放到一个无法维持身体或精神健康的环境中。

第二,人类必须停止那些因疏忽而造成动物死亡和痛苦的做法。尽管人类并不想伤害动物,他们只是因为考虑不周而没有预见这种伤害。使用一次性塑料制品并最终将其丢弃在海洋中就是这样一种做法,我们不仅要制止这种做法,还要尽可能地清理已经存在的塑料制品,因为塑料制品在某种程度上是永久存在的。另一个问题是城市建筑上明亮的灯光,它引诱成千上万的候鸟飞向死亡。仅在美国,每年就有大约 10 亿只鸟死于这个原因。[7] 在迁徙高峰期,可以在不损害人类活动的情况下降低亮度,或者使用防鸟玻璃。像我所在的城市,因为处于鸟类迁徙路线的关键位置,所以对这些死亡负有重大责任(见本书结语)。我认为,在海洋中使用声呐,以及搭建石油钻井的人在绘制海底地图时使用气炮,都属于这一类别,它们造成的声波干扰对海洋哺乳动物造成了极大损害(见第 12 章)。

前两步是现在就能够且必须实现的,第三步是更困难的:人类必须保护野生动物的栖息地,使其免受气候变化及其他一些可能包含人类根源的环境因素的破坏。我说过,一个原则是不要让自己置身事外,我们在伦理上有责任假定干旱、饥荒、洪水、冰川消融以及许多其他威胁到野生动物生命的环境问题终究都源自人类。无论如何,我们应该积极主动,假定自己负有责任。但很难确定到底该怎么做。阻止气候变化需要一个尚未确立的全球意志,即使具备这个条件,也不能扭转已然发生的变化。那么,现在正在受苦的动物怎么办?对于饥荒和干旱，我们必须采取那些已知对人类群体来说可行有效的措施，这将使人类和动物都受益。最困难的情况是，气候变化有可能使某种生活形式在未来无法维持。北极熊过去依靠浮冰四处寻找食物，而我们无法替换那些消融的浮冰。因此，我们必须专注于防止进一步的损失。

第四步是顺理成章的：我们必须限制自己对稀缺的栖息地资源的使用，从而为动物留出空间。我在第 8 章讨论了这些冲突，它们显然要求限制人口增长，并为许多空间提供保护，使其免于被人类占据。

第五步，我认为我们必须明智、谨慎地用我们的知识来保护野生动物的生命。大型野生动物保护区通过驱除舌蝇和其他致命威胁来保护动物。在这里，人类活动越过了补救人类伤害和积极保护之间的界线。但不越过这个界线似乎是不可能的，因为人类在管理这些野生动物保护区，假定这是为了其中的动物，而不仅仅是为了人类游客和他们带来的金钱。那么兽医护理呢？对此，如果干预得太频繁，太具有破坏性，我们就会面临扰乱动物生活形式的严重风险。然而，由于我们在野生动物周围无处不在，所以医疗干预越来越被视为一种道德上的要求，可以在尊重和了解的条件下予以满足。在人类居住区域，当地政府可以建议居民在发现明显是被遗弃的小鸟、兔子或鹿时应该做什么，以及不应该做什么。[8] 许多野生动物的生命通过这种方式得到了拯救，并且没有被转变成家养宠物，它们得到了紧急护理，然后被送回自己的家。在一个还不错的动物园里，动物们经常会因为一些危及生命的问题而接受兽医手术。最近的一个例子是，芝加哥布鲁克菲尔德动物园大胆地对一只老虎做了髋关节置换术。[9] 野生动物保护区（实际上就是大型非封闭式动物园）是否也应该尝试这种旨在保护能力的干预？这是兽医学中一个不断发展的专业领域，这些专家将会接受训练，从而完全熟悉动物的栖息地和生活形式。随着时间推移，他们将会在这一领域做出许多艰难的判断。[10] 一只老虎因为碰巧身处芝加哥的一个动物园而得以重新行走，而在亚洲的一个大型动物保护区里的老虎却得不到同样的照顾，这仅仅是因为保护区比动物园更大！这种区别对待似乎是不可容忍的。（除了保护区是一个更好的栖息地之外，还有什么其他相关的区别呢？）

随着时间推移，随着人类和动物生活越来越相互渗透，人类专家需要探讨许多难题。能力论可以在功利主义无法提供指导的地方提供很好的指导：目标始终是保护动物的能力，使其能够过上完整的物种典型的生活形式（或者偏离该物种标准，如果它选择这样做的话）。一个物种的利益和其他物种的利益之间仍然会有冲突，这主要体现在捕食上。但一般来说，保护动物栖息地的举措对这些栖息地的所有动物都有好处。

感官、想象、思考；情感；实践理性；联系；其他物种；玩；对环境的控制

一旦生命、健康和身体完整得到保护，那么清单上的其他能力就能够自行维持了。(跟之前一样,我还是把捕食问题留待后面专门处理。)如果动物的栖息地没有严重的侵扰和危险,如果它为健康的运动、群体活动和足够优质的营养提供了足够的空间,那么动物的生活就不会因单调乏味而死气沉沉(就像在糟糕的动物园里那样),不会被恐惧压制,也不会缺乏自我引导的机会,包括与本物种群体或与其他物种建立联系和玩耍的机会。

动物园是伦理上可允许的吗?

"野生"观念为我们做了一件有用的事,就是对动物园和海洋主题公园的伦理正当性进行质疑。但我要说的是,跟之前一样,"野生"观念为我们提供的是一种粗略且不准确的指导。

在这里的讨论中,"动物园"是一个相对的概念。它是指这样一种动物生活空间:(a)比大型动物保护区要小得多,(b)比大型动物保护区相对更受限制。大型动物保护区在很大程度上是陆地上的"野生"观念的残余。当然,在这些保护区之外也有野生动物,但它们越来越多地以非野生的方式生活,经常与人类和人类居住区接触。我们应该记住,大型动物保护区也受一定的限制:管理员跟踪几乎所有动物的所有行动,并且能够在必要时(出于环境或健康原因)将它们安置到其他地方。动物园也喂养和照顾动物,尽管常常做得很差劲,而动物保护区的管理员只以边缘化的方式做这些事,只应对饥荒和干旱等极端情况。但二者之间是一个渐变谱带。阿纳姆猿类居住区（Arnhem ape colony）是一个研究机构（见第 11 章），不太约束动物，整个岛都是猿居住的地方。因此，虽然这里将它算作一个动物园，但它向大型保护区的方向迈出了几步，而且它不接纳游客。一个"动物园"的大小通常是由它的旅游客户群决定的：面积越大，就需要做出越复杂的安排，从而使人们能看到动物。在圣迭戈，主要是从动物上方的有轨电车上看。因此，那个动物园在向大型动物保护区的方向发展。这些保护区也有旅游客户（作为国家维护这些保护区的重要经济来源），也会安排人们四处周游，通常是乘坐吉普车，这样他们就能看到动物了。

50 年前，普通的动物园往往是一个折磨动物的地方，比马戏团好不了多少。动物们被关在狭小且毫无生气的围栏里，那里没有任何属于其典型栖息地的植被。例如，人们经常会看到一头大象被关在无遮挡的围栏中，站在没有树木或草的水泥地上（这对它们的脚不好）。动物园的动物被投喂不合适的食物，更糟的是，公众常常被鼓励去投喂它们，而且常常去触摸它们。它们通常很少或根本没有机会与自己的物种成员进行社交生活。有时人们通过身体虐待来驱赶它们，而不是通过正面强化。通常情况下（特别是在海洋主题公园里），它们被强迫表演人类喜欢的杂耍，但这不属于这种生物的正常剧目的一部分。动物园和马戏团之间具有深度相似性，因为动物园被认为是为人类公众提供娱乐的，而不是为动物提供任何好处。（同样，我们也不应该把大型动物保护区浪漫化，它们同样是被当作一个旅游产业来维持的。）

如今有了一些进步，但非常不均衡，部分原因是动物园接受的监管是不均衡的。（例如，非营利性动物园比营利性动物园接受更多的监管。）有些国家监管得多，有些国家监管得少，甚至根本没有监管。比如，印度已经为马戏团动物赋予了宪法权利（见第 12 章），但在大多数国家，动物没有任何法律地位。而且，无论营利性还是非营利性动物园（必须从捐赠者那里获得资金），总是存在剥削和虐待的危险，尤其像大象这样吸引公众的动物。钱的存在本身并不意味着动物园一定是坏的。大学、艺术组织和许多其他实体都不得不从捐助者、立法机关或公众那里筹集资金。如果他们正直地追求自己的使命，那就是好事而不是坏事。因此，我们的问题是，能否说动物园在正直地追求一项对动物友好的使命？

马戏团正在迅速放弃对狮子和大象等大型哺乳动物的剥削，转而进行完全由人类完成的杂技表演，或者只涉及人类和共生伴侣动物（如马）的表演。为什么动物园未来不能做出这种正确的转变？尽管这意味着动物园要么将不复存在，要么将转变为禁止游客进入的研究设施。换言之，从促进动物繁兴的人们的角度看来，可以为动物园说些什么呢？

从能力的角度来看，动物园和大型保护区之间的程度差异是非常重要的：肯尼亚和博茨瓦纳的较大空间意味着动物不必受到约束，尽管栖息地受到精心管理，但它们能或多或少地过上正常生活,并建立正常的社会关系。这是一个很好的目标:如果我们面对的是较小的空间,就应该追求更大的空间。

一个经常被用来为动物园辩护的观点是,动物园教育了公众,特别是儿童。如果孩子们在成长过程中没有看过"野生"动物,他们就不会关心它们或支持提高它们福利的政策。生态旅游提供了很好的机会,但在大多数情况下,这种机会只是给富人的。这个观点很重要,但是,如果动物园为动物提供悲惨的且通常是孤独的生活,那就不能很好地实现教育目标。如果孩子们要学习,他们就要真正地学习,要看到动物在一个足够好的典型栖息地中的典型生活形式。在这里,功利主义给出了较差的指导,它主要关心的是无痛苦。能力论提出的要求要高很多:要有社会生活,要能够在独特群体空间中自由活动。

我们的世界为学习提供了如此多的新资源(各种类型的纪录片),这些资源不需要扭曲动物的日常生活,可以避免无所不在的人类及其控制力对动物生活造成的那种扭曲。许多类型的精彩影片都可以激发各年龄段观众的好奇心。优秀的纪录片《黑鲸》(*Blackfish*)和《噪音海洋》(*Sonic Sea*)揭露了海洋哺乳动物被驱赶出它们的栖息地,以及破坏性的噪声和垃圾的污染对其造成的伤害。《象牙游戏》(*The Ivory Game*)冷静地向观众展示了大象是如何被偷猎象牙和销售象牙的国际犯罪阴谋所杀害的。有一些流行的影片在我看来是较差的,例如获奥斯卡奖的《我的章鱼老师》(*My Octopus Teacher*),它有许多美丽和激发惊奇感的时刻,但它过于关注与一只(雌性)章鱼的浪漫化关系给影片中的人类主角带来了什么。然而,在这个过程中,观众还是想要去学习,并感到惊奇。总之,鉴于这些新资源的范围和质量,我们不需要动物园来教育我们。随着时间推移,新的资源将被开发出来,包括虚拟现实体验、互动视频参与等。

然而,动物园也支持了有价值的科学研究,增进了我们对动物能力的了解,促进了动物健康。有些研究很难在开放空间进行。(显然,这因物种不同而有很大差异。)在受限制的环境中进行研究,大大增强了我们对灵长类动物的智力和情感的了解。它展示了许多鸟类是那么多才多艺和聪慧。它证明了亚洲雌性大象可以在镜子里认出自己。(虽然很多优秀的大象研究是在野外完成的,但这种特殊的测试很难进行,因为象群要跨越数百英里去吃草。)对动物认知的研究是对动物有益的,它可以加强我们对动物真正的生活形式的理解,并为它们赢得新的尊重,使其得到更好的对待。如果不对动物的能力和生活形式有更多的了解,就不可能很好地应用能力论。此外,通过动物园的研究,一些具有毁灭性的动物疾病已经得到了治愈或控制,例如经常使小象死亡的疱疹感染。大多数动物园都不做重要的研究,但有些动物园会做。

这是一些真正有价值的目标,在某些情况下,追求这些目标可能需要进行一定程度的空间控制。然而,这并不要求对动物施加一种不健康的、情感上疏离或感官上匮乏的囚禁。事实上,弗朗斯·德瓦尔指出,对于不生活在正常的社会条件和物理条件下的动物进行研究，很可能会得到误导性的结果。[11] 他指出，在研究灵长类动物时，没有任何理由将一只动物从它的社会群体中隔离出来。

最后，动物园可以保护动物免受各种威胁。当一个物种面临灭绝威胁时，动物园环境中的受控繁殖也许带来了一线生机，至少是暂时的保障。而且，如果无法在更大空间内成功地控制偷猎，那么动物园可以为这些容易受害的动物提供保护。

与非洲那样的大型动物保护区相比，这些论点更加支持动物园，要求保留那些相对较小的、由人类精心监控的受限空间。但这些论点对哪些动物有效呢？

我论证了最基本的规范性问题是我们如何支持动物的能力，使其过上一种具有其物种特征的生活。从这个问题看来，相关的议题包括空间的数量和类型，植被，以及其他一些我们可以称之为"促进性环境"的因素。这一术语来自精神分析学家唐纳德·温尼科特（Donald Winnicott），他认为人类只有得到来自其他人类和周围环境的多种支持，才能在童年时期得到良好发展。这包括参与社交互动的充分机会，接受感官刺激的充分机会，合适的和独特的饮食供应，没有严重的情绪压力，能够玩耍和发展。注意，这些能力在野外往往会受到严重限制，正如我们所说，野外往往充满着毁灭性的饥饿、疾病、恐惧和折磨。因为野外有饥荒、干旱和偷猎者，所以良好的受限空间也必须引入这些东西，这种论证是荒诞的。如果认为因为小动物被野外大型动物捕食，所以一个良好的受限空间也必须安排这种捕食,我认为,这种论证同样是荒诞的。但我将在下一节更全面地讨论这一点。我们应该寻求真正为动物能力的发挥提供"促进性环境"的空间。通常,较大的保护区就是这样的环境,但由于偷猎的危险,这种环境并不稳定。如果一种动物可以在一个"动物园"里从事其全部的典型活动(包括社交活动),那么这对动物来说可能是有利的。

然而幸运的是,我们不需要一边反对浪漫主义者,一边支持环境管理。再次强调,非洲的大型自然保护区与圣迭戈动物园的区别仅仅是程度上的,而不是类别上的。二者都是受到高度管理的空间,的确也都是对观赏者友好的空间。(我所描述的吉尔吉斯斯坦的围栏是不寻常的,却是经过明智选择的、并非仅供观赏的空间,但这也是高度管理的。)如果我们认为空间限制本身在道德上是不可接受的,那么我们就必须拒绝整个现代世界,因为动物生活的所有空间都是受到限制和管理的,尽管有时因为空间太大,我们注意不到这种限制。

以这种洞见为指导,我得出的一般结论是,较小的受限空间是可以得到辩护的,当且仅当其中的动物在空间、感官、营养、社交、情感等方面有机会实现它们的典型生活形式。如果动物园的管理是明智的,这个目标对许多动物来说就是可以实现的,包括猴子,也许还有大型猿类,以及某些类型的鸟类。就海洋动物而言,如果水池足够大,那么大多数鱼类都可以被纳入海洋主题公园。几乎所有的小型哺乳动物,以及大多数爬行动物和两栖动物,都可以在一个设计得当的受限空间内活得很好。

现在我们缩小范围,开始讨论最棘手的例子。大象需要在大面积地域上移动,对食物有巨大需求(通常包括从树上剥下的树皮),它们具有社会性,小象至少要由四头雌象抚养,而成年雄象则独自行动,只有在繁殖期才与象群会合。鉴于大象的上述特征,即使在最好的动物园如圣迭戈动物园,也几乎不可能以合乎伦理的方式饲养大象,尽管这个动物园确实理解大象对空间的需要,因此将观看限制为远远的空中观望。野生象群在一天内可以漫游50多英里(约合80多千米)。因此,即使大型动物园,也远远无法满足大象对空间的需要,而且它们在受限空间内没有良好的健康或繁殖记录,死胎和生育并发症的发生率高得惊人。[12] 此外,大多数动物园都远远达不到圣迭戈动物园的条件。自20世纪90年代初以来,超过20家美国动物园出于伦理理由关闭了大象展览,或宣布计划这样做。2011年,动物园和水族馆协会(Association of Zoos and Aquariums)宣布了有关面积和其他条件的严格准则,但这些准则仍然是不够格的。2004年关闭大象展览的底特律动物园负责人说:

> 对我们来说,尽管我们尽力了,但我们意识到,实际上我们所做的一切都无法给它们一个繁荣兴盛的机会。(他是指物质环境和社交环境方面的缺陷。)因此,我们意识到有那么多事情给大象带来巨大的损害,无论我们

多么爱大象，多么想接近大象，看到大象，我们都认为这样做从根本上就是错误的。[13]

然而不幸的是，许多动物园都缺乏这种伦理敏感性。他们知道，大象对公众有巨大的吸引力。不管动物园是营利机构因而直接需要收入，还是非营利机构因而需要捐助者，大象都是一桩大生意。这一事实，再加上动物园大象的繁殖问题，导致了将大象从非洲带到美国动物园的邪恶计划。在这些狡诈的计划中，大象从更大的环境中被带到一些条件不足的小动物园，并编造出关于饥荒和干旱的虚假故事。

想想"斯威士兰 18 象"的故事。在《纽约时报》杂志上，查尔斯·西伯特撰写的《斯威士 17 象》("The Swazi 17")详细讲述了这个故事。[14]这些大象被围捕并运往美国的动物园，借口是犀牛和大象的种群受到了干旱威胁，而保护犀牛的唯一方法是杀死大象或将它们迁往美国。实际上只有 17 头大象被运走了，据说第 18 头大象在临行前死于胃肠道疾病。"动物之友"组织从一名联邦法官那里获得了临时禁令，这位法官当晚就安排了一场紧急听证会。然而，那时大象已经在飞机上了，在夜色掩护下它们被偷运上飞机，且被注射了镇静剂，所以法官没有禁止飞机起飞。在没有通知法官和辩护律师的情况下让大象登机，这严格来说没有违法，因为在申请禁令时还没有提出中止行动的要求，但这种做法是卑劣的。这些大象被分别运往不同的动物园，包括达拉斯和威奇托的动物园。大象对动物园来说是一大笔钱，无论是直接的（就营利动物园而言），还是在获得捐赠和公众支持方面（就非营利动物园而言）。"动物之友"目前正在发起诉讼，将此类转移归类为"用于商业目的"，根据国际条约法，这种转移是非法的。

我们应该非常清楚，大多数动物园都是商业企业，只是种类不同（营利的或由捐赠者支持的）。大型动物保护区也有商业性的一面，但至少它们的一部分作用是保护动物本身。

对于所有其他大型哺乳动物，包括犀牛、长颈鹿、熊、北极熊、猎豹、鬣狗、狮子、老虎和其他动物，我们都要问，对于这一种动物来说，什么是"促进性环境"，以及这种环境能否由一个相对较小的受限空间提供。允许较小空间的理由是，动物在更大的世界中会面临各种特定的危害与风险（北极熊因冰川融化陷入困境，犀牛被偷猎者杀害），而且有些无法在野外开展的研究可能对动物本身有好处。我们应该始终要求一个对动物本身有好处的结果，或者像温尼科特所说"足够好"的结果，即使这对人类游客也可能有附带的好处。我们应该坚决反对那些把动物当作人类游客的宠物的解决方案，正如我将在第 11 章描述的北极熊克努特的故事。但是，一概采用完全无管理的空间既不现实（这种空间根本不存在），也不利于一些动物（它们不想遭受偷猎、挨饿等）。然而，我们必须警惕欺诈行为，比如在"斯威士兰 18 象"案中假借干旱的名义行骗。我相信，我的名单上的大多数大型陆地哺乳动物都不能在动物园里茁壮生活，尽管熊和猿类有可能过得很好，如果社交条件和物理条件足够好的话（比如在阿纳姆猿类居住区）。对于所有通过文化学习来发展的物种来说，拥有一个独特的、足够大的社会群体都是至关重要的。仅仅说"现在我们已经有 5 只黑猩猩了"之类的话是不够的，它们已经形成了一种恰当的文化群体，具有所有的典型类别和角色。

再来看看海洋和天空。特大型海洋哺乳动物（如虎鲸和鲸鱼）是无法被合乎伦理地饲养在海洋主题公园中的。2013 年的纪录片《黑鲸》展示了虎鲸被圈养的生活是多么糟糕，尤其是它们在很小的时候就被带离了自己的群体，因而无法从年长的虎鲸那里学到虎鲸生活中的恰当行为。[15] 提里库姆的例子表明，这种残酷的剥夺会引发毁灭性的愤怒。[1] 这部电影激起了观众的强烈抗议，最终导致海洋世界（SeaWorld）做出了正确的决定，不再繁殖虎鲸或进行表演。[16] 最近，加利福尼亚州通过了《虎鲸福利和安全法案》（Orca Welfare and Safety Act, 2016），旨在逐步淘汰所有的虎鲸圈养，并确保那些仍处于圈养中的虎鲸得到仁慈对待。该法案规定，圈养虎鲸是非法的，在公共娱乐中使用圈养虎鲸也是非法的。2020 年，海洋

---

1 虎鲸提里库姆（Tilikum，1981—2017）是纪录片《黑鲸》的主角，他在海洋公园接受高强度的训练，且长年被囚禁在狭小的空间，深受心理伤害，后来杀死了 2 名驯兽师和 1 名路人。虎鲸又被称为 killer whale，常被译为"杀人鲸"，但野生虎鲸从未表现出杀人行为，而海洋公园里的虎鲸却经常攻击驯兽师。

世界开始在教育节目中使用剩下的虎鲸,通过现场科学解说展示自然行为,但考虑到这些虎鲸没有生活在典型的大鲸群中,因而不清楚它们如何能够展示自然行为。[17]虎鲸有很强的文化性,以非常独特的方式从其群体中学习大多数行为。例如,它们是少数有更年期的非人类物种之一,雌性虎鲸在40岁就停止生育并活到80多岁,她们在指导年轻虎鲸和传授规范方面起着关键作用。[18]没有这种社会结构,年轻的虎鲸就会随波逐流,就像缺乏人类文化教育的"阿韦龙的野孩子"(Wild Boy of Aveyron)[1]那样。

海豚是一个不同的例子,也是一个非常棘手的例子,因为它们具有如此高的社会性和互动性,所以它们某种程度上可以在圈养中茁壮生活。它们甚至已经知道把在圈养中学到的技巧带回"野外"并教给自己的孩子。[19]一方面,看到这些极其聪慧的哺乳动物被用于娱乐,似乎有一种令人反感的侮辱性。另一方面,许多动物生活的一个突出特点就是可以从有技巧的运动中获得乐趣,这显然是牧羊犬、猎犬和从事马术的马的繁兴生活的一部分,不应该仅仅因为一种生物是野生的却从人类那里学到了这种行为,就视其为不本真的或被禁止的。事实上,我们也许应该拒绝这样的想法:人与动物的所有合

---

[1] 是指阿韦龙的维克多(Victor of Aveyron,约1788—1828),他自幼生活在野外,于1799年在法国阿韦龙森林被抓住,人们试图对其进行教育,却发现他不具备正常儿童的学习能力。

作和互惠都不适合于野生生物。那么，恰当的界线应当划在哪里？

托马斯·怀特以其特有的平衡思维和敏感探讨了这一问题。[20]他重点关注他书中曾探讨过的海豚生活的特点：它们具有极高的社会性，而且需要在一个非常大的空间里与一大群海豚一起漫游。他认为，即使那些悉心善待海豚的动物园，也没有为它们提供足够的空间或足够大的群体。这确实可以保护它们免受许多危险。但怀特说，这是一把双刃剑，因为受到这种保护的海豚会失去在野外生存的能力。因此，最后他得出结论，圈养在伦理上是不可接受的。

这都是一些很好的论证，我也倾向于同意。海豚当然需要很大的空间和典型的社会群体，但它们也有很强的适应性，能在多种环境中茁壮生活。可以采取一个折中的解决方案：设置更宽广的、部分敞开的围栏，海豚在那里可进可出，而且如果它们愿意的话，可以与人类接触。以色列埃拉特的海豚礁可能就是这样一个地方，尽管它也面临一些争议。[21]

最重要的是，海豚应该得到尊重，它们是强健而奇妙的高智能生物，对自己想做的事有自己的想法。这也意味着要尊重它们的互动、奇思妙想和幽默感，它们有时会对人类和其他物种以及其他海豚展现出这些特征。

鸟类则各有不同。有些鸟通常不会跨越辽阔的地域，比如鹦鹉、喜鹊和乌鸦。另一些鸟则会这样做，当这些鸟被放进鸟舍时，看上去是受到了不恰当的限制。有些鸟是高度社会化的，有些鸟则独来独往。喜爱鸟的人喜欢到每一种鸟特有的地点去寻找，这应该是观察鸟类的首选方式。然而，如果是像新西兰的围场那样有保护性侧栏和开放屋顶的空间，虽经过设计但很自由，那也是合适的。我们需要对不同种类的鸟类有比当前更充分的了解，才能针对具体物种提出建议。

所有这些问题都很困难，好的动物园每天都在纠结这些问题。如今，好的动物园展示了一场思维革命，我们必须通过更好的监管将其推广至所有动物园，我们都必须以尊重生活形式的观念为指导，不断地提出难题。

总而言之，当我们思考动物园伦理时，能力论为我们提供了很好的指导。应该将动物的生活形式作为检验标准：动物园能够为其提供合适的机会吗？如果能，那么我认为动物园是可允许的，但我们必须始终保持谨慎，因为所有动物园都处于人类支配之下（而人类往往是贪婪的）。如果不能，我们就必须以不同的方式行使管理权，通过大型野生动物保护区和庇护所来保护动物。

捕食与痛苦

我们说过，野外是一个既匮乏又暴力的地方。今天，许多关心动物的人认为，我们应该阻止人类对动物的暴力（偷猎、狩猎、捕鲸），却不去干预自然的暴力（饥饿、干旱、捕食）。这种普遍存在的态度能得到辩护吗？

本书所发展的进路关注个体生物的生活机会，认为它们应当有机会过上繁兴生活。痛苦和行使各种能动性的机会二者都很重要。从那些成为自然暴力受害者的生物的角度看来，那完全是自然的这一事实并不会带来任何安慰。正如密尔所说，它们往往遭受更可怕的痛苦，饥饿是一种最痛苦的死亡方式，跟被一群野狗撕成碎片一样痛苦。这肯定不如被一颗子弹击中大脑好，即使前一种死亡是自然的，而后一种是人类造成的。

而且，当我们意识到自己对野外的掌控和管理时，我们实际上就不会以我所说那种的不干预的方式进行思考。在为人类保护动物免受洪水、饥荒和干旱的行动辩护时，我不是在提出一个激进的建议，而是在报告一些普遍存在的思维和做法。那些有动物保护区的国家不仅阻止偷猎行为，也抑制自然灾害的影响，无论如何，其中大多数灾害的背景都有人为原因。当我们有能力这样做时，我们似乎就必须这样做。

然而，捕食似乎有所不同。大型动物保护区的管理者不仅不阻止捕食，还经常大力鼓励捕食。因此，他们的做法非常不同于家养动物的人类同伴，后者通常不鼓励他们的伴侣狗和猫去捕食小鸟或猎杀狐狸，尽管此类行为属于某些品种的狗和猫的典型剧目内容。也就是说，人们对待自己的动物同伴通常就像对待孩子一样，他们将自然的攻击性引导向某种替代活动，既要防止其本能受挫，也要防止其对别的动物造成伤害。就像一个孩子被引导向竞技体育，而不是屠杀人类一样，一只猫也被引导向猫抓板,而不是一只鸟。难道动物主导其典型生活形式的能力没有受到挫折吗?对,也不对。一种能力可以用多种方式来描述。我们可以说,猫的一种典型能力是杀死小鸟。我们也可以说,猫的一种重要的典型能力是运用捕猎能力和免受挫败。遗传下来的是一种普遍倾向,它可以有不止一种表现方式。在一个多物种的世界里,我们为了和平共处都必须抑制一些行为,我们有理由关注后一种对能力的更普遍的描述方式,除非我们有压倒性的证据表明这条思路行不通,比如那些不能杀鸟的猫会感到抑郁和痛苦。证据表明并非如此。猫的捕食本性需要一些释放出口,就像人类一样。但没有理由认为这个出口必须给受害者带来可怕的痛苦。

我们为何不以同样的方式来思考如何应对野外捕食呢?这种不对称是有理由的。我们非常无知,如果我们试图大规模地干预捕食,我们很可能将造成大规模灾难。我们基本上不知道物种数量会如何变化,会导致什么样的短缺,而且我们完全没有准备好应对这种干预可能导致的后果。我们保护较弱的生物免受捕食的唯一方法,就是将较大的动物保护区转变为那种糟糕的老式动物园,其中每种生物或群体都生活在自己的围墙内。这是一个错误的方向。然而,如果不走这条路,我们也无法设想可行的替代行为,就像为伴侣狗和伴侣猫设想的那些替代行为那样。在一个典型的动物园环境中,人们可能会尝试安排替代方案,例如给老虎一个实心球来锻炼其捕食能力,同时喂给它人道屠宰的肉。[22] 以下是圣迭戈动物园对豹的饮食的说法:"在圣迭戈动物园,我们一般给豹喂食一种商家专为动物园食肉动物制作的碎肉餐,偶尔会提供大骨头、解冻的兔子或羊的尸体。为了保持它们的狩猎技能,野生动物护理专家偶尔会为这些猫科动物安排一场肉丸'狩猎',即把它们的部分食物卷成球状,藏在其栖息地的各处。"[23] 这就把捕猎造成的痛苦转移到了游客看不到的工厂式养殖场里。这并不是一种进步。然而,实验室培育的人造肉,甚至植物肉(plant-based meat)都会远胜于此。即使被人道屠宰的动物也比这更好,因为死于捕食通常是非常痛苦的。然而,如果没有隔离的围墙,这种替代方案是不可行的。

哲学家杰夫·麦克马汉在一份报纸的专栏文章中,试探性地建议通过工程设计来消除捕食。[24] 这个想法可以解决隔离墙问题,但它根本没有尊重这些动物中的大多数,它们不应该因为自己的行为倾向而受指责。(它们没有演化为像狗和猫那样可教,尽管它们中有很多表现出社会学习能力,但它们只能从捕食者的物种社群中学习。)而消除捕食肯定会导致动物数量剧增的混乱局面,我们对此缺乏准备。

因此,如果我们有理由对干预捕食保持谨慎的话,这些都是很好的理由。另一方面,脆弱的生物所遭受的痛苦和过早死亡是非常重要的,似乎需要用某种明智的行动来干预。被捕食者吃掉根本不是这些生物的生活形式的一部分。它们的生活形式是属于它们自己的,它们想过不受干扰的生活,正如我们有时也会成为攻击者的猎物,但我们不想那样。如果这些物种不是很擅长逃跑，它们就不会活下来。说羚羊被捕食者撕碎是它们的命运，就像说女性被强奸是她们的命运。这两种说法都大错特错，而且贬低了受害者的痛苦。一个不幸的事实是，在野外，动物对平和生活的渴望经常会被挫败并遭受痛苦。这种情况看起来就像我们在第 8 章讨论的悲剧性困境之一，只是这个世界难以提供黑格尔式解决方案。

还有一些用来反对干预捕食的理由是非常糟糕的。浪漫主义的"野性"观念包含着一种对暴力的渴望。布莱克的虎和雪莱的西风象征着一些人类觉得他们因过度文明化而失去的东西。很多人对大型食肉动物和捕食场面本身着迷，其背后是一种对（被认为）失去了的攻击性的渴望。管理动物保护区的人知道，捕食是一个肯定会吸引游客的卖点。我参观过博茨瓦纳一个很好的保护区，发现最受热烈期待的一个景象是，一个罕见品种的野狗成群结队地跳到羚羊身上，甚至在它还活着时将其肢体撕裂。从开始狩猎，到充满折磨的死亡场面，到必不可少的肢解尸体，再到最后秃鹫清理残骸的场面，与我同乘一辆吉普车的富有游客们贪婪地观赏，他们为了看到这些，在凌晨 4 点就离开帐篷营地，偶尔有一两个人做出惊恐和厌恶的反应。人们有卑劣的施虐癖倾向，他们创造出满足这种欲望的娱乐。正如罗马人的嗜血欲望部分地是通过涉及动物的暴力来满足的（包括大象，西塞罗和普林尼强烈反对这样折磨大象，尽管他们不反对折磨人类），今天我非常尊敬的博茨瓦纳旅游机构也在从替代性的施虐癖中赚钱。而且，这个动物保护区从整体上是被设置成支持这项活动的，因为那些野狗是高度濒危的，人们为保护它们付出很多努力。我不知道对于这个物种的保护是否可取，但我认为在这里，促进这种保护的一个主要用意是很坏的，即通过施虐癖观光来赚钱。

我们应该考虑对捕食进行一些适度干预，并暂时搁置更大的问题。第一，不要通过施虐癖观光来赚钱。另一项通过折磨动物来满足人类施虐癖的运动是猎狐，它已被定为非法。我主张将捕食限制在没有人类的地方，吉尔吉斯斯坦就选择了这种明智的做法。如果不为人类观众安排这种半舞台表演，这种虐杀就会少很多。在一个大的保护区里，也许不可能让人类完全远离捕食者，但没有必要专门带游客去观看捕食，毕竟很多捕食都发生在黄昏和夜晚。

第二，在人类管理下出现动物对动物的残酷伤害时，我们至少可以谨慎地探寻一些有利于弱者的干预方式，例如保护一窝或一巢中较弱或被遗弃的成员免遭灭顶之灾，这是惯常的做法。新西兰的鸟类保护区就是一个极好的例子。他们把兔子、大鼠、小鼠和猫拒之门外，它们有大量的食物，因为这些都是适应性很强的物种。当然，这使这些生物的捕食行为转移到了保护区外的其他小生物身上，因此我的观点也会受到质疑。但新西兰的鸟类是非常脆弱的，因为它们没有进化到可以逃避这类捕食者，这些掠食性物种大多不是新西兰本地原有的。人们可以且确实为其他动物提供了一些不涉及捕食的替代食物。猫可以吃人道宰杀的肉或鱼，这至少在一定程度上比捕食更好，或者可以吃植物肉或实验室培育的肉,那就更好了。因此我认为,总体来说,该国保护鸟类的决策是可以得到辩护的。

我们在这个方向上还能走多远?我们需要一直思考这个问题。笛鸻是一种稀有的鸟类,一对笛鸻曾在芝加哥的蒙特罗斯海滩筑巢,它们沮丧地发现,一只臭鼬吃掉了它们的两颗即将孵化的蛋。于是它们又产下一颗蛋,公园管理处在鸟巢周围安装了一个更坚固的新围栏来保护它。有人敢于以"不自然"为由反对这样做吗?2021年7月下旬,有四只雏鸟孵化出来,其中两只被成功地养育至亚成熟期。孵化后,这些雏鸟不再被限制在围栏内,于是另外两只似乎遭到了捕食,当时它们正处于学会飞行前的脆弱期。是否应该对这些雏鸟提供更多保护?也许不应该,因为这样会使它们无法学会如何成为成熟的鸻鸟。

第三,在我的理论中,有一些捕食在任何情况下都是可允许的。捕食昆虫并不造成处于能力论的认知范围内的伤害。捕食老鼠和其他一些惹麻烦的动物,这种情况可以由自卫原则涵盖。这就为许多生物打开了食物来源。

简言之,我们需要严肃地持续探讨捕食问题,以及如何解决这一问题,我们需要不断探寻黑格尔式解决方案,比如替代性的动物行为。(吉尔吉斯斯坦的兔子和猫在寻找食物时不杀害鸟类,就属于这种替代行为。)我们首先需要说服人们,捕食是一个问题。太多人在成长过程中都对捕食感到兴奋和着迷,这对我们的整个文化产生了不好的影响。我们必须不断地指出,羚羊不是作为食物而存在的,它们要过羚羊的生活。它们如此难以过上这种生活,这是一个问题。因为我们掌管着所有地方,所以就需要弄清楚我们能为此做多少,应该做多少。

边缘动物

一些过去远离人类生活的动物现在已经搬到了人类居住的区域。它们已经成为城市生态系统中的熟悉成员。大鼠、小鼠、松鼠、浣熊,以及鸽子和加拿大鹅等野生鸟类已经与人类共同生活了很长时间。更新近的居民包括郊狼、猴子、鹿、美洲狮,甚至狒狒和熊。这些动物带来的特殊问题是,它们经常与人类竞争,并可能对伴侣动物甚至儿童有攻击性。这是动物伦理学研究的一个非常吸引人的新领域,为了避免采取防御性灭绝主义的路线,我们需要对这些动物有更多认识。我相信对于有害动物来说,自卫原则是合理的,正如我在第7章所说的。但我们经常会犯的一个错误是,仅仅因为一个生物使我们感到害怕,就认为它是有害动物。例如,郊狼是非常羞怯的,通常不会接近人类。各城市已经越来越多地认识到这一点,并且更倾向于采取谨慎和温和的应对方式。有时,我们自己也有错:如果人类给郊狼喂食,它们就会习惯于在人类居住区附近徘徊,这可能使它们成为掠食者。这些例子很吸引人,但并没有带来任何我们在讨论其他潜在冲突问题时没提到的特殊理论问题。本书已经讨论过这些问题了,并主张采用能力论。[25]

因此，我在这里很简要地处理这些问题，但我承认这类问题在某些方面是新颖的，并一直在增加。

种群数量及其控制

在野外空间经常发生的一件事是数量失衡。以北美洲部分地区的马鹿为例。当它们数量增长太多时，就会因缺乏食物而受苦。于是，人们建议做两件事，一是引入狩猎，二是引入作为自然捕食者的狼。当然，狼的引入根本不是自然的，而只是换一种方式狩猎而已，而且狼对马鹿造成的痛苦要远远大于猎人，至少对于懂得如何射击的猎人来说是这样的。

我们应该如何思考此类情况呢？首先，我们最好马上认识到这是一个关于选择和管理的问题，而不是关于自然的问题。其次，我们应该问为什么会存在这些问题。怀俄明州的野马缺少食物，因为牧场主出于商业目的，为了养牛而试图圈占所有草场。因此，必须商议出某条底线，对相关动物和人类的财产权进行合理分配。贪婪不应成为主导因素。这需要大量的抗议活动和诉讼。但是，即使有一条合理的底线，数量失衡问题也会发生，就像马鹿的情况那样。我在第 8 章指出，人口控制是当务之急，同时也要遏制人类的贪婪。但我也曾试探性地提出，就像我们经常对伴侣动物采取节育措施那样，如果一个物种的数量过多，我们就应该谨慎地、逐步地考虑对野生动物采取这种黑格尔式解决方案，以应对数量失衡问题。我们的认识还太不足，而且研究尚处于起步阶段。在人类节育方面，正在探寻一些不会引起不适的副作用的方法。我们可以预计，寻找为动物节育的方法需要几十年的时间，特别是因为必须为每个物种量身设计节育方法，而且研究的方式必须比对人类的研究更加谨慎，因为对人类的研究是可以得到知情同意的。尽管如此，对于这类特殊情况来说，这种选项似乎比其他摆在我们面前的其他选项（挨饿、被人类猎杀、被狼撕咬）更可取。至少，我们不应当被"扮演上帝"的指控吓得不敢迈向这条路。

鉴于人类在当今世界的地位，我们握有一切权力。我们无法回避这一事实，试图回避本身就是一种带有后果的选择。我们必须做出选择，要么进行残酷而愚蠢的管理，要么以关注动物繁兴的方式进行管理。

我们现在可以看到，能力论为我们对待伴侣动物和野生动物的发展提供了良好的指导。在野生动物的例子中，它相对于功利主义的优势更加明显，因为它为我们提供了拒绝动物园的明确理由，即使动物园没有造成痛苦。关注动物的完整生活形式，这会带来更健全的政策，这些政策对动物的社会性和动物的努力予以尊重。

第 11 章

友谊的能力 [1]

一天下午,我看向那个洞穴,第一次发现她没有藏在完全黑暗的地方,而是趴伏在离我只有一两英尺的地方。"嗨,你好。"我悄悄地说,尽量不吓到她。我几乎都不敢呼吸。我想伸出手去触摸她,但我不能冒险。她转过头去,我以为她会回到洞穴里,但是没有,她留在原地。过了一会儿,她开始慢慢地摇动尾巴。尾巴敲打着洞穴的侧壁。这个轻柔的动作,瞬间解除了我的一切防备。当她在我视线中突然变得模糊,我对自己说:"那么好吧,我永远是你的!" [2]

——乔治·皮彻《驻留的狗》

在树荫下休息时,亚历克斯、达夫妮和我懒洋洋地瞭望风景,大地上四处点缀着成群的斑马和黑斑羚。一阵微风吹来,吹起了达夫妮的头发。我摆弄着一块色彩斑斓的石头,亚历克斯俯身看着我的发现。然后他把头

> 靠在树上,打起盹儿来。我越过他看向达夫妮,我们的目光相遇了。她做了一个友好的表情,并向我靠近了一点。达夫妮开始打盹儿,很快我也开始昏昏欲睡,被她温柔的呼吸声和鸟儿在树梢上的拍翅声哄得睡着了。我的身体完全放松,在自己的同伴面前感到安全。[3]
>
> ——灵长类动物学家芭芭拉·斯马茨
> 描述与狒狒亚历克斯和达夫妮的午后小憩

人类和其他动物之间有可能建立友谊吗?能力清单中提到的一个核心条目是联系,并认为要确保有能力建立相互关心的关系,这要求保护那些滋养和维持这种能力的体制。就人类而言,我们有很多方法来保护人们关于有价值的爱和友谊的能力。法律以各种方式保护家庭,并禁止家庭中的暴力或虐待。要想使工作场所有真正的友谊,而不是单纯的支配关系,关键要有反对工作场所性骚扰的法律。工作场所的健康和安全法规也发挥了作用,特别是限制工作时长的法律,这可以使人们有时间与家人和朋友相处。好的学校促进儿童发展互惠和联系的能力,并使儿童具备交往技能和兴趣,从而使其得到充实而有益的友谊。那些保护言论、宗教和结社自由以及个人隐私的法律,构建了可以形成友谊的空间。以促进联系为目标,这还可以在许多其他方面塑造法律和体制。

但其他动物呢?我已经说了很多关于动物之间的联系和维持这些联系的社会结构。但人类和其他动物之间的友谊呢?

这是一个值得追求的理想吗？这是可能的吗？人类只可能与伴侣动物建立友谊吗？与野生动物是否可能？如果它既是值得追求的，又是有可能的，那么我们能做些什么来促进它？本书可以仅仅关注防止可怕的虐待行为。但能力论是关于繁兴生活的。一个富足、受过教育、拥有政治自由的人类社群，如果不给友谊和爱留出空间，它就是空洞和不健全的，我们要建立的大规模多物种社群也是如此。

在本章中，我会论证这种友谊的可能性和价值。但我也会论证，如果不重新思考大多数人与伴侣动物之间的关系，甚至更激进地重新思考我们与野生动物的关系，如果不结束我们现在从事的一些最常见的支配和剥削（不仅包括狩猎、偷猎和捕鲸等恐怖行为，还包括更隐秘的支配形式，比如将野生动物当作人类娱乐的对象，而不是将其当作拥有自己生活的主体），我们就无法得到这种友谊。

因此，本章既是对一种能力（的一部分）的深入研究，同时也表达了一种精神：我相信我们应该追求所有这些能力。它将引导我们回到我在第 1 章讨论的那些情绪投入，即惊奇、同情和愤怒。但我们现在可以再加上友谊和爱。

什么是友谊？

根据人类对某一特征的经验来构想一种普遍特征，这是危险的。即使当我们接触其他地方的人类时，我们也常常因为把自己的习俗投射至他人而犯错。但当我们接触另一个物种时，这种投射的问题总会放大。任何有意义的反思都要基于一个基本前提，就是对那种生物的生活形式进行研究。

例如，当我们考虑动物的感知时，我们必须考虑与我们自己的视觉、听觉和嗅觉非常不同的形式，还有我们根本没有的感官，比如依靠磁场或回声定位的感知。友谊也是如此，我们喜欢的东西不一定是其他物种喜欢的。我们已经看到，许多类型的物种都与相当多的同物种成员生活在一起。一头象的友谊是在雌性群体中的友谊；尽管每头大象都是一个独特个体，但朋友们不会把自己从更大的象群中孤立出来，除非是成熟的雄象，他需要离开象群过自己的相对孤独的生活。海豚也一样，其所有社交联系都有一个基本的参照点，那就是要有一个广大的群体，如果与海豚的友谊是可能的，那么它就要立足于这个背景。

然而，我们可以从人类友谊的理想中学习，我们要小心翼翼地以谦逊和开放的方式来界定友谊，不应当从一开始就建立在对人类实践的参考上，而是要做好学习的准备。从亚里士多德和西塞罗开始，人们在讨论这个话题时都会强调友谊的一个必要条件，即朋友们把彼此当作目的，而不仅仅是作为获得利益或乐趣的手段。康德理论就是以这种方式对待人类的，而科斯嘉德和我将其纳入我们对待动物的方式中。显然，在大多数人类与动物的交往中，这一点是非常欠缺的。

而且，友谊是有活力的：朋友们是积极的，他们促进彼此利益是为对方考虑，而不是为自己考虑。促进他者利益未必都是将对方当作目的。例如，几千年来，男人把他们的妻子当作战利品，照顾她们，但这主要是为了赞颂男性自己的地位。这种工具化在人类与动物的关系中无处不在，即使它们得到了很好的照料。人们可能会费尽心思照顾自己的"宠物"，给它们提供奢侈的食物和梳妆打扮，却只不过把它们视为人类的玩物而已。

把另一个人当作目的，总是意味着尊重那个人的生活形式。这一点在讨论人类友谊时很少被提到，因为人类共享同一种基本生活形式，这被视为理所当然的。然而这一点很重要，因为人类有不同的价值观和生活计划，如果与一个人交朋友的条件是要求此人放弃她自己的所有计划，接受你的价值观和选择，这根本就不是真正的友谊。（在几千年的人类历史中，许多男女关系，甚至可以说大多数男女关系都因为没有考虑到这一点而受到损害。）

人类和其他动物之间要想建立友谊，就必须尊重不同的生活形式和活动。在大多数的人-动物关系中都缺乏这种尊重。即使在伴侣动物的情形中，在为人类的方便而安排事情和真正尊重动物自己的生活形式之间也存在重要的区别。

这种尊重在人类与野生动物的关系中尤为缺乏。即使善意的人类也可能缺乏真正的尊重。人类经常开着自动导航进入大自然，就像糟糕的美国游客在国外留下的刻板印象一样。这个糟糕的游客对当地居民及其文化没有什么真正的好奇心，她不研究也不学习，她甚至不尝试说对方的语言。她只说英语，只吃自己更熟悉的美国食物。但她对这些陌生人创造的引人注目的历史建筑赞不绝口。这仍然是典型的美国游客行为，唉，关于野生动物的旅游一般来说也是这样的。人们喜欢看奇怪的生物，赞叹"红牙利爪的自然"，却对动物的生活形式缺乏真正的好奇心，也没有尝试去共情动物的视角。友谊无法在如此贫瘠的土壤中生根。

当然，这种旅游行为虽有缺陷，但已经比我们经常看到的要好得多。至少，观兽旅游的游客是在对方的环境中去观看那里的东西，这非常不同于人类对动物的许多常见行为。更多时候，人们观赏的是"野生"动物在动物园和主题公园里表演人类编排的日常剧本，而这些动物园和主题公园不过是牢房而已，它们几乎在所有方面都被阻止过它们物种的生活。尊重物种的生活形式需要很多谦逊和很多学习。

尊重可以通过智力上的学习来实现，从外部去了解相似性和差异，尽管这存在困难。然而，为了使友谊成为可能，还需要共情，或至少是认真地尝试共情，尝试从动物的角度看世界，了解那种动物一般是如何进行交流和选择的，并顺应动物看待事物的方式。即使对于其他人类，我们也从未能够完全准确地取得对方的观看视角，无论他们离我们多近。我们也不应当期望自己能完全站在非人动物的视角来看世界。但至关重要的是，我们应当去尝试，而我们有时可以取得部分成功。

即使所有这些友谊的先决条件都实现，也可能没有产生友谊本身，至此我们得到的只是一种相互尊重的关系。但友谊涉及更多的内容：共同的活动和快乐，对彼此的陪伴感到高兴。因此，通常情况下，友谊需要在同一个地方长期共处。

友谊还要求信任，而信任需要时间。因此，共处必须是持续的，而不是短暂的。有趣的是，在人类之间，爱情比友谊更有机会在远距离和短时间内蓬勃发展，因为友谊要求信任、关注对方利益，以及共同的活动模式。目前，这一要求似乎排除了人类和鲸鱼之间的友谊，因为只有在主题公园这种道德上不可接受的约束下，才有可能实现长时间共处。大多数种类的鸟也面临这个问题，尽管有些种类的鸟可以与一个合得来的人类成为朋友。

对动物生活形式的尊重并不意味着否定对特殊性的关注，如果我们追求的是友谊，就不应该否定它。在人类之间，这是不言而喻的：如果某人把人们当作可以相互替换的，那么他就不太可能有资格拥有友谊。人类和动物之间的友谊也是如此。

如果一个人类朋友尊重一只动物的生活形式，她就必须理解，那些关键能力是如何以不同的方式在人类物种和动物物种中实现的。例如，当我们思考友谊时，我们会想到与之相关的一种活动——玩耍。所有动物都参与玩耍，但什么算作玩耍需要仔细研究。因此，小狼在游戏中的互咬在人类的托儿所是不被接受的！任何友谊的可能性都必须始于对这些差异的研究，并以高度普遍的相似性背景为基础。而且，在对这种关键的联系能力做进一步细化时，显然会有差异。人类家庭的结构会因文化和时代而异，但所有已知的人类家庭都与大象家庭非常不同。在大象家庭中，幼崽由一群合作的雌性动物抚养，而雄性动物在发育期结束后会离开群体，独自游荡，仅在交配时间回归群体。

人类友谊在很大程度上取决于语言和其他形式的交流（如音乐、艺术、姿势）。大多数类型的动物也是灵活和高度熟练的交流者，它们通过许多方式向彼此传递它们的经验、偏好、恐惧和欲求。问题在于如何在人类和动物的交流系统之间构建一个交汇点。有时，只是存在理解上的困难，这可以通过学习来克服。有时会有严重的物理障碍，例如我们无法听到鲸鱼和大象发出的许多声音，但接收低分贝声音的录音设备可以捕捉到这种交流信号，并有可能将其转化为人类可以听到的内容。

谈谈友谊和爱情。有时人们用"友谊"一词来意指一种在情感上比爱情更弱的关系。我追随希腊人和罗马人，他们的 philia 和 amicitia[1] 的概念没有这种限制。我要讨论的某些关系在情感上是非常强烈的。我之所以谈论友谊而不是爱，主要是为了表明：第一，它是 philia（友爱）而不是 eros（爱欲），性欲和性亲密并非不可或缺（在跨物种的情况下，二者是缺席的）；第二，友谊像友爱一样，涉及一种互惠，这种互惠体现在良善的愿望、情感和行为中，而爱情无论是否带有情欲，都可以是单方面的，甚至在你从未遇到你爱的对象时也可以存

---

[1] philia（古希腊文）和 amicitia（拉丁文）都意为"友爱"。

在。许多人深爱动物,却对任何一只动物都不够熟识,从而无法形成友谊。任何像我女儿那样爱鲸鱼的人,都必须满足于远距离的爱,不求回报。我本人没有与动物建立友谊,但很爱动物。因为我有出门远行的职责,所以我无法肩负照顾一只狗的责任,而且我也不能和大象一起生活,尽管我渴望和一群大象建立友谊。因此,从这个意义上说,友谊比爱情要求更高,尽管友谊当然也可以包含互爱。

人类-动物友谊的范例:伴侣动物

当伴侣动物不被当作"宠物",而被承认拥有自己的尊严和能动性时,它们往往可以与一起生活的人类成为朋友。许多读者都参与过这种友谊,而更多人是通过各种报道了解到这种友谊。研究一下这种友谊的范例还是很有意义的,因此我们进一步看看哲学家乔治·皮彻和两只狗——卢帕和雷穆斯之间的友谊。从1977年到1988年(卢帕去世)和1991年(雷穆斯去世),皮彻和他的同伴、作曲家兼音乐教授埃德·科恩与两只狗一起,住在他们位于新泽西州普林斯顿的房子里。[4]我们在导言中认识了这两只狗。皮彻以充满细节和共情(包括自我共情)的方式描述了他们的故事,这不足为奇,因为皮彻是近年来在哲学界重提"情感"这一话题的哲学家之一,而情感曾被认为是一个不值得研究的话题。讲这个故事还有一个好处,就是可以用我的个人经历来对它担保。作为这两个人的朋友,我经常访问普林斯顿，住在他们位于高尔夫球场的房子里，并经常与乔治和狗们一起散步。雷穆斯对我很亲近，但正如前文所述，卢帕总对陌生人心存恐惧，当我在她附近时，她通常趴在大钢琴下面。

卢帕作为一只野狗生活了很长一段时间，她的孩子的父亲可能是野狗群体中的另一个成员。在此之前，她似乎经历过虐待。某些手势会让她感到恐惧，特别是当人举起手来时（见导言）；当有人使用楼下的那部电话（而不是其他电话）时，她就会蜷缩起来。乔治在他们家一个工具棚下面发现了她和她刚出生的孩子，它们在那个黑暗的狭窄空间里瑟瑟发抖。起初，她因害怕陌生人而不敢与人接触，过了好几天，她才去吃留在洞穴口的食物，过了好几个星期，她才敢到洞穴外面一点儿的地方去取食物。一直以来，乔治都温和地与她交谈，安抚她的情绪，猜想她经历了什么才会产生如此的恐惧，并"感受到她身上的巨大脆弱性"[5]。书中明确指出，皮彻同时也在发现，或重新发现他自己的脆弱性，在经历了艰难的童年后，他将许多情感隔绝在外。本章第一段题记所描述的情节，是卢帕第一次对他的示好做出积极回应，从那一刻起，他就完全做出了决定。埃德起初反对养狗，但后来也动心了，先是把卢帕和她的一只小狗养在外面，后来欢迎它们住进自己的家，同时为其他小狗找到了好人家。当他们为这两只狗起名字时（卢帕的名字取自那只为两位罗马创始人哺乳的母狼，而小狗的名字取自那只母狼的两个人类"孩子"之一[1]),这样做"是承认它们,无论如何,对我们来说就像是人格体,而且现在我们对作为人格体的它们负责。我们正以一种严肃的方式做出承诺,就像人们在宣誓时一样"[6]。(皮彻强调,埃德的直言不讳和认真严肃是众人皆知的,当埃德对我的一些音乐作品提出批评意见时,我怀着感激和有些不舒服的心情体验到了他这种性格。)

皮彻承认,这些狗是他们的代孕孩子。(作为两个同性恋者,在那个无法出柜的年代,他们没有机会结婚或领养。[7])但他也强调,这些狗还扮演了其他情感角色:卢帕具有一位母亲的形象,而雷穆斯是一位勇敢的伙伴。将狗视为代孕孩子的想法有可能导致对狗的不恰当对待,从而不尊重它们的犬类生活。许多人都以这种方式对待狗,比如给狗穿上婴儿服,等等。我没有看到他们有这种不良行为的迹象。相反,他们一直响应着狗所特有的欲求和表达方式,它们的独特性,它们彼此之间以及与其他狗之间的区别。他们没有人类孩子,这意味着他们不会被其他责任干扰,可以把全部的注意力放在卢帕和雷穆斯身上。

从一开始,皮彻就是一个亚里士多德式的朋友,他把卢

---

1 传说,古罗马城的创始者是一对双胞胎兄弟——哥哥罗慕路斯(Romulus)和弟弟雷穆斯(Remus)。他们年幼时家人为仇敌所害,兄弟二人被丢弃到野外。母狼卢帕(Lupa)捡走了他俩,并用自己的乳汁将二人养活。二人长大成人后,在母狼喂养他们的地方建了一座新城,以哥哥的名字罗慕路斯命名,简称罗马。

帕和雷穆斯当作目的，促进它们的利益是为对方着想，而不是为自己。他总是响应它们各自的需求，非常敏感于它们各自的特殊表达方式：雷穆斯习惯于在他想要的物品附近"有深意地坐着"，卢帕表达欲求的方式则不同，"把她的爪子轻轻地放在我们的膝盖上，期待地看着我们的眼睛，有时还轻轻地哼哼"[8]。雷穆斯能够提出强烈的抗议。他们帮一个朋友照看一只母狗，而她睡在了乔治的屋子里，雷穆斯耐心地忍受了这种越界。但是，当这只狗第二次来拜访时，雷穆斯的表现令皮彻大吃一惊，他跳到皮彻的椅子上，还在地毯上到处撒尿。虽然一开始皮彻很恼火，但他明白："雷穆斯有他自认为合理的不满，当然也有权利表达。……我不得不承认，他通过这种表达不满的方式直抒己见，大胆且有创意。"[9] 皮彻也知道，雷穆斯擅长为得到他想要的东西而欺骗和演戏，皮彻将这些都记录了下来。

两只狗也做出了回应。它们对两个人付出了无条件的挚爱，并向皮彻展示了什么是爱的表达。（在他找到卢帕的时候，皮彻写道，他因为难以表达爱，曾每周去纽约看三次心理医生，过了一段时间，心理医生告诉他，这两只狗对他的帮助要多于她的帮助。）他们很适应狗的交流方式，"所以它们也反过来理解我们的许多话语、行动，甚至精神状态"[10]。有一次皮彻看一部电视纪录片，讲一个有先天性心脏病的孩子在一次生死攸关的手术中死去，他泪流满面，"两只狗都冲到我身边，几乎把我撞倒在地，哀号着，急切地舔着我的眼睛和脸颊，努力安慰我，它们完全成功了"[11]。可能这两只狗知道得比书中讲述的更多。皮彻在书中轻描淡写地提到了他的童年，但我知道这让他感到自己不值得被爱，并与他人的安慰相隔绝。毫无疑问，他代入了那个孤独生病的小男孩，这是他对纪录片做出强烈反应的一个原因。两只狗给予他无条件的爱和安慰，正是对他一生的无价值感的最好回应。

因此，双方都有共情和契合，有丰富的相互沟通，也在共同活动中得到很大的乐趣。至于自由，对大多数狗来说，其人类同伴从来不给狗选择去野外生活的机会，而在大多数人看来，这会是一个残酷的、有风险的选项。但由于卢帕曾成功地作为一只野狗生活，皮彻认为应该给她一个公平的回归野外生活的机会。有一天，他们去高尔夫球场散步，卢帕循着一只兔子的气味冲进了树林。乔治和埃德故意不去追她，等着看她会如何选择。当他们带着悲观情绪走回家时，她出现在那里，因为追逐而疲惫不堪，慢慢地跟随着。"她的嘴唇从微微张开的下巴向后拉伸，看上去她就像在笑。我第一次看到她那么美。她抬头看着我，仿佛在说，'好家伙，那太好玩了！'但我明白了，她是我们的，从现在到永远。"[12]

对许多狗主人来说，"我们的"是不对称的：一只狗是一种有价值的财产，而他们决不认为自己属于一只狗。对乔治和埃德来说，他们属于狗，就像狗属于他们一样真实。卢帕特别喜欢她的项圈，她显然将其视为"把她和我们联系在一起的纽带的象征。她戴着它，似乎带着骄傲和某种平静的喜悦"[13]。

当他们不得不摘下项圈为她梳理时,她变得焦虑不安,无精打采。"为了恢复她的信心,我们只能把项圈戴回去。"[14] 两个人承认存在一种不对称:狗完全依赖于他们,而他们却不完全依赖于狗。但他们认为,这种不对称为承担巨大的责任提供了理由,而不是骄傲自大的借口。

人和狗的友谊有一种可悲的不对称性,就是无法避免的寿命差异。埃德活到了 87 岁,乔治活到了 93 岁。两只狗被照顾得很好(而且得到了一流的医疗服务),雷穆斯活到了 17 岁,卢帕活到了 17 岁以上——他们从来不知道卢帕的出生日期。对于这些体形较大的狗来说,它们的寿命已经很长了。因此,故事不可避免地以两只狗的衰老和最终死亡而告终,这使皮彻进一步了解到与自己相关的一件事:关于如何哀悼。

许多读者都有自己的故事可以讲,但这个被巧妙叙述的故事为我们提供了一个跨越物种屏障的友谊(和互爱)的范例。

动物-人类友谊的范例:野生动物

由于野生动物不像伴侣动物那样与人类共同居住,因此友谊的第一个障碍是地点问题:双方在哪里见面,在谁的地盘上见面?暂且不讨论人类和被囚禁动物之间是否会有友谊这一难题,我们现在要处理的一类情况是,野生动物在一个空间里追求自己的物种生活形式,其空间在更大的意义上是由人类支配的,但它们有足够的空间来活动,并在自己物种的群体中以自己的方式继续生活。那么，友谊是如何开始的呢？友谊需要一起生活，即使人类有时可以在网络上建立友谊，跨物种关系仍需要身体在场。因此，人类必须去野生动物生活的地方，在那里停留很长一段时间，成功地获得欢迎，最终可以说是被邀请建立关系，虽然在对方看来他们很奇怪，而且最初具有威胁性。对于某些物种来说，如鲸鱼，是无法找到这种共享空间的。即使现在可以在水下做很多以前不可能做的近距离研究，但冒险进入该环境的人类仍受到了限制，这阻碍了共同的活动和快乐。也许这会改变。彼得·戈弗雷-史密斯讲述了他潜水寻找隐匿的章鱼的过程，展示了极大的热情和乐趣。也许有一天，勇敢的鲸鱼研究者能够以某种方式与鲸鱼长期生活在一起。然而，对于许多其他物种来说，只要有决心、专业研究能力、经费资助和对动物物种的深爱，就可以使研究人员进入一种生活形式，在这种生活形式中，也许可以真正地共同创造一个世界。

一个范例就是动物行为学家芭芭拉·斯马茨对她与东非狒狒关系的描述，她与狒狒一起生活了很多年。[15] 根据斯马茨的记述，她是被强烈的好奇心带入这项工作的。她认为，这种对其他动物的好奇心是我们人类祖先的进化遗产，但通常被现代生活掩盖。"我们每个人都遗传了一种能力，能够感受到进入他者生活的路径，但我们快节奏的城市生活方式很少鼓励我们这样做。"[16] 斯马茨来到狒狒的栖息地，在没有人类同伴的情况下生活在那里。她强调说，在很长一段时间里，她没有见过其他人,也没有人可以交谈,这被证明非常有助于学会"感受(她的)方式"[feel(her)way]来进入狒狒的生活。[17](旅游的比喻在这里还是很有用的:要想学会说流利的法语,最容易的方式就是完全沉浸在法语环境,失去再说英语的机会。)

她的第一个挑战是让狒狒们相信她不是一个威胁。她为这一挑战做了充分准备后,开始逐渐接近它们,她非常关注它们的反应,当她走得太快或太近时,它们会调整到一个表达恐惧的频道,相互间发出微妙的信号。起初,母亲们把幼崽叫到身边,用严厉的眼神提醒它们。然而,随着时间推移,他们看到斯马茨对它们的信号做出了反应,它们的行为也发生了变化。如果它们觉得她太近了,就会向她投来"嫌弃的眼神",她指出,这是从把她当作一个客体,转向了把她当作一个可以交流的主体。在获取它们信任的过程中,斯马茨"几乎改变了自己的一切,包括走和坐的方式,保持身体姿态的方式,以及使用眼神和声音的方式。我正在学习一种全新的存在方式——狒狒的方式"[18]。她显然不是一只狒狒,她有人类的身体和行动方式,但她通过悉心回应它们的信号,进入了它们的世界,直到它们接受了她,承认她是一个作为群体成员的社会性存在。在狒狒的世界里,尊重个人空间是非常重要的,这是狒狒群体和斯马茨最终共同建立起熟悉和信任的必要条件。例如,她学会了当它们走近时不无视它们,虽然科学家经常被教导不要理睬研究对象,但她却以狒狒的方式传达尊重,与它们进行短暂的目光接触并发出"哼哼"声。最终,这个群体和她可以放松地相伴,就像本章的题记引文中提到的亚历克斯和达夫妮的例子。到了这段时光结束的时刻,斯马茨注意到她对于自我的整个感知都发生了转变,她变得更加身体化,而不再那么智性化。

斯马茨与整个群体都建立了友谊,而不仅仅与其中一两只狒狒熟识。她认识了所有成员,知道它们全都是特殊的个体,它们甚至是"非常异质的个体,就像我们人类一样彼此不同"[19]。她说本可以建立更亲密的个体关系,而且在其中一两只狒狒的激励下很想那样去做,但她的研究目标使她不希望在那种程度上改变狒狒的行为。因此,这显然是一种单方面的友谊,她在学习它们的方式,而它们只是将她容纳进了一种持续的生活方式中。这是她自己的选择,她本来可以有另一种友谊,拥有更亲密的特殊关系。有时这种亲密关系确实短暂地出现过。她提到有一次,她得了重感冒,在队伍离开时睡着了,醒来时发现一只叫柏拉图的狒狒在她身边。她问他其余狒狒去哪了,他自信地大步走开,她跟在他身边。"我觉得我们好像是朋友,一下午都在一起散步。"[20] 然而,这种关系的前提是,她是一个很好的群体成员。在另一个提供帮助的例子中,整个群体都在帮她:在一场暴雨中,它们在一处被选定的地方躲雨,为了让她能进来,它们都挪动身体为其腾出空间。

在成为朋友的过程中,她按它们的规则行事,而不是它们按她的规则行事,但它们发生了改变,这体现为对她的接纳。她来到它们的世界，而不是它们来到她的世界，她遵守当地习俗，就像一位来自外国的好客人一样。基于这一条件，它们把她当作一个主体和一个群体成员，并在她需要时提供保护。斯马茨总结道："当我们进入鸟类或其他动物的空间时，如果我们以敏感和谦逊的态度对待这段经历，那么与它们建立关系出乎意料地容易。"[21]

另一个类似的亲近动物群体并最终融入群体的例子，是乔伊斯·普尔在肯尼亚安博塞利国家公园与大象一起生活的经历，她在回忆录《与大象一起成长》中记述了这段经历。[22] 普尔不像斯马茨那样自觉地反思在研究中形成的关系，但很显然，她不仅能获得那些领导象群的成年母象的信任，还能获得雄象的信任。雄象是她研究的主要对象，它们通常是独居的，而且抗拒关系。她与大象共同营造了一个世界，它们甚至学会了对她高度人性化的表达方式做出回应，比如我在导言中曾描述过这样一个时刻：她会对女家长弗吉尼亚和母象们唱《奇异恩典》。"这是我们的一个仪式。……弗吉尼亚会静静地伫立，慢慢地眨动她琥珀色的眼睛，摆动她的鼻尖。我会唱五到十分钟，或者她们愿意听多久就唱多久。"[23]（在这里我们看到了双向的贡献，大象在人类的歌声中学到了新的乐趣。）

与斯马茨不同的是，普尔并没有远离人类。她与一群研究人员一起生活，并与许多不同类型的肯尼亚人交往。书中明确指出，在普尔的人类世界中，建立和维持情感关系是非常困难的。她遇到了普遍存在的性别歧视，并遭受过一次性侵创伤。她与一名肯尼亚男子建立了相爱的亲密关系，但由于她所在的白人研究者群体不容忍跨种族关系，导致她经历了悲痛的分手。最终她在人类这边深感孤独，而在大象那边却快乐且投入。这提醒我们，人类有时会建立友谊，但不幸的是他们也常常破坏友谊，并通过一些在大象世界不存在的恶劣品行来破坏它。普尔有强烈的动机将自己纳入大象的精神世界，因为她看到了人性中的愚昧和残酷。

最终，她意识到自己不可能以通常的方式，通过爱的关系生育孩子，普尔离开了那里，生下一个孩子（可能是通过人工授精，尽管她对此事闭口不谈），并明确认为自己就像一头大象："我像大象一样经历了孩子的分娩和降生，在我的女性同伴们的环绕和协助之下……而当我的孩子终于来到这个世界上时，她就像一头小象一样，在美妙的躁动和欢庆中到来。"[24] 在普尔看来，人类社会的通常特征是分裂、性别歧视和自私，而大象的特征是相互支持和社群互助，她更喜欢后者。在离开两年后，她重回安博塞利象群。它们环绕着她的车，"并伸出鼻子，发出嘈杂的轰鸣声、呼号声和尖叫声，震耳欲聋，以至于我们的身体随着声音颤动起来。它们相互紧贴，一起大小便[1]，脸上流淌着颞部腺体分泌的鲜亮黑渍"[25]。普尔知道，这是大象通常为长久不见的家人和群体成员举行的仪式。这种仪式也与新出生的小象有关。普尔意识到，它们认出了她，不

---

1 有时候，大象与朋友们在一起感到非常快乐时会一起排便。

仅在庆祝她的归来,也在庆祝她带回来的孩子,"我幼小的女儿,在我的怀里向她们伸出手来"[26]。

象群的女家长们是否曾因普尔没有孩子而认为她很不幸?当然,她们很可能是凭直觉对她深深的抑郁和孤独的精神状态做出了反应,她说自己多年处于这种状态。斯马茨告诉我们,在她还没完全意识到自己的痛苦时,她的伴侣狗塞菲就直觉地感知到了她的抑郁情绪。大象至少具有和狗一样的情感悟性,并以其敏锐的共情感知能力而闻名。因此,她们在普尔身上察觉到从抑郁到快乐的变化,这并不离奇。至少,她们是在欢迎一名群体成员,并庆祝一个新生命的到来。但谁知道呢,在她们睿智而善解人意的心灵深处,也许是在为她从孤独的女人转变为满足的象妈妈而欢呼。她把自己的回忆录命名为《与大象一起成长》并非偶然。人类没有理解她,也没有帮助她"成长",他们在很多方面阻碍了她作为女性而茁壮成长的愿望。

这些都是友谊的实例,但其前提条件是要长期进入动物的世界,这对我们大多数人来说是不太可能的。然而,斯马茨坚持认为,只要我们去寻找,这种关系就在我们身边。她简要地举了一只老鼠的例子,尽管这个关系很短暂。辛西娅·汤利(Cynthia Townley)描述了与野生鸟类交朋友的例子。[27]然而,这些例子都不像上文描述的斯马茨和普尔的经历,她们与动物建立了长期信任,并共同营造了一个共享世界。斯马茨通过对狒狒的记述,以及对她与伴侣狗塞菲的长期关系的感人描述,都展示了这一点。因为狗可以与人类共同居住,所以即使人们不去非洲的科考站旅行，而是居住在普通的人类世界，他们也可以以一种深入而有意义的方式与狗成为朋友。（斯马茨总结说，塞菲比她认识的任何人类都更了解她，并且敏锐地意识到她情绪的细微变化，斯马茨对塞菲也一样。）在我们大多数人看来，如果我们尊重野生动物的群体生活方式，尊重它们对于一个宽广且较少有人类干预的栖息地的需求，那么人类实际上就不可能与野生动物这样共同生活。然而，这些研究者的著作为我们提供了一个富有想象力的范例，展示了这种友谊可能是什么样子的。我们都可以培养出那种对于动物生活形式的好奇、共情和敏感，正如这些研究者通过研究所学到的。而且，如果友谊遥不可及，我们可以有不求回应的爱。

可以与圈养动物建立友谊吗？

我们现在需要面对一个困难的问题：人类和被圈养的野生动物之间能否建立友谊？我们已经说过，在某种意义上，野外都是受人类支配的，处于更广义的圈围之中。但现在我们需要思考通常意义上的"圈围"，不是指大型野生动物园，而是指动物园，在那里人类可以近距离接触其他动物。在此，这种支配性背景总是有可能受到质疑，因为有可能成为动物的朋友的，可能是一名动物园雇员，他属于支配的一方；也可能只是一名游客，而他似乎并没有充分的关联。让我们看看这种担心能在多大程度上得到满意的答复。

我们说过，友谊是以尊重物种生活方式为前提的。因此，友谊与暴力对待这些生活方式的做法是不相容的。这特别明显地体现在第 10 章所讨论的一些做法中：把小象或虎鲸从它的群体中带走，在动物园或主题公园中剥削它，供人类娱乐。有时公众上当受骗，付钱去观看一场伪装友谊的假戏，而那些被圈养动物的生活形式已经被破坏。例如，《黑鲸》展示了海洋世界是如何将驯兽师和被圈养的虎鲸之间表面的感情关系进行戏剧化表现，作为吸引观众掏钱的一个噱头，观众看到的其实是虎鲸在痛苦的训练中学会的杂技表演。有时，驯兽师本人似乎也被蒙骗了，一些在镜头前接受采访的驯兽师显然很爱与自己一起工作的动物，他们要么是真的不知道这是在对它们的生活方式施加暴力，要么是被操纵着睁一只眼闭一只眼。

对于观众和驯兽师来说，一个普遍的危险就是自恋和缺乏真正的好奇心：我们很容易把动物想象成和我们一样，或者把类似人类的情感投射到动物身上，而这些情感不太可能是动物自己的反应。因此，人类可以欺骗自己，相信自己是友谊的参与者或旁观者，而不是在助长对动物能力的残忍侵犯。真正的共情必须基于知识，而动物园和主题公园有强烈的动机使观众和驯兽师处于对动物健全生活形式的无知状态，这样他们就可以沉溺于对友谊的幻想，而不会认识到动物园的环境是多么贫瘠和匮乏。

一个相关的隐患是，强迫动物表演一些并非典型习性的活动，因为这让人类游客高兴，或者符合他们对友谊的幻想。

这也许要么通过轻蔑的剥削,要么通过善意的愚昧来实现。正如我讨论过的猿类手语。其他教给黑猩猩表演的把戏则更糟糕。直到不久前,在电影和电视中还经常可以看到黑猩猩穿着人类的衣服骑三轮车,或者像婴儿一样裹尿布。[28] 这些表演让人们幻想黑猩猩与人类的孩子相似,以此来逗乐他们。这不是友谊,而是对友谊的拙劣模仿,这样做的人缺乏真正的谦逊和好奇。

海豚的情况比较复杂,正如我在第 10 章所讨论的。它们对人类非常好奇,并喜欢与之互动。它们过着不受限制的生活时,就经常寻找人类,并与人类进行合作活动。哈尔·怀特黑德和卢克·伦德尔描述了一群沿海的海豚与渔民的协作,帮助渔民引诱水生甲壳类动物进入渔网。[29] 这些合作至少是友谊的雏形。怀特黑德和伦德尔还发现,那些在主题公园里学会了杂耍的海豚被放归不受限制的海洋栖息地后,有时会带走这些杂耍,并将其教给自己的孩子。那么,我们可能会不认为教它们杂耍是不合适的,如果只使用正强化,这可能是合作性互动的一个愉快环节,而且这为这些高智能哺乳动物带来了刺激,至少有时是这样。在一个半封闭但不受限制的空间里,如澳大利亚的鲨鱼湾,可能会出现斯马茨/普尔式友谊的雏形。

那些在较小栖息地里似乎表现良好的动物又如何呢?它们能在圈养中形成友谊吗?一个悲惨而有争议的例子,就是柏林动物园里的北极熊孤儿克努特(2006—2011),他成了粉丝们的最爱,当然也被认为与几位动物园管理员建立了友谊。[30]

这个例子很棘手，因为克努特被他的母亲遗弃了，如果没有这些友好的动物园管理员的照顾，他会死掉。特别是有位叫托马斯·德夫莱因的管理员，他显然很喜欢这只小熊，睡在他身边，并喂他婴儿配方奶粉。象群的女家长们会共同抚养小象，因此即使婴儿的母亲死了，也不会被遗弃。北极熊似乎不是这样的，在它们通常的栖息地中，这只小熊可能没有机会过上其物种的典型生活。有的动物保护活动家确实说过，动物园本来应该有勇气让小熊死去。[31] 但那些已经爱上克努特的公众在动物园外抗议。我认为，动物园管理员最初的行动是可以得到辩护的，甚至是值得赞扬的。但我们不清楚，他们是否可以选择让克努特与其他北极熊一起过正常的生活，甚至不清楚是否可以让他与动物园内部的其他北极熊一起生活。因此，不知道他们对待克努特的方式是否表明对其物种生活形式缺乏尊重。在当时的情况下，那也许是最好的可行方式了。

然而，可以确定的是，这个例子表明了公众对北极熊的典型生活形式缺乏了解和好奇心。他们希望克努特表现得像个毛茸茸的玩具，而不喜欢他做出北极熊的典型行为。当克努特杀鱼的时候引起了轩然大波，人们议论说这违犯了德国禁止虐待动物的法律。动物园几乎没有试图教育公众，让他们了解北极熊的真实本性和行为，原因很明显，因为他们需要克努特表现得可爱且"无害"，但北极熊并不是这样的动物。克努特是动物园的摇钱树，他们用他的名字注册商标，出售各种克努特产品，甚至还展出了他的遗体。动物园总是需要钱，因此，他们的动机总是应当接受谨慎的审查。

还有更好的"圈养"友谊的候选者。有些研究环境的确为被圈养的动物提供了接近其物种生活形式的条件，同时也提供了与人类的互动。猿类是这种潜在友谊的合理候选者，因为它们的物种需求通常可以在研究机构中得到满足。动物园通常不关心猿类的社会生活，或者只以人类中心主义的方式关心，而更希望看到它们表现得"像我们"。但是，今天有些动物园采取了一种以研究为导向的、更加尊重的态度。在这种部门工作的科学家可能会形成斯马茨式的友谊。一个例子似乎是生物学家扬·范·霍夫（Jan van Hooff）与黑猩猩"玛玛"的关系，玛玛是弗朗斯·德瓦尔《最后的拥抱》(*Mama's Last Hug*)[1]的女主角。[32]教授和那只黑猩猩相识长达40年。（范·霍夫是德瓦尔的论文导师，因此德瓦尔也与玛玛相识很久，并与她建立了友谊。）研究的重点是黑猩猩的社会结构和互动，因此她终身都生活于一个相当大的亲缘族群里，这是非圈养黑猩猩族群的典型特征，她最终成了这个母系族群的首领。范·霍夫年轻时曾在美国国家航空航天局（NASA）一个准备将黑猩猩送入太空的部门工作，当时他见证了室内圈养猿群计划的失败。美国国家航空航天局的设施在居住、喂养和社交机会方面的条件很匮乏，这激发了他创建阿纳姆猿类居住区的想法。那是一

---

1 中译本参见弗朗斯·德瓦尔：《最后的拥抱：动物与人类的情绪》，张军译，长沙，湖南科学技术出版社，2022年。

个两英亩（约合 8 094 平方米）的小岛，有大约 25 只黑猩猩，既可以参与更大的群体生活，又可以退回更亲密的家庭关系，这正是黑猩猩在野外偏爱的生活环境。"因此，尽管玛玛是被圈养的，但她在自己的社交世界中享受着漫长的生活，在其中经历了生、死、性、权谋、友谊、家庭关系以及灵长类社会的所有其他方面。"[33] 这是第一个大型的黑猩猩居住区，而它已成为世界各地学习的典范。

"在玛玛 59 岁的前一个月，也是扬·范·霍夫 80 岁生日的前两个月，这两个年长的人科动物进行了一次动情的重聚。"[34] 德瓦尔描述了玛玛临终前与教授的拥抱，他们之间的深厚感情一目了然。玛玛咧嘴笑着欢迎他，拍拍他的脖子，这是在猿类（也包括人类）之间常见的安抚姿态。她伸手去摸扬的头，轻轻抚摸他的头发，用她的长臂拥抱他，试图把他拉近。她不停地有节奏地拍打他的头和脖子，就像黑猩猩安慰婴儿的方式。毫无疑问，虚弱消瘦的玛玛察觉到她自己的状况正在恶化，也察觉到扬的担心和悲伤。这次告别的情景让我们看到了他们之间的多年友谊。德瓦尔记述了玛玛在整个黑猩猩群体中扮演的角色，并以此为背景记述了他与玛玛的友谊。

这种关系是友谊。如果说由于动物仍然是被圈养的，所以这种友谊存在局限性，那么我们要记住，对黑猩猩来说，"野外"也是一个被限制的区域，人类（尤其是偷猎者）经常在那里实行更加恶劣的暴政。我看不出这种带有尊重的环境（而且德瓦尔详细描述了这个族群以及它们的相互关系和活动）为何不能产生友谊。然而，假如这个居住区对公众开放，也许就不可能建立这种友谊了。

心理学家艾琳·佩珀伯格与一只非洲灰鹦鹉亚历克斯（1976—2007）建立了一段非常不同的友谊关系，这只作为研究对象的鹦鹉与她相处了30年。这段关系看上去是相互亲近、相互尊重的，在佩珀伯格《亚历克斯与我》(Alex & Me)一书中有详细描述，书名合理地将亚历克斯放在第一位。[35] 佩珀伯格与亚历克斯的互动就像范·霍夫与玛玛的互动一样，是在研究的背景下进行的。这项研究的最初目的似乎会受到质疑，因为它是以人类为中心的，要测试鹦鹉掌握人类语言和以语言为媒介进行推理的能力。然而，它自始至终是由一种尊重推动的，它对一种大多数科学家都不尊重的生物予以尊重。其目的是让科学界相信鹦鹉有很高的智力，因为人们过去一直认为鸟类不可能进行复杂的推理活动。在鹦鹉的生活形式中（与黑猩猩不同），模仿周围所有交流的声音是一种具有核心地位的活动。因此，语言似乎并不是一种外来的强加物，而更像是一种媒介，被用来引出鹦鹉特有的理性表现。亚历克斯不是自由选择进入实验室的，佩珀伯格在一家宠物店买下他，而一旦进入实验室，他表现出的控制力几乎达到了好笑的程度。他认为自己可以自由地执行或拒绝这些任务，他找到了许多表示厌烦甚至蔑视的方式，因此这段关系充满了各种幽默搞笑的情节。科学家普遍认为，鹦鹉是最机智的物种之一。[36] 而且，二者之间显然表现出相互的情感，尽管亚历克斯没有手臂来拥抱佩珀伯格，像玛玛拥抱范·霍夫那样。他的死亡来得非常突然，发生在晚上，所以佩珀伯格没有机会向他告别，但她写道，他的离去使她深受打击。他对她说的最后一句话，是她每天晚上离开实验室回家前都会说的一句话："你好好的。我爱你。明天见。"当然，他是在重复佩珀伯格的话。但是经过多年，这种相互告别显然真的变成了相互的。

对于亚历克斯和艾琳·佩珀伯格之间是不是友谊，一个需要考虑的重要问题是，亚历克斯与其他鹦鹉没有任何关系，他与实验室的其他鹦鹉之间只有一些随意的、有时很轻蔑的互动。但非洲灰鹦鹉与黑猩猩、大象和海豚不同，它们既不具有很高的社会性，也不群居。人们对它们在野外的行为知之甚少，但很明显，由于它们是许多物种的潜在猎物，所以演化出很孤独和隐秘的习性。它们把模仿作为一项关键的生存技能来练习：在丛林中，它们通过学习模仿其他动物和鸟类的声音来避免被发现。因此，亚历克斯并没有被剥夺丰富的群体生活。鹦鹉和许多鸟类一样是一夫一妻的，共同抚养它们的孩子，而他确实缺少一个配偶。他的世界不像玛玛的生活那样有"丰富的生育活动"和"性"。但鹦鹉不是黑猩猩，群体绝对不是它们过上繁兴生活的必要条件。是否需要一个配偶，或者是否有些鹦鹉就是独来独往，这尚不清楚。当然，他看起来并不抑郁或孤独。也许鹦鹉就像人类一样，有着不同形式的繁兴，既可以独身，也可以成双成对。

因此，在圈养环境中，如果尊重动物的生活形式，尊重其在这种生活形式中的核心能力,并以此作为互动和感情的重要基础,那么跨物种的友谊就是有可能存在的。没有受过专门训练且没有这种机会的人未必能得到这样的友谊,但正如斯马茨所说,在我们身边就有很多这样的例子,我们应该怀着好奇和谦逊的态度对其进行深入研究:当然要研究鹦鹉,或许也包含鸦科和其他鸟类,以及许多不同种类的啮齿动物。

友谊作为理想:扩展人类能力

有些人会有幸与"野生"动物建立友谊。更多的人会与狗、猫或马建立友谊。许多人会对那些保持距离的动物产生不求回应的爱。但所有人类都可以从这些跨物种友谊的范例中学习。它们扩展了我们的意识,教我们养成谦逊和好奇的新习惯,以此来对待其他生物,包括其他人类。

这些友谊对"野生"动物来说,是否像对我们,对伴侣动物一样重要?这具有不同的重要性。我们控制着所有动物的生命,而且目前正在伤害这些生命,因此友谊对我们来说是必需的,是一种对我们剥削方式的纠正。对于伴侣动物来说,跨物种友谊是一种巨大的善,对其繁兴至关重要。但"野生"动物本身并不需要这些面对面的友谊来实现繁兴,尽管它们确实需要人类以非剥削性的友好心态来使用其权力,或说"就像"朋友那样。但是,许多好事物都不是繁兴的绝对前提条件,却可以充实我们所有人的生活,而我相信在这里讨论的例子中,与人类的友谊是"野生"动物生活中的一种善。

如果我们认为人与动物的友谊是可能的，是一个好的目标，那么它将指导我们的政治和法律工作，并扩展我们的能力。友谊的理想使我们都致力于结束人类对野生动物的一些最具剥削性的对待方式，不仅包括狩猎、工厂化养殖、战利品猎杀、偷猎和捕鲸，以及在实验研究中对动物的折磨，还包括许多更隐秘的支配形式，比如将野生动物当作人类旅游娱乐的对象，而不是拥有自己生活形式的主体。双方都将受益。拥有关于其他物种及其生活形式的知识才能以恰当的方式打开能力论，使其在我们追求这个困难的目标时为我们提供良好的指导。

第 12 章

法律的作用

不可或缺又如此困难

如果动物有权利,这意味着执行这些权利的法律机制必须存在或被创造出来。我在第 5 章指出,权利和法律在概念上是相互独立的。权利意味着,在这些法律结构尚不存在的地方,所有人类,因为垄断了这个世界上的立法,都有集体义务尽我们所能去创造它们。但我们在这条路上面临巨大的困难。

在没有能够执行这些权利的机构的情况下,虚拟宪章的想法只是一个比喻。我们的第一个困难是,在我们的世界上,没有这样一个可执行的权利文件。那些关于人类的国际法和国际人权文件是极其薄弱和脆弱的。基本上,只有通过那些支持这种文件内容的国家,它们才能得到法律上的执行。我认为,从理论上来说,这并不是一件坏事,因为国家具有道德上的重要性:它是我们所知道的对人民完全负责的最大单位,是他们表达声音和自主（即真正的自我立法）的渠道。人权文件可以具有表达和说服的力量，帮助每个国家的民主选民逐步确立执行措施。

然而，由于两个非常不同的原因，动物权利的情况远比人权的情况更不确定。首先，在这些问题上没有任何类似于全球共识的东西，甚至对于动物福利应该成为全球关注的一个主题都没有达成共识。女性问题也曾经是这样，然而，随着时间推移，女性在国际人权法［特别是《消除对妇女一切形式歧视公约》(Convention on the Elimination of All Forms of Discrimination Against Women)］下的地位至少取得了一些进展。在这个问题上，就像在其他已经取得一些进展的问题上一样［如种族歧视、残障者和性少数（LGBTQ）人群的权利等］，"现状偏见"(status quo bias)[1] 导致进展缓慢。在动物的问题上，"现状偏见"更为顽固。我会在后面讨论，通过国际条约法来结束全球捕鲸的努力是进展缓慢的。在所有这些问题上，贪婪和避免变革成本的愿望使进展更加不确定。

但还有一个问题，它阻碍着我们通过一个以国家为基础

---

[1] 是指人们具有一种不想做出变革的偏见，倾向安于现状，另译"现状偏差"。

的表达性[1]国际权利条约来解决问题：动物在哪里，它们是谁的居民？如果将动物视为公民，那么它们是谁的公民？伴侣动物有着非常确定的位置，这也是为什么我可以参考儿童福利问题对其中一些动物问题提出可行的解决方案，但大多数野生动物都没有特定的位置。它们跨越国界四处漫游。尤其是在天空和海洋中，没有明确的边界，尽管二者都有基于国家的管辖区域。对于我在本书中关注的许多生物来说，即使一份具有表达-说服性（expressive-persuasive）的文件，它也必须是国际性的，才能全面包容各种动物。这个问题并没有阻止各国去满足一些鸟类以及在沿海水域的海洋哺乳动物的需求，我们将在后面看到这一点。但是，这确实意味着，对于关心此事的公民来说，要阻止所有国家的虐待行为是一项艰巨的任务，需要依靠那些或许软弱可欺的国际机构。

即使在国家内部，纸面上的法律和实际执行的法律之间也存在巨大差距，因为动物没有法律地位（即上法庭进行起诉的法律权利），而关心动物的人类通常没有代表它们去起诉的地位，无法要求执行现有法律。在美国，我们有一些非常有前途的法律条文，它们在很多层面上体现了能力论。然而，它们

---

[1] 根据刑罚正义理论领域中的"表达理论"（expressivist theory），惩罚并不是（或不主要是）被用来威慑犯罪或让犯错者"还债"的，而是被用来表达与交流的，即传达对犯错者的批评与谴责，从而影响人们的态度。这里的"表达性"和下文的"表达-说服性"，是指国际条约或法律具有一种表达和说服的效果，可以促使各国追求正义。

顶多算是偶尔得到了强制执行。我们的立法进程为政治僵局、党派纷争,以及由金钱利益驱使的游说所困,其中肉类产业是最有权势的产业之一。在我们当前这个世界上,金钱对政治的影响没有受到任何有意义的限制,面对根深蒂固的利益,难以取得任何进展。

另一个问题是,在每个层面上都存在混乱的、经常重叠的多个管辖区(联邦、州、市或镇,以及县),往往要应对跨越管辖区的动物。作为在这个问题上的一个例子,我将在后面讨论阻止"幼犬繁殖厂"的努力,这些厂家是以赢利为目的的商业繁殖者,他们在极度恶劣的条件下饲养小动物,然后将其卖给宠物商店,在那里它们看上去很可爱,而人们通常在不知道它们的来源,或不知道它们因糟糕待遇而存在医疗问题的情况下购买它们。

一个现实的理想

法律既有理想性,也有策略性。我们容易对什么是我们的最佳路线感到困惑。我们应该描绘出一个理想的情况,还是应该从我们所拥有的有缺陷的材料开始,努力使事情变得更好一些?一些哲学家认为,"理想的理论"和植根于现实世界、以相对进步为目标的理论是两种截然不同的东西,而且理想的理论不是很实用。[1] 然而,在我看来,二者显然在实际上是互补的。如果我们从当前所在的地方出发,想要到达一个目的地，如果我们明确了目的地，就可以直接绘制出从这里到那里的路线。如果我们开始时只是想去某种意义上"更好"的地方，我们的路线就是不明确的。理想理论指引着我们的实践努力。这种理想必须是可实现的和现实的，而我已经尝试以这种方式来描述我的能力论所体现的那些理想了，以表明它们满足这一要求。

反对理想理论的人可能会提出反驳，说我的提议成本太高，远远超出了现代社会可以承担的程度。然而，正如第 8 章所示，成本与替代品的发展有内在关联。随着肉类的替代品和人造肉的发展，转向一种基本无肉的饮食方式正变得越来越容易。第 9 章建议的城市空间变化（例如，更多的狗公园）比《美国残疾人法》（Americans with Disabilities Act）所要求的变化成本低得多。该法案是由道德要求驱动的，其成本主要由那些必须重新设置才能符合法律规定的场所来承担，其中大部分是私营的。此外，在狗公园和残障的例子中，成本主要是重构过程中的一次性过渡成本。从头开始设计的话，有残障通道的建筑并不比没有残障通道的建筑成本高。同样，只有在过去的规划没有考虑到伴侣动物需求的情况下，考虑伴侣动物的城市规划才是昂贵的。

我的提议中成本最高的部分，是阻止栖息地丧失，并且清理现有栖息地的污染。像所有大胆的环保提议一样，这不会是没有成本的。但在任何情况下，这些成本中有很大一部分是由人类福利决定的。让-皮埃尔呼吸着和人类一样的空气，空气会因同一部《清洁空气法案》而变得更清洁。采取行动阻止对北极熊造成伤害的冰川融化,这也是全球变暖时代一项改善人类未来的计划的重要部分。停止使用污染海洋的塑料制品有过渡成本,但新的解决方案正在迅速取代旧的。或者,也可以采用旧的解决方案:许多工作场所甚至度假村都在逐步使用过去的可回收罐子,取代一次性塑料,甚至要求人们自带可重复灌装的水瓶。至于大象和其他大型哺乳动物的栖息地,可以通过国际合作,通过解决人口过多的问题,并通过生态旅游的收入,使保护大象觅食的大片土地的成本变得可以接受,因为生态旅游的收入总是来自得到良好保护的栖息地空间。

当前的资源

我们看看法律目前提供了什么:既很多(纸面上),也很少(实践中)。我首先还是以美国为例,但在后面会重点讨论国际法以及国家间的比较。

在美国(和其他大多数国家一样),动物已经有了法律权利,这在很多州和联邦的法律中都有规定。[2] 尽管公众认为"动物权利"问题极具争议性,但事实上,近年来的立法已经赋予动物相当多的权利,实际上相当于一部"权利法案",尽管仍有许多空白和遗漏。(通常,作为食物被饲养的动物和被用于实验的动物被排除在外。)

各州的法律为防止虐待动物提供了广泛的保护,并得到了广泛的解释。法律通常提供的保护远远超出了防止我们可能称之为主动虐待的行为（如殴打、杀害等），并对负责照看动物的人（一般是主人）规定了广泛的积极义务：他们必须提供足够的食物和住处，不得让动物过度工作。举一个有代表性的例子，在纽约，任何限制动物行动的人都必须提供良好的空气、水、住处和食物。[3] 任何以残忍或不人道的方式运输动物的人都将面临刑事处罚。通过铁路运输的动物必须被允许每5个小时出来休息、进食和饮水。另一些法律则禁止过度工作或造成不必要的痛苦。加利福尼亚州禁止"折磨"动物的法律甚至更广泛，将"折磨"定义为包括因疏忽而造成的不必要痛苦。正如我所提到的，这些法律排除了作为食物被饲养的动物和用于医疗或科研目的的动物。

这些法律还有两个缺陷。首先，它们对不处于某人直接控制下的动物毫无帮助，它们仅仅用于追踪所有权关系和控制关系。其次，它们必须由国家来强制执行，但国家很少执行它们，除非在最恶劣的情形中。在大多数情况下，它们仍然只是一纸空文。

在联邦层面，美国现在已经通过了很多保护性法律。这些法规大多可以追溯到"动物权利"成为一项流行事业之前，因此很难被视为"政治正确"的例子。许多读者可能会惊讶地发现，在1966年约翰逊执政中期，国会就通过了一项非常全面的法律，即《动物福利法》（Animal Welfare Act），该法比大多数州的法律更广泛，因为它一开始就包含了用于科学实验的动物。事实上，公众对研究机构中动物待遇的愤怒是其主要推动力。[4]这部法律在其最初版本中，就保护了所有用于研究或展览，或作为宠物的恒温动物。它包括一系列针对虐待行为的民事和刑事处罚，并要求农业部长对每个物种的"人道待遇"做出详细说明，包括"操作方式、居住、喂食、饮水、卫生、通风、避免极端天气和温度、适当的兽医护理"[5]。一些具体条款规定了狗的最低运动量和适合保护灵长类动物"心理健康"的环境。[6]这些灵长类动物必须有机会组成社群，并有机会获得"丰富的环境"，使其能够进行"非伤害性的物种典型活动"[7]。它有一个明确的禁令，禁止任何使动物打架的做法。它强调物种特性以及对自由行动和心理健康的保护，因此它超越了功利主义，迈向了能力论的提议。

从书面上看来，该法有明显的遗漏。第一是完全遗漏了冷血动物，这显然是因为一位立法者希望使马里兰州的"全国硬壳蟹大赛"免受监管。第二是遗漏了杀戮本身。该法案从未说过实验者不能致使实验动物死亡，只说在这样做时必须仁慈。第三，因为该法案仅关注三个类别（实验、展览和宠物），所以免除了对工厂化食品产业的监管。更糟糕的是，该法案于2002年修订后排除了鸟类和所有用于研究的大鼠和小鼠，从而使原版法案的大部分目的落空。2002年，美国农业部同意保护那些不被用于研究的鸟类，并为它们制订一个护理标准，但他们一拖再拖，目前这种不合理的拖延受到了起诉。[8]

《濒危物种法》的目的显然是保护物种，而不是保护动物个体的福利，但其运作机制，包括栖息地的保护和免受干扰，对个体也有好处，一个物种只有在其个体成员受到各种伤害时才会灭绝。[9]因此，虽然我关注的是个体福利，而且不幸的是，栖息地保护的前提条件是必须证明该物种已濒危，但至少其补救措施对许多动物个体都有好处。栖息地的界定方式是与能力论相吻合的：它必须适应物种典型行为；它要求利用现有的最佳科学证据来确定这些行为，这也与能力论相吻合，能力论敦促政策制定者参照当前关于动物行为和动物认知的研究。

值得注意的是，有三条保护特定类型动物的法规。《野生自由的马和驴保护法》（Wild Free-Roaming Horses and Burros Act，WFHBA）针对的是野马和野驴的处境，它们被认为是"西部的历史性先驱精神的活象征"[10]。尽管开篇这段话是很人类中心主义的，但它接着又宣称，这些物种"为国家的生活形式的多样性做出了贡献，并丰富了美国人民的生活"，这一声明显然赋予这些生物某种内在价值。[11]这部法律实际上源自一位非常关心动物的倡导者韦尔玛·布龙·约翰斯顿（Velma Bronn Johnston，1912—1977）[1]的事业，她被许多人称为"野马安妮"，其最初的目的正是保护这些动物。

然而最近，作为负责执行 WFHBA 的联邦机构，土地管理局正在散播一个错误的说法，说野马数量激增，以至于威胁到美国的公共土地。虽然土地管理局的呼声在大多数情况下是

---

1 美国动物保护活动家，致力于阻止美国人对野马和野驴的捕杀。

毫无根据的,却引起了一些民选官员和公众的响应,有时甚至引起了野马保护者的响应。结果,成千上万的野马从公共土地上被赶走,这似乎完全免除了土地管理局执行该法案的责任。野马数量过多的观点甚至都没有可靠的科学证据,而是来自那些在这些土地上放牛的牧场主的游说。根据美国国家科学院在2013年发布的报告,土地管理局并没有采用科学严谨的方法来估算马和驴的种群规模,并以此来模拟管理行为对这些动物的影响,评估牧场上饲料的可得性和使用情况。这份报告是土地管理局委托撰写的,但该机构从未试图纠正这些问题。

与《濒危物种法》和《野生自由的马和驴保护法》同时期的法律是《海洋哺乳动物保护法》,我已经在第5章结合海军的声呐项目讨论了它。[12]这部法律禁止在美国水域"把控"(take)任何海洋哺乳动物,也禁止美国公民在国际水域这样做。它还禁止在美国境内进出口和销售任何海洋哺乳动物或其器官和产品。"把控"被定义为"侵扰、狩猎、捕获、聚集或杀死,或试图侵扰、狩猎、捕获、聚集或杀死任何海洋哺乳动物"[13]。该法进一步将侵扰(harassment)定义为"任何有可能导致以下情况的追逐、折磨或烦扰行为:(1)伤害一只野生海洋哺乳动物;或(2)扰乱海洋哺乳动物的行为模式,包括但不限于如下行为——迁徙、呼吸、养育、繁殖、进食或栖息"[14]。这是一部写得非常好的法规,它直接关注动物的整体生活形式,而不仅仅是杀戮和施加痛苦。

因此,"自然资源保护委员会诉普利兹克案"的判决是由法定语言（statutory language）做出的，而不仅仅是由明智的判断做出的。这是我们在联邦层面最接近于在法律上实施能力论的一次判决。执法工作由美国鱼类和野生动物管理局（内政部）与国家海洋和大气管理局（商务部）共同承担，每个部门对特定的物种负有责任。[鲸鱼属于商务部，这也是为什么时任商务部长佩妮·普利兹克在那桩具有里程碑意义的案件中成为被告。]事实证明，该法要想得到强制执行，就必须有诉讼，但在该案中，美国自然资源保护委员会被判定为拥有诉讼地位（见下文）。

这部法律看上去相对较好，它实际上已经保护了鲸鱼免受"侵扰"，甚至对抗了一些很强大的利益。但是，我们必须牢记一个事实，那就是美国从来没有一个巨大的商业捕鲸产业，因此，环保团体不需要与强大的商业利益抗争。

第三部保护特定动物群体的重要法规是《候鸟条约法》，它的确立时间要早很多。[15]正如其名称所示，这部法律产生于美国和加拿大之间的双边条约。它现在包含了与墨西哥、日本和苏联达成的其他双边协议。该法规定，"追逐、猎取、捕获、杀死，试图猎取、捕获或杀死，占有，供出售、出售，供易货交易、易货交易，求购、购买，交付装载、装载、出口、进口，导致装载、导致出口或进口，交付运输、运输，或导致运输、携带或导致携带，或接受装载、运输、携带或出口"[16]任何鸟类或鸟类的身体部件，都属于非法行为。惩罚很严厉，罚款高达1.5万美元，监禁长达2年。内政部长负责制定条规，以确定哪些鸟类属于该法的管辖范围。

首先且显而易见的一点，也与其他法律中的缺口相关，就是它仅限于"候鸟"，因而排除了鸡、鸭和大多数其他被猎杀的鸟类——所有这些鸟类都是作为食物被合乎规范地狩猎、饲养和杀死的。此外，该法案明确地将其范围限制在"原产于美国或其领土上的鸟类物种"[17]。这是一个几乎毫无意义的声明，因为我们几乎没有关于史前北美鸟类种群的信息，而且不管怎么说那时还没有美国，这就为内政部留下了许多纳入或排除的空间。

还有其他弱点。该法主要是一部反狩猎和反偷猎的法案。除此之外，它没有明确说明如何保护鸟类的生命和能力。人们也许会认为，栖息地破坏和环境恶化明确导致了许多鸟类被杀（正如让-皮埃尔的例子提醒我们的）。然而事实上，法院有时也会将该法解释为禁止导致环境危害的活动。1980年，华盛顿特区巡回法院认为，禁止"以任何手段和方式"杀死鸟类的规定表明，该法禁止通过破坏栖息地而导致鸟类死亡。[18]1999年，一个联邦地区法院在涉及一家电力公司的案件中得出了同样的结论，该公司没有在其电线上安装用来防止鸟类触电死亡的廉价防护设施。法院称，该法不限于狩猎和偷猎。此外，该公司对鸟类没有恶意，但这一事实是不相关的，因为《候鸟条约法》是一个严格责任（strict liability）[1]法规。[19]然而，其他

---

1 指即使被告没有犯罪意图，也要对一项活动所产生的后果承担法律责任。

法院有不同的意见。1997年，第八巡回法院在处理因木材采伐和由此造成的栖息地破坏而导致鸟类死亡的案件中说，如果将该法案解读为禁止破坏栖息地，"会使这部1918年的法规远远超出合理的范围"[20]。在一桩相关的案件中，第九巡回法院也得出了类似的结论。[21]

由于该法为内政部长授予了权力，这就使得该法随着每届政府更迭而扩张和收缩，有时会发生剧烈变动。在特朗普政府之前，内政部认为，根据该法，通过有毒废物泄露而附带杀死鸟类是非法的。[22] 特朗普政府则掉转了方向，将该法限制在狩猎和偷猎上。[23]

这些法律都有严重的缺口和弱点，存在种种不足，但我们目前的联邦和州法律至少为某些动物提供了大量的保护。

两个关键的法律问题：动物的地位与受托义务

然而，现存的所有法律都存在一个严重问题：它们相对来说很少被执行，而且没有任何机制可以让关心动物的公民进行干预，要求它们执行。在此，我们遇到了一个对任何关心动物保护的人来说都至关重要的法律问题：关于地位的问题。

"地位"（standing）是指作为一场诉讼的原告走上法庭的资格。通常情况下，只有某个遭受特定伤害的人被赋予地位。相关的第三方通常不具有地位。总体而言，这是一个明智的要求，可以防止出现大量多管闲事的诉讼。考虑近年来的两个否定诉讼地位的突出例子。"霍林斯沃思诉佩里案"(*Hollingsworth v. Perry*)是一起关于加利福尼亚州同性婚姻的诉讼,美国最高法院裁定,起初依据"8号提案"要求禁止同性婚姻的那些公民个人缺乏上诉地位,因为上诉法院认定该禁令违宪,而加州政府拒绝为该法律辩护。[24] 法院裁定,这些公民个人并没有遭受那种可以产生诉讼地位的直接特定伤害。2000年,在"埃尔克格罗夫联合学区诉纽道案"(*Elk Grove Unified School District v. Newdow*)中,迈克尔·纽道代表他的未成年孩子,对学校仪式上的"宣誓辞"中使用"在上帝的庇护下"这个说法提出疑问,认为这违犯了"立教条款"(Establishment Clause)[1]。[25] 尽管他给出了很强的论据,但最高法院很可能是不愿意对这个充满争议的案件做出裁决,因而裁定纽道作为离婚后无监护权的父亲,没有参与案件论辩的地位。换句话说,即使他作为关心孩子的父母给出了有力的论据,也没有资格上法庭。这是一个很高的要求。

然而,由于动物不能走上法庭,而且最关心它们的盟友的努力通常会因为缺乏地位而失败(正如"野生动物保护者诉

---

1 美国宪法第一修正案规定:"国会不得制定关于下列事项的法律:确立国教或禁止信教自由;剥夺言论自由或出版自由;或剥夺人民和平集会和向政府请愿伸冤的权利。""立教条款"是指这句话中关于禁止确立国教的前半句,有时也被译为"政教分离条款"。

卢汉案"[1]中的野生动物保护者,以及在接下来要讨论的案例中其他类似的为动物代言的人类盟友),我们需要为动物创建一个进入法庭的通道,否则它们的利益将一直得不到保护。[26]

唯一真正解决这个问题的办法是,赋予动物以地位,使其作为原告,通过正式任命的受托人进入法庭。受害者不一定是出现在法庭上的人。未成年儿童可以由他们的父母代表,有认知障碍的人可以由正式指定的监护人,或者用残障运动所偏爱的术语——协作者来代表。如果纽道是有监护权的家长,他就有资格通过宣称女儿受到伤害来提起诉讼了。

然而,问题是美国法律从未给予动物地位。印度的一个法院确实赋予马戏团动物以地位,认为它们是印度宪法第 21 条所说的人格体,该条款禁止在没有正当程序的情况下剥夺生命或自由。法院写道:

> 虽然它们不是智人,但它们也有资格过上有尊严的生活,得到没有虐待和折磨的人道对待。……因此,我们的基本义务不仅仅是对我们的动物朋友表示同情,还要承认并保护它们的权利。……如果人类有资格享有基

---

1 1991 年,"野生动物保护者"(Defenders of Wildlife)指控美国政府资助的项目威胁到海外濒危物种,根据《濒危物种法》起诉内政部长卢汉。1992 年,美国最高法院对此案做出判决,表示该组织缺乏诉讼地位,认为原告必须证明自己因被告的行为而遭受实际或迫在眉睫的损害,且法院的判决可以纠正这种伤害,才有资格提起诉讼。在该案之后的很长时间里,普通公民都难以通过提起诉讼来要求执行联邦环境法规。

本权利,那为什么动物不能?[27]

正如我在结语中要讨论的,哥伦比亚也给予动物法律地位。同样,美国国会如果愿意的话,也可以根据宪法第三条赋予动物以地位:这一举措没有任何宪法上的障碍,这一领域的专家卡斯·桑斯坦是这样认为的,而据我所知没有学者不同意这一点。[28] 然而,至今美国仍采取另一条路线,拒绝给予动物直接地位,只在少数案例中给予人类代表动物出庭的地位。

人类代表动物提起诉讼的一个可能途径是"知情的地位"(informational standing),即获得基本信息的权利。关心动物的人有权获得有关动物处境的信息,这看上去非常合理。但是,无论《动物福利法》还是《海洋哺乳动物保护法》都没有明确赋予人类以知情地位,在没有明确规定的情况下,关心动物的人只能退而求之于《行政程序法》(Administrative Procedure Act)。在"动物法律保护基金公司诉埃斯皮案"(*Animal Legal Defense Fund, Inc. v. Espy*)中,《行政程序法》被解读为否认那些试图获取动物福利信息的人类组织具有这种地位。[29] 事实上,所谓"农业禁言法"明确阻止人们获取关于工厂化养殖业中动物待遇的信息,人们试图依据言论自由使该法失效,其实际效果是相当复杂的,我们将在后面看到。

人类可以通过另一种似乎可行的渠道获得诉讼地位,即作为虐待的关注者。[30] 而且,人们一直在不断尝试这样做。然而,根据现行法律,他们只有满足两个条件才能获得地位:

他们受到的损害必须是"审美的",而不是伦理的或同情的,以及必须是非常直接的。如果原告只是对动物福利有原则上的兴趣,显然他们就没有地位,正如卢汉案明确规定的那样。[31] 如果他们有研究受威胁物种的明确计划,并且他们能够证明他们所反对的行为减少了可用于研究的此类生物的供应,他们也很有可能获得地位。[32] 但是,如果该物种不是濒危的,而他们只是关注者,他们就必须表现出"审美的"关注,而且这种关注必须是非常直接和急迫的。马克·朱诺夫(Marc Jurnove)是动物福利组织的雇员和志愿者,他对长岛狩猎农场野生动物公园和儿童动物园不人道地对待动物的行为提起诉讼。[33](注意,根据纽约州法律,这种对待方式很可能是非法的,但没有人执行法律。)为了有机会胜诉,朱诺夫不得不说自己是动物园的常客,他"观察动物在人道条件下生活的审美兴趣"受到了损害。[34] 他作为一名动物福利工作者的伦理关注对他一点儿好处都没有。他之所以被赋予地位,只是因为这种损害是非常特殊的,他的来访很频繁,而且这种损害是"审美的"。即便如此,陪审团也有分歧,因为他们说,恶劣的对待是由动物园而不是由政府(被告)造成的。

事情已经严重偏离了正轨。基本的关注点应该是对动物的伤害,而不是朱诺夫的审美兴趣,甚至也不是他的伦理兴趣。人类的兴趣是反复无常的,而且实际上是不相关的。重要的是对动物的伤害。想象一下,假设刑法是基于旁观者的审美或伦理的反应,而不是对实际受害者造成的伤害。那样的话,法律会变得纷乱莫测,会被大多数人的偏好绑架。朱诺夫的来访频率也没有任何实际意义,除了在提供证据上有一定意义:他频繁目睹那种恶行。人类观察者是犯罪的见证者。他或她并不是受害者。动物受到法律的保护,并不是为了让我们感到审美的愉悦或道德的满足。纸面上的法律要保护的是它们本身。如果这些法律没有得到执行,那么很明显,动物就是政府不良行为的受害者,应该被给予地位以要求执法,通过相关的人类受托人进行起诉,比如通过像朱诺夫这样的人。

1972年,道格拉斯法官在对"塞拉俱乐部诉莫顿案"(*Sierra Club v. Morton*)提出异议时,就主张对现行法律进行这样的修改。[35]他写道,我们应当扩展诉讼地位,使其可以保护那些不能为自己利益辩护的"不能说话的生态群体的成员"[36]。(而且,一个他没有提到的显然事实是,我们已经以这种方式给予未成年儿童和有严重认知障碍者地位了。)他指出,这种扩展遇到的主要障碍来自联邦机构,这些机构"臭名昭著地受到操纵它们的强大利益集团的控制"[37]。而且,他设想未来某一天,"确保[自然环境]所代表的所有生命形式都能站到法庭上——啄木鸟以及郊狼和熊,旅鼠以及溪流中的鳟鱼"[38]。如果他说的"所有生命形式"意味着将地位扩展至有感受的动物之外,我将恭敬地拒绝。但他举的例子全都来自动物界。

昨天的少数异见有时会变成明天的多数意见,因此这一主张可能预示着未来的进步。与此类似,在"自然资源保护委员会诉普利兹克案"取得成功之前的"鲸鱼社群诉布什案"（*Cetacean Community v. Bush*）[39]中，对海军声呐项目发起的挑战没有成功，第九巡回法院虽然没有给予原告地位，但指出"在宪法第三条的文本中，并没有明确规定只有人类能向联邦法院提出诉求"[40]。他们还引用了第九巡回法院早先的一个案例，在该案例中，法院指出，夏威夷的帕里拉鸟"具有法律地位，并可以依据自己的权利作为原告飞入联邦法院"[41]。他们宣称这一声明是"附带意见"，也就是说不属于可执行的裁定，但这种附带意见可以为后来的裁定铺平道路。事实上，在"自然资源保护委员会诉普利兹克案"中，第九巡回法院对地位问题进行了漫长的讨论。虽然没有给予鲸鱼本身以地位，但他们对自然资源保护委员会的利益和损害进行了宽泛而大度的解释，而鲸鱼社群却没有得到这种待遇。

如果国会采取行动，那么动物的地位将变得简单而明确。根据宪法第三条，给予动物地位并不存在宪法障碍。如果国会不采取行动，那么法院也可能会逐渐走到那一步。

如果动物应该拥有诉讼地位，那么谁来代表它们？在整本书中，我都一直主张（与克里斯汀·科斯嘉德的观点相同）所有人类都有集体义务来保障动物权利。然而，基于目前的路径，志愿者组织或个人要艰难地争取代表动物上法庭，这是无组织和碰运气的，需要被一个更有序的体系替代。就伴侣动物而言，我曾建议设立地方政府机构，就类似于现在保护儿童免受虐待和忽视的那些机构。在其他许多情形中，法规将执法责任委派给特定的政府机构,如农业部或内政部。但这个路径不足以阻止大量的恶行,正是基于这个原因,非营利组织不得不如此努力地通过各种方式争取诉讼地位,以要求执法。

更好的方式是什么？我们可以从一个熟悉的法律领域借用一个想法——受托法（fiduciary law,另译"受托人法""受信法""信义法"等）。[42]受托人是负有法律义务去促进受益者利益的人。（标准的例子是监护人、托管者和管理者。）通常来说,之所以需要法律监管,是因为受托人相对于受益者来说处于强势地位,而受益者没有能力监督受托者的活动。[43]受托人的工作不仅是不损害受益者的利益,而且要根据受益者的意愿和偏好积极促进其利益。但是,总有这样一种危险,即受托人反而会促进其自身利益。

因此,法律对受托人规定了两项义务——照顾的义务和忠诚的义务。照顾的义务包括"做出最能促进受益者的照料、教育、健康、财务和福利的决定,同时要注意促进受益者的自主权。这意味着受托人必须尽可能地让受益者参与决策过程,并熟知受益者的价值和利益"[44]。忠诚的义务要求警惕监守自盗,各州已经提出了各种监督要求以确保受托人履行这一义务。

这正是我们所需要的,它可以适用于每一类型的动物。而且,这个路径特别符合能力论：受托法不只是关注如何避免为受益者带来痛苦甚或伤害,而且关注如何以一种广泛的方式积极促进受益人的利益。就伴侣动物而言,人类同伴是第一阶段的受托人,但我曾建议政府应当积极地监督这种安排,并留意对动物的疏忽。在其他情况下，政府应该指定一个合适的动物福利机构作为特定类型动物的受托人。受托人应该积极维护动物的利益，因此，如果美国农业部无所作为，而伤害正在发生，那么被指定的机构就可以追究这个问题。就野生动物而言，如果它们受到各种伤害（如栖息地的破坏、偷猎、疾病等），受托人不应该坐视不管，而应该通过积极干预来促进动物的利益。

如果不对地位法（standing law）进行改革，这种安排就没有实效。只要动物有了地位，那么一种托付安排就可以使受托人拥有代表动物或动物的利益上法庭的地位。

在涉及人类利益的问题上，法律一直都有丰富的应对方法。这些好的想法已经运作了很长时间，并保护着脆弱人群。我们没有理由不对其进行适当的修改，使之适用于动物。

现在我们来考察三个问题，它们生动地展示了当前法律覆盖面的缺口。第一个问题是幼犬繁殖厂的问题，它展示了在美国农业部缺乏主动性的情况下执行《动物福利法》有多困难，而另一方面，地方司法机构在试图解决这个问题时却很有办法。第二个问题是对工厂化养殖的监管，它展示了在完全没有联邦监管的情况下可以做什么，但所有这些努力都会遇到激烈的阻力。它还展示了，其他国家以更全面的方式取得了更大的进展。第三个问题是对鲸鱼和其他海洋哺乳动物的各种伤害，它展示了国际监管的前景和当前的不足之处。

幼犬繁殖厂

幼犬繁殖厂进行以赢利为目的的商业繁殖，追求繁殖数量，然后将幼小的动物卖给宠物店，而消费者往往认为他们在宠物店购买的宠物来自高水平的繁殖者。美国人道协会（The Humane Society of the United States）多年来一直密切关注这些繁殖厂，并每年出版一份"恐怖 100 榜单"（The Horrible Hundred）[1] 报告，以记录这个问题的性质和严重程度。[45] 许多狗只能得到低质量的营养，而且往往缺乏饮水。许多狗没有得到兽医护理，或缺乏足够的护理，而且经常有疾病、寄生虫和其他问题。幼犬繁殖厂的狗通常没有什么活动空间，经常被关在笼子里，处于易传播疾病的不卫生环境中。它们特别缺乏避暑和避寒的空间。

其中许多条件违犯了《动物福利法》。从 2017 年到 2020 年的三年时间里，美国农业部不再报告其对《动物福利法》的执法情况，而且其对特定饲养者的执法行动减少了 90%。检察员报告说，他们在进行工作时遭到了主动的劝阻。[46] 2020 年 2 月，在国会的指示下，美国农业部被要求恢复有关执法行动的在线数据。2019 年，人道协会赢得了一场诉讼，要求美国农业部按要求向公众公布全面的数据。其 2020 年的报告包

---

1 美国人道协会每年发布的报告，它会列出美国 100 家在动物福利方面表现最糟糕的幼犬繁殖厂或卖家。

含了每个州的繁殖者的全面信息。

就购买点而言，幼犬繁殖厂的问题是全国性的，每个州的宠物店都出售，或说直到最近都还在出售来自这些有问题的繁殖者的狗。但就繁殖点而言，这个问题并不是全国性的。密苏里州是它的主要据点，那里有 30 个有问题的繁殖者。其次是俄亥俄州，有 9 个，堪萨斯州和威斯康星州有 8 个，佐治亚州有 7 个。（这些数字是不可靠的，因为有些州不鼓励当地的调查工作。）密苏里州已连续 8 年位居"恐怖 100 榜单"之首，一些人道组织多年来一直在进行法律斗争，以规范不良繁殖者，但在州一级却屡遭失败。2010 年，《防止幼犬繁殖厂虐待法》通过了全民公决，该法案得到人道协会、美国防止虐待动物协会和其他团体的支持，却遭到农业综合企业和繁殖者团体以及美国步枪协会[1]的强烈反对，奇怪的是还遭到了密苏里兽医协会的强烈反对。根据旧的规定，狗可以被一直关在一个仅比其身体长 6 英寸（约合 15.24 厘米）的笼子里，暴露在恶劣环境中，不必给予兽医护理。新的法律则规定，要提供充分的食物、干净且稍大的笼子、兽医护理和免受极端温度的保护。该法通过后的两个月内，就有 5 项废除或修改它的议案被

---

[1] 对于美国步枪协会（National Rifle Association）为何反对该法案，译者没有找到明确答案。一种解释是，狩猎爱好者担心对繁殖厂的监管会影响猎犬的繁殖，但问题是在恶劣环境下出生的猎犬往往并不健康，难以成为好的狩猎搭档。另一种解释是，步枪协会的很多成员在政治上反对政府对自由市场的干预。

提出。州长杰伊·尼克松在 2011 年签署了一项严重缩水的法案。这项修订后的法案取消了户外运动的要求，并允许笼子的大小由国家农业部来确定。[47]

但是，这个州确实有一个执法系统（有些州就没有），而且偶尔会关停那些最恶劣的违法者。[48]

由于对生产点的监管是不可靠的，所以很多州、市、县都在对销售点进行监管。首选的策略是要求宠物店只出售有执照的收容所救助的狗。来看看我自己的城市尝试使用这一策略的情况。2014 年，芝加哥市通过一项法令，要求所有宠物店从动物管控中心、政府管理的犬舍或训练设施，或"私人、慈善、非营利的人道协会或动物救助组织"获得宠物。[49] 该法的另一个目的是提高收容所的存活释放率（live-release rate），事实上这个比率确实提高了，从 2016 年的 62% 提高到了 2019 年的 92%。宠物店立即开始反对这项法律，因为它切断了一项有利可图的业务。一些批评者控诉该法违犯了美国和伊利诺伊州的宪法，但第七巡回法院以法律上毫无根据为由驳回了这些诉求。[50]

与此同时，由于该法起草得不完善，允许宠物店主逃避其要求。幼犬繁殖厂的繁殖者只需建立一个"皮包"非营利性公司，就可以通过它将狗输送到芝加哥的宠物店。据《芝加哥论坛报》一篇文章揭露，"J. A. K. 的小狗"和"孤狼犬舍"（前者在艾奥瓦州，后者在密苏里州）这两家幼犬繁殖厂的经营者开办了非营利性公司，名为"流浪 K-9 救助"[1]和"狗妈妈救助协会"，以此作为幼犬繁殖厂的幌子。在芝加哥，有超过1 000 只狗从这些组织售出。有趣的是，繁殖厂所在的两个州对曝光的反应截然相反，密苏里州什么都不做，而艾奥瓦州最终对那家繁殖厂和该州的其他繁殖厂进行了处罚，罚金达 60 万美元。[51]

同时，芝加哥市议员布赖恩·霍普金斯对这部法律提出一项修正案，要求宠物店只能从那些与任何营利性繁殖者或实体没有关系的救助团体那里获得宠物。此外，它要求宠物店只收取一笔适量的收养费，消除了高价出售"纯种狗"的诱因。经过多轮辩论，该修正案最终于 2021 年 4 月 12 日获得通过。[52] 这个过程中出现了一个奇怪的情况，即之前曾支持该修正案的市议员雷蒙德·洛佩斯后来站在了反对方，并被发现接受了一家宠物店老板的竞选捐款，这表明幼犬繁殖厂和宠物店联合起来可以产生持续的影响力。但洛佩斯的确提出了一个很好的反对意见，他认为修正案不应当将"后院繁殖"（backyard breeding）[2] 排除在外，允许这样做是对美国养犬俱乐部的一个让步。霍普金斯认为，热爱自己的纯种狗的人不会在残酷的条件下饲养它们。然而洛佩斯反驳道，最终进入收容所

---

1 K-9 是 canine（犬）的谐音。二战期间美国组建了一支军犬特种部队，以 K-9 为代号。这个代号随后普及，被全球各国用来特指军犬和警犬。
2 指一些缺乏知识和经验的业余人士在较差的条件下对动物进行繁殖，往往存在严重的近亲繁殖问题。

的大量的狗正是这些繁殖者过度近亲繁殖的纯种狗。他提出了我在第 9 章提出的一个观点：狗被虐待不仅是因为幼犬繁殖厂的明显伤害，还因为近亲繁殖会使其患有很多疾病。急于求成的业余"后院繁殖者"特别容易无视基因筛选。[53]

这出漫长的戏剧秀表明，在各州没有对产地进行适当监管的情况下，要在这个问题上取得进展是多么困难。销售点监管不仅存在困难，而且其管辖范围本来就很窄。一个芝加哥居民如果想买一只幼犬繁殖厂的狗（也许对其恶劣的生活条件不知情，只是想寻找一只可爱的小狗，而不是一只来自收容所的成年狗），只需开车到郊区，那里的监管往好里说也是有缺陷的，常常由不一致的市级和县级的法规拼凑而成。

这个问题完全可以通过联邦政府对《动物福利法》的积极执行来解决，或者通过针对这个具体问题的新联邦法规来解决。只要存在至少一个热衷于繁殖宠物的州，以及大量以赢利为目的的宠物店，那么各州就很难有所作为。与此同时，无数年幼的狗都没有机会去发展和运用自己的能力。

工厂化养殖（与"农业禁言法"）

第 1、7、9 章已经提到了工厂化养殖业的一些弊端。农场动物缺乏来自联邦法律的保护，比如《动物福利法》《濒危物种法》《候鸟条约法》等。在 37 个州的反虐待法中，它们也是不受保护的。更糟糕的是，工厂化养殖业是如此成功地使自己免受批评，以至于许多州都通过了所谓"农业禁言法"，将那些唤起公众注意这些虐待行为的吹哨人的活动定为犯罪。[54]（卧底拍摄在揭示虐待行为和激起公愤方面产生了很好的效果。）

法规通常规定，在农业场所的秘密拍摄属于犯罪；有些法规则更广泛地延伸到在其他类型的企业中的拍摄。目前，有6个州明确制定了"农业禁言法"：亚拉巴马州、阿肯色州、艾奥瓦州、密苏里州、蒙大拿州和北达科他州。（但在艾奥瓦州和阿肯色州已有诉讼，而且艾奥瓦州的两项法规已被法院裁定为违宪。）在北卡罗来纳州、堪萨斯州、犹他州、怀俄明州和爱达荷州等另外5个州，这些法律已被推翻，理由是它们侵犯了宪法第一修正案规定的权利。在18个州里有人提议颁布"农业禁言法"，但被否决了，这些州包括：缅因州、新罕布什尔州、佛蒙特州、纽约州、新泽西州、宾夕法尼亚州、佛罗里达州、田纳西州、肯塔基州、印第安纳州、伊利诺伊州、明尼苏达州、内布拉斯加州、科罗拉多州、新墨西哥州、亚利桑那州、加利福尼亚州和华盛顿州。在其他地方，这场战斗至今还未打响。

这场斗争表明，在美国各地进行法律斗争的非营利性法律组织具有极大重要性。同时，相关信息已经披露出来，在这些组织的网站上很容易找到。还有一些书，比如蒂莫西·帕奇拉特（Timothy Pachirat）令人印象深刻的揭露现实之作《每12秒：工业化屠宰与视野政治》（*Every Twelve Seconds: Industrial*

Slaughter and the Politics of Sight）[55]，将读者带入屠宰场的隐秘生活，从一名工人的视野看屠宰场的日常活动。（帕奇拉特在一个他没有说出名字的屠牛场以雇员身份进行了卧底调查。）这个行业急于掩盖虐待行为，但是任何想了解情况的人都可以得到相关信息，这要感谢勇敢的吹哨人所做的工作。

联邦法律对打击虐待行为的贡献甚微。不仅所有的农场动物都被免除了《动物福利法》的保护，甚至《人道屠宰法》（Humane Methods of Slaughter Act）和规定了动物在运输过程中必须得到何种对待的《二十八小时连续运输法》（Twenty-Eight Hour Law）还免除了对家禽的保护，尽管在美国作为食物被饲养的动物中有95%是家禽。

各州有何作为？我们发现与幼犬繁殖厂存在的问题基本相同，大多数发生虐待行为的州什么都没做，而那些有良好立法的州基本上都是很少发生虐待行为的州（然而养鸡不像养猪和养牛那样在地理上很集中）。被一些州定为非法的虐待行为包括使用怀孕箱（10个州），使用小牛禁闭箱（9个州），以及使用母鸡禁闭笼（8个州）。加利福尼亚州和马萨诸塞州是特别积极的监管者。但这些进行监管的州并不是大规模生产地，所以他们对生产点的监管并不是特别重要。

出于这个原因，就像幼犬繁殖厂的问题一样，各州也采取了针对销售点的策略：禁止销售通过对鸭和鹅进行强制填喂而制成的鸭肝和鹅肝（加利福尼亚州和纽约市），禁止销售在禁闭箱里长大的牛和猪的小牛肉和猪肉（加利福尼亚州和马萨诸塞州），以及禁止销售以违反这些州的法律规定的方式圈养的母鸡产下的鸡蛋（7个州）。与此同时，其他州已经朝着另一个方向发展了。艾奥瓦州是美国最大的鸡蛋生产州，以及最大的猪肉生产州之一，该州对反虐待法中涉及农场动物的规定给予了特别豁免。一些虐待行为受到了起诉，但必须是非常极端的行为，例如养猪场的工人用金属棒打猪，并将钉子戳到猪的脸上。艾奥瓦州还通过了一项法律，它要求如果一家杂货店参与了一项补贴非笼养鸡蛋的联邦项目，那么该店在销售非笼养鸡蛋的同时，也必须销售笼养母鸡产下的鸡蛋。

销售点策略不可能迅速推进，因为不同于对宠物店的监管，这会给消费者带来经济负担。而且，在那些最大的肉类生产州，生产点策略目前注定要失败。

与此同时，欧洲之所以能取得更多进展，显然是因为欧盟不像美国联邦立法者那样被工厂化养殖业控制。1976年颁布的《保护农畜动物的欧洲公约》（European Convention for the Protection of Animals Kept for Farming Purposes）包含了一系列对农场动物的保护措施，并建立了一套监督体系。[56] 该公约还进一步补充了一些针对特定物种的规定，包括为猪提供足够宽敞的猪舍，使其能够站立、躺下，并与其他猪进行交流。猪也必须有足够的草料、麦秆和其他材料，以允许它们从事自然的"探索和控制活动"[57]。食用鸡和产蛋鸡也得到了合理的可靠保护。一份关于牛犊的饲养指导承认了它们的社会性，要求对8周以上的牛犊进行集体饲养。简言之，欧洲正在朝着尊重动物能力的方向发展。

尽管欧盟的法律提供了相当大的保护，但像奥地利和瑞典等一些国家在保护猪和鸡方面走得更远。[58]

关心此事的美国读者也许会对此感到绝望。从本书的观点来看，这些高度智能且复杂的动物从一开始就不应该被作为食物来饲养。如果连这些以人道对待为目标的渐进式改革都如此难以成功，那么我们怎么能期望本书的目标实现呢？不可否认，美国是一个难以寄予厚望的国家，因为肉类行业对我们的政治生活有巨大的权力。然而，法律和律师工作方面的努力已经取得了令人印象深刻的进步，特别是在反对"农业禁言法"方面。而且，随着更多信息的披露，公众的情绪确实在发生变化。植物基仿制肉的最新流行，以及合成肉的发展前景，可能会在世界范围内改变游戏规则。

鲸鱼的未来：国际法的弱点 [59]

几个世纪以来，人们一直以看上去矛盾的方式看待鲸鱼：它们既被视为令人敬畏的美丽动物，又被视为供人类攫取巨大利益的动物。伟大的文学作品包含着这两种看法。D.H. 劳伦斯（D. H. Lawrence）在许多方面对工业资本主义持批评态度，在他的诗歌《鲸鱼不哭！》（*Whales Weep Not!*，1909）中采取了第一种看待方式：

他们说海水是冰冷的,但海里流淌着
最炽热而沸腾、最狂野、最激昂的血。

在广阔深海中,所有的鲸鱼,都是炽热的,
向前推进,推进,潜游于冰山之下。
露脊鲸、抹香鲸、锤头鲸、杀手鲸,
它们在海面喷息,喷息,炽热狂野的白雾喷薄而出!

作为对比,请看摘自奥贝德·梅西(Obed Macy)《南塔基特的历史》(*The History of Nantucket*,1835)的这段文字:

1690年,一群人在一座高山上观察鲸鱼的喷息和互动,其中一个人指向大海说:那是一片绿色的牧场,我们的子孙后代将去那里赚取面包。

赫尔曼·梅尔维尔(Herman Melville)在《白鲸》(*Moby-Dick*)开头的许多地方引用了梅西的段落,他被引向了两个方向,一方面毫无批评地接受了捕鲸业,另一方面又强调了猎物令人敬畏的特征。我们马上会看到,当代国际法也被引向了两个方向,其中一派试图结束对鲸鱼的致命虐杀,另一派则只寻求保护鲸鱼"储量"以供未来开采。

捕鲸是迄今为止国际行动的唯一焦点,但它只是在国际水域中对鲸鱼造成的伤害的一小部分。声音是一头鲸鱼与其他鲸鱼交流的最重要方式，对其声音环境的破坏在很多方面扰乱了它们的生活形式，这也是"自然资源保护委员会诉普利兹克案"得出的正确结论。但除了美国海军造成的干扰外，还有其他很多干扰。其他国家也使用声呐。全球航运业在世界各地制造了大量噪声，而石油和天然气工业不仅用钻探海底石油的石油钻机产生声波干扰，还在探测石油的地图绘制工作中产生这种干扰。为了绘制海底轮廓图，这些公司使用高功率的气炮，在深海中向下喷射空气，这种情况每隔一段时间就会发生，而且或多或少地发生在全球各地。2016 年由丹尼尔·海纳菲尔德（Daniel Hinerfeld）和米歇尔·多尔蒂（Michelle Dougherty）执导的纪录片《噪音海洋》对这些干扰进行了很好的研究。[60] 这些音爆有时甚至会导致鲸鱼的脑部受伤和死亡，而国际法甚至不认为对声波干扰的管制是值得讨论的，由此可见它是多么懦弱，它所追求的目标是多么卑微。

捕鲸有什么错？就本书而言，答案是显而易见的：它导致了这些复杂而有感受的动物的过早死亡，将其用作提取肉、油和其他有用产品的对象。但是，正如第 7 章所论证，这正是为了食物而杀害大多数动物的错误所在。当然还可以补充说，捕鲸业是残酷的，用鱼叉造成缓慢的死亡过程，有时还会用棍棒击打来制造更多痛苦。新技术在一定程度上改变了现状，现在许多鲸鱼都是被一种鱼叉弹捕杀的，鱼叉上带有的爆炸头会在鲸鱼体内引爆，缩短了濒死时间。尽管如此，这仍然是糟糕的死亡。然而，大多数作为食物而被杀害的动物也要经历糟糕的死亡，由此终结糟糕的一生，而鲸鱼至少生前是自由的，因此比大多数牛、猪和鸡过得更好。那么，在我们开始批判目前的做法之前，有必要指出，捕鲸并不具有任何其他日常做法所没有的罪恶。因此，像美国这样很少捕鲸的国家，抱怨其他国家的捕鲸行为，却忽视了他们自己每天都参与的令人发指的做法，这是伪善的。不幸的是，这种对于伪善的（合理）指控常常会阻碍依据国际法来保护鲸鱼的努力。

另一个需要明确的问题是，法律保护所针对的恶的本质是什么。这里有两个派别。一派（基本上与那些想利用鲸鱼作为实现人类目的之手段的人属于同一派别）认为，唯一要防止的恶就是一种或多种鲸鱼的灭绝，从而防止一个有利可图的行业（的一部分）的终结。这一派别通常谈论的是"鲸鱼储量"，仿佛鲸鱼个体是无足轻重的。对另一些人来说，也就是对我来说，恶在于个体鲸鱼的不必要的和残酷的死亡。物种之所以重要，是因为物种的持续繁殖和多样性通常对个体的健康和繁兴（包括社交互动）是必不可少的。

美国管辖范围内的鲸鱼过得还不错。《海洋哺乳动物保护法》不仅保护鲸鱼个体不被杀害，还保护它们不受"侵扰"，普利兹克案展示了法院可以提供多大程度上的保护，即使对抗的是强大的军事利益。虎鲸并不总是被保护免受"侵扰"，正如《黑鲸》中展示的臭名昭著的行为，但现在情况已经改变，至少在加利福尼亚已经不一样了，这要感谢《虎鲸福利和安全法案》。与此同时,虎鲸在美国沿海水域的野生环境中繁衍生息,特别是在华盛顿州的圣胡安群岛附近。

这并不是说美国不猎杀鲸鱼。根据阿拉斯加白鲸委员会的监控,白鲸捕猎者每年约杀死 300 头鲸鱼。有两个原住民团体不顾动物权利团体的抗议,猎杀濒危物种:阿拉斯加有 9 个原住民社群为了"维持生计"而猎杀弓头鲸,华盛顿州的马卡人已经恢复了猎杀灰鲸。这两种捕猎都以我在第 8 章讨论过的那种文化权利作为辩护理由。

然而,现在我们来谈谈在国际水域发生的事情。所有猎杀鲸鱼的行为,包括美国人的猎杀行为,都受到签署于 1946 年的《国际捕鲸管制公约》)的管制。该公约设立了一个监督小组,即国际捕鲸委员会。[61]

起草《国际捕鲸管制公约》的目的不是为了结束杀鲸,而是为了可持续利用。它的推动力来自"鲸鱼储量"枯竭的证据。在其序言中,时任美国国务卿的迪安·艾奇逊将鲸鱼描述为"整个世界的守护者"和"共同的资源"。"资源"一词表明,鲸鱼被视为供人类使用的对象。事实上,在起草公约的时候,并没有想过要完全禁止商业捕鲸,其目标是为每个成员国建立一个配额制度。有两种形式的捕鲸被明确允许不受规定配额的约束——原住民捕鲸和"为科学目的"捕鲸。无论当时还是现在,不同意某项规定的国家都可以在保持国际捕鲸委员会成员身份的同时,选择退出该规定,而任何改变都需要征得 3/4 的成员国的同意。

这些规定为停滞不前做好了铺垫，尽管美国内政部助理部长 C. 吉拉德·戴维森将该条约誉为指向"人类更和平、更幸福的未来"。（没有提到鲸鱼未来的幸福！）然而，如果没有选择退出的权利，那么许多大肆从事捕鲸活动的国家（包括俄罗斯、日本和挪威）从一开始就不会加入国际捕鲸委员会。

起初，商业捕鲸是被允许的，并设有一个配额制度和一些详尽的监管程序。然而，在 1982 年商业捕鲸被完全暂停了。原本打算在储量恢复之前暂停捕鲸，但由于对恢复捕鲸的条件没有达成一致意见，所以停捕令一直生效。这种分歧只会日益加剧：国际捕鲸委员会的一些成员已经越来越转向动物权利的观点，从道德上反对捕鲸，而其他成员则急于恢复商业活动。执法工作一直很薄弱，因为条约给予每个国家约束自己成员的任务。挪威和冰岛则干脆选择退出停捕令，进行合法的商业捕鲸活动。

与此同时，其他国家则利用条约规定的例外情形。让我们依次考察这些例外情形。之所以要规定科研例外，目的在于获得关于鲸鱼的生物学知识。正如医科学生需要通过解剖获得知识，有人认为对鲸鱼的了解也需要有鲸鱼尸体。但人们不会为了研究医学而杀人，因为自然死亡提供的人类尸体就够用了。有人为杀鲸给出的理由是，鲸鱼的尸体通常会沉入深海，而偶尔搁浅的鲸鱼也许不能代表这个物种。因此，一些国家认为，为研究而杀戮是必要的。

即使这种主张是真心为了科学考虑，我们的世界也已经发生了改变。新技术已经使我们有可能在深海中近距离研究鲸鱼，无须杀死它们。正如哈尔·怀特黑德和卢克·伦德尔经常做的那样，可以使用深海下潜设备，特别是深海摄影技术。新的设备并不能探索体内，但正如一个好医生可以把我们已知的人体解剖学知识与病人的临床检查相结合，来得到一个准确的结果，研究鲸鱼的科学家也可以这样做。这种认为我们必须通过杀戮来了解动物的观点，在其他任何动物物种那里都从未得到过确认。时至今日，我们可以用其他方法来取得进步。

基于科研目的的诉求，特别是日本在这方面提出的诉求，都是缺乏说服力的。2014年3月，国际法院裁定日本在南极开展的一个被称为JARPA II的科研捕鲸项目是违背国际法的，因为它不具有作为一个科研项目的价值。该案是由澳大利亚发起的，新西兰也参与其中。[62] 法院指出，该项目缺乏科研发现和同行评议研究。许多环保组织将这一整套做法视为变相的商业捕鲸，这很难不得到赞同。

然而日本并没有放弃，他们宣布将"重新设计"该项目。他们这样做的权利得到了鲸类研究所（Institute of Cetacean Research）的支持，该研究所是一个日本非政府组织，据称是一个独立研究组织，但它将鲸鱼解剖的"副产品"作为食物进行商业销售。（重要的是，在接下来要提到的"海洋守护者"案件中，第九巡回法院直接明确地将鲸类研究所描述为"在南大洋捕杀鲸鱼的日本研究者"。）

法院的判决是谨慎的。它没有提到关于鲸鱼拥有生命权的主张,而是将《国际捕鲸管制公约》的目的界定为在保护与可持续利用之间寻求平衡。它也没有完全否定为科学研究授予特别许可的想法,它只是说日本的项目不符合条件。2014年后,日本虽减少了在南大洋捕杀鲸鱼的数量,但仍然在捕杀。2015年,日本提交了一份新的"科研"捕鲸计划,并通过修改其关于国际法院管辖权的任择声明(optional declaration),将所有与海洋生物有关的争端从该法院的管辖权中移除,从而阻止了重复诉讼。

如今这个问题已经没有意义了,因为日本在日益倾向于保护主义的国际捕鲸委员会中面临越来越多的反对,对此感到沮丧,于2018年12月退出了该委员会,并于2019年恢复了商业捕鲸,尽管不是在南极。2020年,鲸类研究所称其研究现在只采用非致命方法。[63] 那么,它显然承认了其真正的科研工作并不要求杀死鲸鱼。一旦商业捕鲸活动公开化,就不再需要这块遮羞布了。

我们能做什么?应该做什么?目前,不要对国际捕鲸委员会寄予厚望,这是一个软弱无力且冲突日增的机构,强国可以随意无视它。极端环保行动团体的抵抗也已经失败。特别声名狼藉的是"海洋守护者协会"(Sea Shepherd Conservation Society)的活动,该组织相信鲸鱼拥有固有的生命权。他们为保护鲸鱼的事业而战,不断干涉日本在南极的捕鲸活动。"海洋守护者"采取了一种很激进的做法,许多环保组织都强烈反对这种做法,在我看来这种反对是正确的。例如,它把装有丁酸（butyric acid）[1]的瓶子扔到捕鲸船上，并试图遮挡捕鲸者的视野。该组织及其创始人保罗·沃森（Paul Watson）认为，这是阻止捕鲸的唯一有效方式，因为单纯的抗议没有用，国际法也没有用。但这一策略在法律上却起到了适得其反的作用。鲸类研究所根据《外国人侵权法》（Alien Tort Statute，该法最初的设立目的是使美国法院能够起诉海盗）起诉"海洋守护者"，要求对该组织下达禁令，声称其行动构成海盗行为。联邦地区法院做出了有利于"海洋守护者"的裁决，称鲸类研究所没有证明该组织的行动构成海盗行为，然而它表示不赞同"海洋守护者"的策略。在上诉中，第九巡回法院推翻了这一判决[64]，主要意见是由亚历克斯·科津斯基法官撰写的，在他突然退休和丑闻曝光前不久。[65] "海洋守护者"的领导人保罗·沃森以日本通过了新反恐法律为由，于2017年停止了激进活动。

简言之，"科研"捕鲸并没有受到法律或法律以外的手段制止，而且如今已经不再需要打科学的幌子了，因为一些国家已经恢复了公开的商业捕鲸。国际捕鲸委员会表现出不可救药的无能，此类问题在国际人权法的历史上也是很常见的。

那么作为公约中另一项例外，原住民自给性捕鲸又如何呢？在第8章，我对马卡人和因纽特人提出的捕鲸是保存文化所必需的说法提出了质疑。我现在再补充一点：并非所有原住民都

---

[1] 一种对呼吸系统有害的刺激性化学物质。

同意这些论据。毛利人向国际捕鲸委员会表示他们非常尊重鲸鱼，并希望与捕杀行为保持距离。[66]

至于说鲸鱼肉是满足营养需求所必需，这也经不起推敲。国际捕鲸委员会提到了"自给性捕捞所产生的副产品的贸易"[67]。很明显，鲸鱼产品的贸易意味着有超出直接营养需求的剩余。这种剩余通常包括肉类，鲸鱼肉最终出现在格陵兰岛的旅游餐馆。有人质疑说，如果鲸鱼肉在餐馆出售，它就不可能是因纽特人的生存所必需。得到的回应如下："关于饭店，它（格陵兰）指出，它不控制谁可以在格陵兰吃特定种类的产品，并且看不出游客在饭店吃鲸鱼肉有任何问题。……相比从西方空运进口食物以及由此可能带来的相关健康问题，本地食物的营养价值更好，且更环保。"[68] 但是，基于健康理由偏爱当地食物（更别说食用鲸鱼肉存在严重的健康问题），完全不同于一种为了生存的食物需求。如果严重的饥饿是一个问题，这个问题就应该通过合理的公共政策来全面解决。事实上丹麦已经做到了这一点，格陵兰岛的因纽特人（几乎占格陵兰岛居民的90%）实际上相当富裕，这在很大程度上要归功于丹麦提供的大量补贴。

国际捕鲸委员会屈从于这些空洞的谬论，显示出其软弱。尽管目前形势严峻，但我相信，海洋哺乳动物会有一个更好的未来。有那么多国际和国内团体正在从事这项事业。在州和国家层面上已经取得了那么多进展。那么多优秀的电影，如《黑鲸》和《噪音海洋》，提醒人们注意鲸鱼和海豚的困境。那么多精彩的书籍都是关于鲸鱼的美丽及其目前的困境。[69] 那么多鲸鱼观察者将他们自己的惊奇带入法庭和立法机构。那么多有专业技能的律师和法学生，被这些必须完成的任务推动，进入这个实践领域。惊奇、同情和愤怒正在我们周围涌起。还有很多工作要做。国际法是软弱的。目前，我们必须通过国内法律（正如在人权问题上一样）和国际抗议运动来处理这些问题。但我相信，人类会越来越齐心协力。

法律是我们所有人的

正如本章所述，在涉及动物的生命时，世界的法律体系处于一种原始状态。我已经说过，权利需要通过法律来实现，如果没有实际的法律，也要争取使未来可能有这种法律。许多国家在地方和州的层面上，甚至在国家层面上，已经取得了大量进展，尽管这在美国总是不均衡的，因而未能保护肉食工业中被饲养的动物。此外，对于所有动物来说，诉讼地位问题阻碍了真正的进步，因为美国的法律还没有把动物当作完全的正义主体，不认为其能够基于自身的权利（通过一个合适的代理人）站在法庭上。国会可以通过投票赋予其地位，但我们都知道这种投票在非常遥远的未来才能实现。同时，在国际领域，保护动物的事业似乎非常不确定，因为即使那些已然存在的机构也为冲突所困，无力阻止叛离者。

我们能做些什么？在所有这些问题上，补救措施实际上都要求人类观念不断发展,才能产生解决方案。这是可以实现的,我们可以通过思考女性的进步看到这一点。世界各地的女性都曾经被合法地当作男性使用和控制的对象或财产。一位已婚女性没有独立的法律主动权,她不能起诉,也不能管理自己的财务。最重要的是,女性对法律的未来发展没有发言权,因为她们不能投票。1893 年,新西兰成为第一个给予女性选举权的国家。[70]2015 年,沙特阿拉伯成为最后一个。由于许多女性和男性的勇敢努力,女性已经逐渐改善了关于性侵犯和性骚扰的法律,赢得了进入大学、议会和就业领域的机会。这个故事还远远没有结束,但几千年的停滞不前已经结束,全世界都迸发出一股能量。

在动物权利方面,同样的事情也可以发生,而且我相信正在发生。事实上,它已经开始发生了。杰里米·边沁满怀信心预测的那个未来,花了太长时间才到来。但它已经在路上了,只要我们努力,它是可以实现的。存在一些与女性问题相同的障碍——贪婪和傲慢。傲慢,是指主导群体相信自己高于一切,认为从属群体并不完全真实。[71]但丁把傲慢的人描绘成像铁环一样弯着腰,因此他们只能看见自己,无法向外看向世界,也无法看见他者的面孔。几千年来,大部分人类都是这样的,他们只看见人类,而从没有向外看,没有真正看见那些与我们共享这颗脆弱而渺小的行星的其他有感受生物。至今,事情已经发生了变化,尽管这种变化是局部的、不均衡的。更多的看见,更多的惊奇,而且通过这种连接,对我们做过和正在做的事情有了更多的同情和愤慨。

我们就是未来。我们真的会看见吗？我们会向我们的动物同伴伸出友谊之手吗？我们会去做那些改变我们的生活方式、改变我们的法律和制度的艰辛工作吗？我不知道。这握在我们所有人手中。这项工作需要各种类型的人参与：科学家兢兢业业地工作，致力于描述动物的能力及其复杂的生活形式；活动家无私奉献自己的生命，为了那些大多数人不会试图理解其语言（甚至称其为"不会说话的畜牲"）的物种发声；立法者和法官做出一些良善的、往往不受欢迎的决定；律师一次次对虐待者提起诉讼；教师和家长培养孩子们以不减退的惊奇看向世界。甚至市场在这项工作中也有一席之地：如果人造肉无法赚钱，人们就不会如此努力地创造和销售它。

我想，哲学家在这项工作中也有一席之地。这就是我写这本书的原因。

结　语

全世界的动物都处于困境中。人类支配着我们这个世界的每个地方，从陆地、海洋到天空。任何非人动物都无法逃脱人类的支配。很多时候，这种支配都对动物造成不正当的伤害，无论通过工厂化肉食工业的野蛮虐待，通过偷猎和娱乐性狩猎，通过破坏栖息地，通过污染空气和海洋，还是通过对人们声称喜爱的伴侣动物的忽视。

这是本书开篇的一段文字，它描述了我们今天所处的境地。这本书本身并没有改变动物的糟糕处境，我们对这种处境负有集体责任。但我希望，中间的章节有助于唤醒或加强我在第1章讨论的三种情感：对动物生命的复杂性和多样性感到惊奇，对这些生命在我们人类主导的世界中的惯常遭遇感到同情，以及一种富有成效的、未来指向的愤怒（用我的术语来说即"过渡性愤怒"），它旨在纠正这种状况。

然而，这本书不仅要唤起这些情感，敦促人们采取有成效的行动，它还是一本哲学理论书，旨在论述一种能够指导这些努力的观点，并证明它比现在可用的其他理论更好。我们为改善动物命运和纠正虐待行为而斗争，这需要多种支持：勇敢的行动主义；坚定而机智的法律工作；致力于维护动物生命的组织及其坚定的参与者；对这些组织的捐赠；具有创造性和严谨性的科学研究；努力通过新闻、电影和视觉艺术向广大观众传达动物的美丽、奇妙能力和当前困境。本书所有读者都可以根据自己的情况和能力，在这项工作中找到自己的角色。即使在哲学领域内，各种不同的研究课题也都做出了宝贵的贡献，应当深入研究心灵的性质、感知和感受，以及情感的结构，这些以及其他课题都对理解动物的生活做出了独特的贡献。

但这场斗争也需要一个总体的哲学-政治理论。理论指导着人们的努力，将一些事情标记为重要的并忽略另一些，敦促法律以这种方式而不是那种方式指导其努力。有缺陷的理论往往会提供坏的指导，忽视非常重要的问题，将关注点完全限制在一个狭窄或扭曲的范围内。理论为律师和政治家提供了一个观察世界的视角，并常常鼓励他们忽视一些人们在日常生活中看得很清楚的重要事情。一旦发生这种情况，对理论的需求就会比以前大得多，因为现在我们需要的不是增加一个新理论，而是需要一个反对的理论，它可以通过有说服力的论证来指出坏理论的缺陷，然后提出一个替代方案，因此它往往可以把人们的日常认知从忽视和失能中拯救出来。

迄今为止,指导人类对待动物生命的各种理论在某些方面都是有希望的,但在其他方面却是粗糙或扭曲的。我讨论的三个有缺陷的理论最终都可以通过修改它们的主张来接受基于能力论的政治原则,至少我是这么认为的。科斯嘉德的康德式观点可以强调她关于动物本身就是目的的深刻见解,而不强调关于人类道德特殊性的主张,这种主张会对一种原则性的政治共识构成干扰。功利主义者可以利用密尔理论的精妙见解,而不是边沁的更简化的观点。甚至人类中心主义的"如此像我们"进路也可以成为"重叠共识"的一部分,如果它淡化动物与人类的相似性,不将其视为法律和政治原则的来源,并拥抱对于差异性的惊奇和尊重的话。我们有理由认为该理论可以朝这个方向发展,因为这种观点最初是受到基督教的启发,认为所有的自然界都是上帝的创造物,人类是一个负责任的管理者,而不是傲慢的统治者。"如此像我们"进路最敏锐的哲学阐释者是托马斯·怀特,他最近在被要求为一群专业的海豚科学家写一篇关于伦理学的文章时,向他们推荐了最佳指导理论:不是他之前的人类中心主义理论,而是能力论! [1]

与其他理论相比,能力论能更好地响应我们如今所知的关于动物生活的事实:动物能力和活动的奇妙多样性,它们的价值能力(capacities for valuing),形成社会网络的能力,文化学习的能力,以及友谊和爱。如果杰里米·边沁面对面走近鲸鱼哈尔、母狗卢帕,或布兰丁斯皇后(边沁非常喜欢一头放养的猪,二者经常一起散步)的生活[2],他作为一个心思开阔而聪敏的人,很可能会看到动物和人类的生活都具有这些面向。但在他的正式理论中,没有提供空间来容纳一个关心动物的朋友所能看到的许多事情。能力论是围绕这样的想法建立的,即我们必须去观察,要看到每一种动物生活所包含的内容和价值,并且必须以非还原的方式,保护其一整套多样化的努力中最重要的元素。我已经展示了能力论如何很好地指导我们的实际思考,当我们问动物园是不是可接受的,当我们制定关于伴侣动物和野生动物的法律和政策,当我们面对国际法在保护海洋哺乳动物免受侵扰方面暴露的弱点,当我们试图阐明工厂化养殖业的可怕之处,当我们试图指明幼犬繁殖厂造成的伤害的时候。这只是其中一些例子,还有其他无数问题,在这些问题上,一种关注物种特性的、以生活形式为导向的进路可以帮助我们想象一个更加正义的世界。

政治家和学者们经常谈论"全球正义",认为这是我们应该追求的目标。但他们努力研究的课题往往并不是真正全球性的。他们所谓"全球正义"通常是为了人类的,无论是生活在哪里的人类。当然,这已经是一个崇高目标了,我们应当去追求这个目标。但在这个过程中,我们绝不能忘记,一种真正的全球正义应当承担起保护一切有感受生物的权利的责任,无论它们生活在哪里,陆地上、海洋里、或是天空中。而且,它必须是真正的正义,正如我说过的,它关注的是为那些努力实现自己目标的有感受生物移除障碍。

我们处于一个伟大觉醒的时代:开始认识到我们与这个

由非凡的智能生物组成的世界之间的亲缘关系,开始认识到我们对待它们的方式是要真正承担责任的。对于所有努力实现这种觉醒和责任的相关人士来说,能力论是他们的最佳理论盟友。我们负有一种维护动物权利的集体责任,而且我们终于开始直面这一责任。但我们需要一个足够好的理论来作为指导。我想我们现在已经有了一个这样的理论,尽管它肯定存在许多缺陷,并将在未来的工作中被改进。

这项任务似乎令人望而却步。有这么多的坏事发生,这么多的痛苦,动物在自由行动、健康和社交生活上的努力受到这么严重的挫败,而这些挫败和痛苦为许多人赚了大钱。动物在这个世界上如此脆弱,而动物的盟友通常看上去也非常弱势,难以对抗肉食工业的力量、偷猎者的诡计多端、源源不断的塑料垃圾,以及石油工业在海底制造的气爆。然而我相信,我们的时代是一个对动物的未来充满希望的时代。

让我们想想希望。[3] 抱有希望并不取决于概率。如果你的亲戚生病了,即使前景看起来非常糟糕,你也可以抱有希望;即使前景看起来不错,你也可以怀有恐惧,即希望的反面。这两种情绪是不同的视角,是看待我们无法控制的不确定未来的两种不同方式。然而,这两种情绪激发的努力不同。恐惧使人无法行动,而且往往使他们意志薄弱。希望则使人振作起来,赋予他们翅膀。这就像把一个杯子看成是半满的,而不是半空的,但不同的视角会带来巨大的实践差异。出于这个原因,伊曼努尔·康德说,我们都有责任培养我们的希望,以支持我们的实践努力。我认为康德是对的。如果我们认为我们的努力具有重要意义，而且认为这确实是我们的集体责任的话，那么我们都必须成为希望之人（people of hope）。

我们可以单纯从我们的惊奇和爱中培养出希望。但在这个特定时期，我们也有具体的理由心怀希望。如今，有那么多人对动物有了更加丰富的认识，看到它们（通过近距离观察或通过影片），给予它们恰当的关心，而不是仅仅出于自恋的幻想。这种认识上的革命已经推动了实在的政治进展。

- 以 1918 年的《候鸟条约法》为例，该法为鸟类提供了一系列保护，这些保护在上届政府执政期间被取消，而最近得以恢复。[4] 在工业活动中误杀鸟类再一次被视为违犯该法。

- 以英国上议院最近提出的全面的《动物福利（感受）法案》[Animal Welfare (Sentience) Bill] 为例，该法案利用最近关于动物感受和情绪的科学研究工作，要求政府考虑其所有政策（而不仅仅是那些直接关于动物的政策）对有感受动物的福利有何种影响。[5] 该法案最终将由一套更具体的法律来实施，而且看上去得到了广泛的支持。

- 以 2021 年 10 月 20 日美国俄亥俄州南区地方法院的一项引人注目的裁决为例，河马被一项美国法律承认为法律人格体，该法允许"相关人士"申请取证，以便用于外国法律程序。这是美国法院第一次承认动物是法律人格体。由巴勃罗·埃斯科瓦尔带到哥伦比亚的河马已经变得非常多,导致政府计划杀死大量的河马。由于哥伦比亚法律允许动物有法律地位,于是河马成了哥伦比亚一起阻止杀戮的诉讼案的原告,而一些美国专家要求在此案中做证。因此,通过一个非常奇怪的途径,在不改变对地位的狭隘理解的情况下,一个美国法院得出了一个重大的结论。[6]（这不是一个判决先例,因为它基于哥伦比亚法律给予河马法律地位的判决,但它具有很强的指示性。而且,哥伦比亚法律对于地位的理解更具有包容性,这也是一个令人乐观的理由。[7]）

• 以 2021 年 7 月伊利诺伊州立法机构通过的《鸟类安全建筑法》（Bird Safe Buildings Act）为例。该法由州长普利兹克签署,它要求所有新建或翻修的伊利诺伊州公共建筑使用对鸟类友好的建筑技术。新建的公共建筑至少有 90% 的外墙材料需采用防止鸟类碰撞的玻璃。它还要求在可能的条件下,建筑外部的照明要有适当的遮挡,以保护野生动物。[8] 至于私有建筑,比如我们自己的大学,也开始遵循该法的指导准则。

这些变化与其他许多实在的政治进展都表明,变革是可能的,而且它们也表明,变革取决于我们所有人：这种变革具有政治性和脆弱性,依赖于相关公民对政治进程的参与,这是我们所有人能够且应该行使我们集体责任的一种方式。

但出于同样的原因,考虑到我们政治进程的不稳定性,它们可能看起来非常脆弱,无法为希望提供恰当理由。我已经说过,希望不需要理由。然而,如果我们要在希望中寻找勇气,那么我们就应当将心思放在进步而不是倒退的例子上,这确实是有帮助的。但可怕的消息也可以激发愤慨和政治行动,比如最近在加利福尼亚海岸杀死无数海洋生物的漏油事件。[9]以一个非常可靠的、不太可能被逆转的好变化为例,请想想植物基肉制品在消费者中取得的显著的、几乎令人难以置信的成功。接下来马上会有另一个选择,即实验室培育的、不杀害任何动物的"真正的肉",由美国公司皆食得(Eat Just)销售,并且现已被批准在新加坡出售,不久之后,这种肉肯定也会出现在其他地方。[10]阻碍变革的一个原因,就是人们通过剥削动物来赚钱。但现在做大量善事的企业也可以赚钱。这些进展表明,随着人们追求更健康的饮食,以及越来越多的人在有选择的情况下会选择正义,动物的朋友们可以在没有痛苦的牺牲和斗争的情况下取得越来越多的胜利。

每位读者都能想出类似的例子,说明哪些事情是可以做和正在做的,其中许多在本书中都提到过。想到这些事情,就更容易产生希望,在我们努力的过程中恢复我们的精力。因为,毕竟我们都是以自己的特定方式生活的动物,为我们所珍视的目标而努力,而且常常受挫。然而不会一直受挫,当我们能够团结地追求共同的目标时,就不会。

我希望这本书的读者会被打动,以各自不同的方式被打动,从而为正义做出选择,成为热爱动物生命的人。带着惊奇,带着同情,带着愤慨,也带着希望。

致　谢

写这本书用了好几年，因此我要感谢很多人。首先，也是最重要的，我非常感谢我已故的女儿蕾切尔·努斯鲍姆，她是一名律师，曾担任"动物之友"的政府事务律师，在他们位于丹佛的野生动物部门工作，她尤其关注海洋哺乳动物。我在导言中讨论了她的贡献，在本书的各章里都可以看到她的贡献。通过蕾切尔，我认识了"动物之友"的工作人员，从他们身上学到了很多东西，也从他们鼓舞人心的法务工作中受到启发。因此，我也深深感谢他们，特别是野生动物部主任迈克尔·哈里斯，和整个组织的负责人普利西拉·费拉尔（Priscilla Feral）。蕾切尔的丈夫格尔德延续了她对虎鲸和其他鲸鱼的热爱，我很感谢他对这个课题的热情支持。

在筹备本书的这段日子里，我非常有幸拥有几位天赋超群且尽心尽力的研究助理，他们都为本书做出了巨大贡献，甚至比为我其他的书做出的更多，因为这本书需要那么多的研究和学习。按时间顺序排列如下：马修·吉洛德（Matthew

Guillod）、贾里德·迈耶（Jared Mayer）、托尼·莱（Tony Leyh）、克劳迪娅·霍格-布莱克（Claudia Hogg-Blake）和卡梅伦·斯特克贝克（Cameron Steckbeck）。在这项工作的最后阶段，我在一个研讨班上展示了书稿，那里有 12 位杰出的学生，他们有些来自法律专业，有些来自哲学专业，他们的意见非常宝贵，我必须提及他们所有人的名字：弗朗切斯卡·阿拉莫（Franchesca Alamo）、迈克尔·布坎南（Michael Buchanan）、斯潘塞·卡罗（Spencer Caro）、本·康罗伊（Ben Conroy）、克里斯滕·德曼（Kristen De Man）、本杰明·埃尔莫尔（Benjamin Elmore）、迈卡·吉布森（Micah Gibson）、杰克·约翰宁（Jack Johanning）、普西·西蒙（Psi Simon）、卡梅伦·斯特克贝克、尼科·汤普森-列拉斯（Nico Thompson-Lleras）、安德烈斯·沃达诺维奇（Andres Vodanovic）。

像往常一样，我在芝加哥大学法学院的同事们在"在研工作坊"中和对各章的书面评论中提出了严厉批评，这些批评对本书有巨大贡献，我特别感谢：李·芬内尔（Lee Fennell）、布赖恩·莱特（Brian Leiter）、索尔·莱夫莫尔（Saul Levmore）和理查德·麦克亚当斯（Richard McAdams）。我在纽约大学法学院和耶鲁大学法学院的研讨会上提交了初稿，并在哈佛大学政治科学研究生会议上做了相关讲座，每次讲座都学到了很多东西。特别要感谢萨姆·谢夫勒（Sam Scheffler）、杰里米·沃尔德伦（Jeremy Waldron）、托马斯·内格尔（Thomas Nagel）、普里亚·梅农（Priya Menon）和道格·凯萨（Doug Kysar）。

我在西蒙与舒斯特出版社（Simon & Schuster）的编辑斯图尔特·罗伯茨（Stuart Roberts）一直都很令人惊喜，在整个过程中都向我发来最有用的评论。

注 释

导 言

[1] 在本书中,我经常遵循动物保护者的惯例,用"动物"来指代"非人动物",但我会不时提醒读者这是一种简略表述,比如我在文中第三句话就使用了完整表述。人类也是动物,但如果一直说"非人动物"就太麻烦了,而我希望我的意思自始至终都很清晰。

[2] 参见世界自然基金会的生物多样性报告:https://wwf.panda.org/discover/our_focus/biodiversity/biodiversity/。

[3] 动物福利研究所的这项研究根据美国《濒危物种法》中的分类,给出了目前被列为濒危或受威胁物种的完整清单。参见 https://awionline.org/content/list-endangered-species。

[4] Platt (2021).

[5] BirdLife International (2017), https://www.birdlife.org/news/2017/01/24/10-amazing-birds-have-gone-extinct/。

[6] Nuwer (2019).

[7] 参见 Godfrey-Smith (2016, pp.68-69, 73-74)。

[8] Poole (1997).

[9] 这种行为已经被记述了很多次,但是有一份特别细致的描述,参见 Moss (1988)。

[10] 一个臭名昭著的案例是,一群斯威士兰的大象被非法空运到美国。我将在第 10 章讲述这个案例。

[11] Whitehead and Rendell (2015).

[12] 参见 Victor (2019)。这头鲸鱼不是座头鲸，而是柯氏喙鲸。然而，座头鲸也会受到塑料摄入的影响，几乎所有种类的鲸鱼都是如此。

[13] Wodehouse ([1935] 2008, pp.60-86).

[14] Shapiro (2007).

[15] 更多讨论参见第 12 章。

[16] 参见 Rollin (1995)，这是一项关于这个主题的基础研究。

[17] 相关图片参见 Leonard (2020)。

[18] 你可以在康奈尔鸟类学实验室的网站上听到这个声音：https://www.allaboutbirds.org/guide/House_Finch/sounds。

[19] Pitcher (1995). 我将在第 11 章进一步讨论卢帕和她的人类朋友。

[20] 我将在第 3、11 和 12 章使用这些文章。我们在人类发展与能力协会的年会上展示了其中四篇文章，该协会是一个由研究人员组成的国际团体，其成员主要是一些经济学家和哲学家，研究全球贫困和不平等问题，诺贝尔经济学奖得主阿马蒂亚·森和我是该协会的两位创始主席。

[21] 蕾切尔所在的整个"动物之友"都在使用能力论。她的上司迈克尔·哈里斯最近发表了一篇关于它的专栏文章，他介入了一桩关于一头被囚禁并被剥夺自由的大象案件。参见 Harris (2021)。我也介入了这个案子，写了一份"非当事人意见陈述"（amicus brief），并出现在一个当地的新闻节目中。参见 Lee (2021)。

第 1 章 残忍与忽视：动物生活中的不正义

[1] 我把这个论点归功于克里斯汀·科斯嘉德，我在后面讨论她对这个（基本上是康德式的）想法的辩护。在这一点上，我和她是完全一致的。

[2] *Natural Resources Defense Council v. Pritzker*, 828 F.3d 1125 (9th Cir. 2016).

[3] 许多工作场所甚至度假村都取消了一次性塑料用具，建议用可回收的罐子和人们自带的瓶子装水。

[4] 杰里米·本迪克-基默是一位讨论惊奇的重要思想家，近期的三部代表性作品是：Bendik-Keymer (2017)、Bendik-Keymer (2021a)、Bendik-

Keymer (2021b)。也可参见他的网站：https://sites.google.com/case.edu/bendikkeymer/。

[5] Aristotle, *Parts of Animals*, I.5.
[6] 参见 Nussbaum (2001, ch.1)。
[7] 参见 Nussbaum (1996) 关于"想象"（Fancy）的讨论。
[8] 参见 Nussbaum (2006, ch.6) 的类似结论。
[9] 参见 Nussbaum (2001, ch.6)。
[10] 参见 Nussbaum (1978)，基于我的博士论文。
[11] Batson (2011)。
[12] 参见 Nussbaum (2016a)。对于同一论点的更简短版本，也可参见 Nussbaum (2018a)。

第 2 章 自然阶梯观与"如此像我们"进路

[1] Nussbaum (2006)。
[2] *Nair v. Union of India*, Kerala High Court, no.155/1999, June 2000.
[3] Sorabji (1995)。
[4] 关于这一主题的论文，参见 Comay del Junco (2020)。
[5] Nussbaum (1978)。
[6] 在这两个宗教中都有持异见的支派，而且有一种卡迪什（Kaddish）即为死者念诵的祈祷文也适用于死去的动物。
[7] 例如，参见 Kraut (2010, pp.250, 256)。克劳特（Kraut）用鸿沟观来证明在动物身上做医学实验是正当的，但不应在人类身上做。另可参见 Nussbaum (2010c, pp.463, 467) 中我对克劳特的答复。
[8] Sextus Empiricus, *Outlines of Pyrrhonism*.
[9] 参见 Plutarch, *Life of Pompey*, LII.4；Pliny the Elder, *Natural History*, VIII.7.20。
[10] Sorabji (1993)（引用了普林尼）。
[11] Ibid., p.124, n.21（引用了普林尼）。也可参见 Seneca, *De Brevitate Vitae* 13，以及 Cassius Dio XXXIX.38，根据后者的记述，大象当时抬起了它们的鼻子，仿佛在祈求上天为其报仇雪恨。
[12] Sorabji (1993, pp.124-125)（引用了 Cicero, *Epistulae ad Familiares* [Letters to Friends] VII.1）。

[13] 参见 White (2007, pp.219-220)。

[14] 《创世记》第 7 章实际上给出了两种不同的解释：根据第一种解释，"洁净"的动物和每种鸟类都有七对，而"不洁净"的动物只有一对，后来的传统将此解释为允许祭祀。在第一种解释之后马上给出了第二种解释，后者提到每种动物只有一对，包括洁净的和不洁净的，还有鸟。

[15] Genesis 9:12; Alter (2004)。

[16] Genesis 1:26-28 (verses 29 and 30)。

[17] Scully (2002)。

[18] Scruton (1999)。

[19] 这场全国闻名的审判使全国最著名的两位律师相互对阵：自由派斗士克拉伦斯·达罗（Clarence Darrow）和前政治家、三次败选的总统候选人威廉·詹宁斯·布赖恩（William Jennings Bryan）。被告是学校教师约翰·T.斯科普斯（John T. Scopes），他因讲授演化论而被指控违犯了州法律。全国的注意力都集中在这次审判上，它似乎将宗教与演化论对立起来。由于演化论中关于人类是"低等动物的后代"的说法被大肆渲染，因此被称为"猴子审判"。最后，斯科普斯被定罪，但只被罚款 100 美元。罚款后来因一个法律上的技术问题而被搁置，但以言论自由和宗教机构为由使《巴特勒法案》被判违宪的尝试没有成功。直到 1968 年，美国最高法院根据宪法第一修正案中的"立教条款"宣布阿肯色州的一项类似法规违宪。"斯科普斯审判"在杰罗姆·劳伦斯（Jerome Lawrence）和罗伯特·E.李（Robert E. Lee）于 1955 年创作的戏剧《风的传人》（*Inherit the Wind*）中得到了令人难忘的演绎，后来被拍成电影（1960），由弗雷德里克·马奇（Fredric March）饰演布赖恩，斯宾塞·特雷西（Spencer Tracy）饰演达罗。

[20] 其他研究灵长类动物工作的活动家，如珍·古道尔（Jane Goodall），似乎也持有类似观点。

[21] Wise (2000)。

[22] *Unlocking the Cage* (2016)。

[23] Wise (2000)。

[24] *Unlocking the Cage* (2016)。

[25] 同上。

[26] 同上。

[27] 参见 Schneewind (1998)，该文献提供了西方哲学中自主性观念的历史；以及 Dworkin (1988)，该文献在高阶欲求方面给出了重要的哲学解释。

[28] Wise (2000); *Unlocking the Cage* (2016).

[29] *Unlocking the Cage* (2016).

[30] 同上。

[31] 同上。

[32] 同上。

[33] 同上。

[34] *Unlocking the Cage* (2016); Wise (2000).

[35] *Unlocking the Cage* (2016).

[36] 同上。

[37] 参见 Whitehead and Rendell (2015, pp.120-121)。

[38] Swift ([1726] 2005, pp.135-184).

[39] 参见 Nussbaum (2004)。

[40] 参见同上。

[41] 参见同上。参见 Nussbaum (2010a)。也可参见 Hasan, Huq, Nussbaum, and Verma (2018)。

[42] *Unlocking the Cage* (2016).

[43] 参见 Whitehead and Rendell (2015)。

[44] 参见 de Waal (1996)。

[45] *Unlocking the Cage* (2016).

[46] 参见同上。

[47] Brulliard (2018).

[48] White (2007).

[49] "镜像测试"测试的是动物在镜子中识别自己形象的能力，方法是在动物的后脑勺上画一个黑色标记，只有在镜子中才能看到；再画一个假标记，动物能感觉到它，但在镜子中看不到。动物随后如果擦拭头部以去除黑色标记，就表明它在镜子中看到了标记，并将其与自己的头

部联系起来,而导致擦拭行为的并不是对标记的触觉感受。这个测试与自我意识密切相关,但对于它究竟是自我意识的必要条件,或者只是一个充分条件,人们存在争议。

[50] 怀斯没有过多地谈论情感,尽管他确实提醒我们注意一个展现恰当的共情反应的惊人例子。相比之下,怀特对人类和海豚的情感能力及其神经基础以及多样性都有很多话要说。

[51] 怀特并没有在理论上强调最后一个要素,但他的许多例子似乎都在使用它。不太清楚的是,对怀特来说,这种对其他人格体的"恰当"对待是否应该是人格性的必要条件。他不断地强调,尽管海豚实际上是人格体,但人类通常不承认海豚有人格,而且他还提醒我们注意人类对其他人类的攻击性行为,这与海豚的非攻击性行为形成了对比。

[52] White (2007, p.47).

[53] White (2007, pp.166-167).

[54] White (2007, p.8n).

[55] 同上。

[56] White (2007, p.176).

[57] 在整本书中,怀特都混淆了"个体主义"(individualism)这个概念的几种不同含义:根据第一种含义,它意味着每一个独立的生物都被算作一个有尊严的存在,应被视为目的,而不是作为一种东西或财产。根据这个含义,海豚和人类都是个体,(我认为)所有其他有感受的动物也是个体。第二种含义则是指独立自足,即一个生物没有他者也可以过得很好。这就是怀特断言海豚和人类之间有很大区别的地方,它们深深地卷入了它们的社会群体,而我们是独居者。但我认为他这个说法是错误的。最后,怀特还用"个体主义"来指"利己主义""自利",并认为人类比海豚更加自利,因为对海豚来说,群体是至关重要的。这是一个有趣的主张,但很难验证。他确实提供了证据表明,与人类相比,海豚很少有攻击性,显然从来没有致命的攻击性。但这真的是利他主义和对自利倾向的控制吗?不好说。无论如何,就利己主义是人类生活的核心而言,怀特应该修改他的人格标准(不应把"恰当地承认和对待其他人格体"归为必要条件),否则他就应该更加怀疑人类是不是人格体了!

[58]　White (2007, p.182).

[59]　White (2007, pp.188-200).

第 3 章　功利主义者：快乐与痛苦

[1]　Singer (1975).

[2]　众所周知，边沁对于从"是"到"应该"的转变未加辩解。

[3]　Bentham ([1780] 1948).

[4]　Bentham ([1780] 1948., pp.310-311).

[5]　同上。

[6]　同上。

[7]　同上。

[8]　对于这些和其他一些轶事的来源，参见 Campos Boralevi (1984, p.166)。

[9]　参见 Lee (2003) 关于这一问题的学位论文。

[10]　参见免费电子书：Bentham (2013)，https://www.gutenberg.org/ebooks/42984。

[11]　Korsgaard (2021, p.159)（引用了辛格）。

[12]　关于适应性偏好，参见 Elster (1983)。阿马蒂亚·森在许多文章中发展了这一概念，主要参考文献参见 Nussbaum (2000b, ch.2)。

[13]　Nozick (1974, pp.42-45)。在《无政府、国家与乌托邦》(*Anarchy, State, and Utopia*) 中，诺齐克最强调的一个反对接入体验机的理由是想要积极地活着。在后来的版本中，他还强调了想要接触现实，不想要活在梦境世界中。

[14]　当然，人们可以发明一种特殊的快乐，称其为能动的快乐，密尔似乎就是这样做的。但是，除非这种快乐被理解为在质上与其他快乐有区别，而不仅仅是在量上有区别，否则就很难捕捉到这个例子中所包含的直觉。密尔明白这一点，他的观点可以免受我的批评。

[15]　Sidgwick ([1907] 1981).

[16]　关于西季威克的生平与政治活动，参见 Schultz (2004)。

[17]　参见 de Lazari-Radek and Singer (2014)。

[18]　例如，他谈到了科斯嘉德的"容器"论证。他的回应很复杂。他对容器论的立场参见 Korsgaard (2018b, p.159)，但在其他地方，他显然是为了回应她的批评而以一种更有限的形式阐述了这一观点："在某些

情况下，动物过上了愉快的生活，被无痛地杀死，其死亡不会给其他动物带来痛苦，而且杀死一只动物使其有可能被另一只本来不会存在的动物取代。在这种情况下，杀死没有自我觉知的动物并不是错误。" Singer (2011, p.108)。我们应该注意到，辛格认为大多数动物缺乏"自我觉知"。

[19] Singer (1975)。

[20] Singer (2011, p.101)。

[21] 在《宇宙的视角》(*The Point of View of the Universe*) 中，德·拉扎里-拉德克 (de Lazari-Radek) 和辛格确实提到了诺齐克设想的场景的另一个方面 (2014, p.257)。该书对于快乐的客观立场确实使辛格更容易受到诺齐克论证的批评，但他提出，我们之所以偏好接触现实，是因为我们偏向于维持现状。

[22] 他将自己观点的变化追溯到西季威克的论点，他在与德·拉扎里-拉德克合著的书中进一步阐明了自己的新观点。这一转变将辛格与经济功利主义者区分开来。他以前是经济功利主义者的盟友，因为他们认为福利是对偏好的满足。但这一转变对他关于动物待遇的观点，或对这些观点的反对意见没有什么影响。

[23] 伦敦大学学院从1826年开始向无神论者提供学位和奖学金，但直到1836年才在法律上被承认为伦敦大学的一所学院，而这对于自学成才但没有学位的密尔来说可能太晚了，自1823年他就已经开始为了赚钱而在英国东印度公司工作，并一直在该公司工作到1858年。

[24] 参见 Nussbaum ([2004] 2005) 和 Nussbaum (2010b)。Brink (2013) 对密尔的整体理解很好，我基本同意其解读。

[25] Mill (1963, vol. XVI, p.1414)。

[26] Mill (1963, vol. X, p.223)。

[27] 同上。

第4章　克里斯汀·科斯嘉德的康德式进路

[1] 康德有时确实有一些令人反感的种族主义言论，这些言论受到了正当的批评。

[2] 康德阅读了斯多葛派作品（通过拉丁文，因为他不懂希腊文），显然受

到了他们的影响。边沁没太关注哲学史，密尔指责他没有"从其他思想中受到启发"。

[3] Kant ([1798] 1974, 8:27).

[4] J.S. 密尔喜欢德国哲学，他也许确实了解康德，而且他似乎确实避免了二者的错误，参见第 3 章和第 5 章。

[5] Korsgaard (2004).

[6] Korsgaard (2018b).

[7] Korsgaard (1981). 约翰·罗尔斯是她的学位论文委员会主席，而我是第二位读者。

[8] 康德没有表现出对亚里士多德有细致的了解，而且他的草率引用并不准确。

[9] Kant ([1788] 1955); Akad., p.5.161.

[10] Kant ([1798] 1974, 8:27).

[11] Kant ([1785] 2012).

[12] Korsgaard (1996a).

[13] Akad., p.429.

[14] 康德的第四个例子是禁止自杀，此例在康德主义者中一直存在争议，而一些非常著名的康德主义者援引康德的自主性思想来支持医生协助自杀。

[15] 当然，这种情况现在正发生在移民的孩子身上，但这引起了广泛的愤怒。

[16] 参见 Korsgaard (2018b, p.99)，她引用了该文本较长的一段。很明显，这段话是她书名的来源。

[17] 虐待动物和对人类的恶劣行为之间似乎有明显的关联，但很难判断这种关系究竟是因果关系，还是二者同为扭曲心理的相关表现。

[18] 参见 Korsgaard (2018b, pp.99-101)（引用了康德《伦理学讲义》）。

[19] Korsgaard (2018b, pp.100-101).

[20] Korsgaard (2018b, p.103)（引用了康德《伦理学讲义》）。

[21] 科斯嘉德将《同为造物》这本书献给了她的猫。

[22] 科斯嘉德会反对说，我过于依赖直觉了，正如在 Korsgaard (1996b) 中她对亚里士多德主义者的做法提出的批评。

[23] Korsgaard (2018b, p.27).
[24] Korsgaard (2018b, p.31).
[25] Korsgaard (2018b, p.14).
[26] Korsgaard (2018b, p.145).
[27] Korsgaard (2018b, p.77).
[28] Korsgaard (2018b, p.139).
[29] Korsgaard (2018b, p.146).
[30] Korsgaard (2018b, p.237).
[31] Korsgaard (2018b, p.43).
[32] Korsgaard (2018b, p.40).
[33] Korsgaard (2018b, p.48).
[34] Korsgaard (2018b, p.47).
[35] Korsgaard (2018b, pp.48-50).
[36] Korsgaard (2018b, p.50).
[37] 不幸的是，大象经常死在印度的铁轨上，那里的火车很少遵守限速规定，随便在网上搜索一下就会发现，成年雌象们通常会一起保护小象不受伤害，甚至以她们自己的生命为代价。参见 de Waal (1996) 关于大象的自我牺牲的讨论。
[38] 这是在 2012 年博茨瓦纳一次观兽旅游中观察到的。
[39] 参见 de Waal (1996); de Waal (2006)。
[40] 参见 de Waal (1989); de Waal (1996); de Waal (2006)。
[41] Maestripieri and Mateo (2009).
[42] Whitehead and Rendell (2015).
[43] Safina (2020).
[44] Korsgaard (2006).
[45] 参见 Smuts (2001)。也可参见 de Waal (2019)。

第 5 章　能力论：生活形式以及尊重那些如此生活的生物

[1] 我已经在 Nussbaum (2006, ch.6) 中将能力论扩展至动物。本章（及后续章节）采用类似的思路，但要详细得多。
[2] 该理论也被称为人类发展论（Human Development Approach），但由于

明显的原因，我已经停用了这个名称，并试图说服其他人不要用它。参见我在 Nussbaum (2019) 中的评论。

[3] 我在三本书中发展了我的版本的能力论：Nussbaum (2000b)、Nussbaum (2006)、Nussbaum (2012)。其中最后一本还附有森和我关于该主题的其他相关作品的详尽列表。因为它涉及许多理论家的工作，而不仅仅是我本人的工作，所以我使用了"人类发展"的副标题，尽管我本人并不喜欢它。

[4] 参见人类发展与能力协会网站：https://hd-ca.org。

[5] Ul Haq (1990)。

[6] Nussbaum (2000b, ch.2)。

[7] 参见免费电子书：Dickens ([1854] 2021, ch.IX)，https://www.gutenberg.org/ebooks/786。

[8] 正如我在 Nussbaum (2012) 中所讨论的，内在能力对应于人力资本理论（Human Capital approach）中的"能力"，例如在詹姆斯·赫克曼（James Heckman）的著作中（在该书的一个附录中有相关讨论）。

[9] Wolff and de-Shalit (2007)。

[10] 严格说来，他们应该说"促进性能力"（fertile capability），但是那个头韵太诱人了。

[11] 这是我的观点，不是森的观点。他仅为比较的目的而使用能力观念。

[12] 参见 Nussbaum (2012) 和 Nussbaum (2008)。

[13] Nussbaum (2000b, ch.2)。

[14] Rawls (1986)。罗尔斯很清楚，重叠共识的实现可能需要时间，他对于随着时间推移，人们如何走向这种共识提供了一个有说服力的解释。

[15] 《世界人权宣言》（Universal Declaration of Human Rights）的编写者之一、法国哲学家雅克·马里旦（Jacques Maritain）举了这个例子，他论述了来自埃及、中国以及其他国家和传统的编写者如何使用一种能够赢得共识的伦理语言。参见 Maritain (1951, ch.4)。

[16] 另可参见 Nussbaum (2011)。

[17] 对哲学类型学感兴趣的人（如果你不是的话，请跳过这条注释！）经常会问，我的版本的能力论是道义论的（deontological）还是后果论的（consequentialist），也就是说，它是将一系列伦理义务视为核心，还是

像功利主义那样努力追求一些好的后果？由于这些都是教科书上的分类，而不是微妙的哲学立场，所以我对这个问题的回答是复杂的，这不足为奇。我的观点有很强的道义论成分，因为它主张，促进每一种能力达到特定的门槛是一个国家必须要做的，否则就会被判定为没有达到最低限度的正义，而个体在道德上也被要求去努力实现这种正义。然而，这些能力是一套相互关联的目的，就像在人类生活中人们为相互关联的目的而努力一样。人们是目的性的（目的导向的）生物，而能力被设想为他们有效地努力实现其选择的任何繁兴生活模式的基础。（在某种意义上，人们自己的活动是目的，而能力只是目的的基础；政治上的目的或目标是保障这些能力，之后的事情则取决于人们自己的选择。）有时候，某些形式的后果论会主张促进某种静态状态，如满足或快乐。我曾批评过这种类型的后果论。但也有某些形式的后果论将活动或活动的机会视为内在地具有价值的目的。正如我在第 3 章指出的，约翰·斯图尔特·密尔的功利主义似乎就属于这一类。密尔还坚持认为，目的是多元的，它们存在质的差异，而不仅仅是量的差异。他认为，尊重尊严是决定一系列目的是否适当的一个重要标志。密尔确实认为他的功利主义是一种整全的政治（和个人）学说，应该取代其他此类学说，特别是宗教学说。这是我的能力论和密尔的观点之间一个巨大差异。但在其他方面，我的观点和密尔的观点是相似的。阿马蒂亚·森长期以来也一直强调，后果论可以具有多元化的目的，不同目的之间存在质的差异。

[18] 残障权利的文献中经常选用这个词，因为它比"监护人"这个词更能体现出共同活动。

[19] Poole et al. (2021), https://www.elephantvoices.org/elephant-ethogram.html. 也可参见 Angier (2021)。

[20] 参见 Nussbaum (2018b)。

[21] Sen (1983)。

[22] 参见 Smuts (2001)。

[23] 参见 Gordon (2020)。最近，一个动物福利组织称有人可能见到了芬吉，参见 Watkins and Truelove (2021)。

[24] 关于二者之间关系，参见 Nussbaum (2012)。

[25] 我在导言中提到我曾做过"非当事人意见陈述",为大象哈皮代言。怀斯充分意识到我与他的进路有分歧,仍邀请我做陈述,他很重视能力论。而且,托马斯·怀特最近也接受了能力论,参见结语。

[26] 也可参见 Korsgaard (2018b, pp.191-214)。

[27] 参见 Korsgaard (2018b, pp.204-206)。

[28] Korsgaard (2018a); Korsgaard (2013).

[29] 科斯嘉德用本能和意志之间的强烈对比来表述这个观点,我拒绝这样做,但我接受她的基本观点。

[30] Bradshaw (2020).

[31] *Natural Resources Defense Council, Inc. v. Pritzker*, 828 F.3d 1125 (9th Cir.2016).

[32] 参见 *Pritzker*, 828 F.3d at 1142。也可参见 Horwitz (2015),该文献详细描述了声呐项目。

[33] Marine Mammal Protection Act (MMPA), 16 U.S.C. § 1361 et seq (1972). 第 12 章将进一步讨论该法。

[34] *Pritzker*, 828 F.3d at 1142.

[35] *Pritzker*, 828 F.3d at 1130-1131.

[36] 在被克林顿总统任命为法官之前,古尔德在西雅图从事了 25 年法律工作,还在同样位于西雅图的华盛顿大学法学院担任兼职教授,该学院的课程包括与动物有关的一系列课程,包括"海岸法律"和"海洋法律"。蕾切尔·努斯鲍姆在那里接受了一流的动物法教育,为她后来走上野生动物倡导者的职业生涯做好了准备。

第 6 章 感受与努力:一个初步可用的边界

[1] Aristotle, *On the Movement of Animals*, ch.7, 701a33-36.

[2] 哲学家为几种不同的观点进行辩护,这不足为奇。我在这里介绍的是一种寻常观点,也是我本人认为最具说服力的观点。

[3] Tye (2017, pp.67-68).

[4] 参见免费电子书: James ([1897] 2021, preface), https://www.gutenberg.org/ebooks/7118.

[5] 其中一个例子是 Gowdy (1999),她从大象的角度描绘了大象的生活。

这当然要使用语言，但这基于她对关于大象生活和思考方式的研究的出色理解。

[6] Tye (2017, pp.86-88)。

[7] 也可参见 Tye (2016)。

[8] Nussbaum (1978, ch.7)。

[9] Balcombe (2016, p.72)。

[10] Wodehouse ([1952] 2008, p.248)。

[11] Nussbaum (1978, ch.7)。

[12] Dawkins (2012, p.92)。也可参见 Tye (2017, p.85)。

[13] 希拉里·普特南（Hilary Putnam）和我在 Nussbaum and Rorty (1992) 中用了一个类似的例子来说明亚里士多德的观点，即形式层面的解释往往比那些探寻事物终极层面的解释更可取。

[14] 参见 Balcombe (2016, p.72)。

[15] 一些动物权益倡导者用 fishes 表示 fish 的复数，认为它暗示着这些生物不是个体。他们似乎犯了语言学上的错误，因为英语中存在这样的不规则复数。另一个例子是 sheep，我不知道有谁会认为使用复数的 sheep 暗示着每只羊都不是一个个体。

[16] Rose et al. (2013)。

[17] Braithwaite (2010)。

[18] Braithwaite (2010, ch.3)。也可参见：Balcombe (2016, pp.78-80)。

[19] Braithwaite (2010, pp.103-104)。

[20] Braithwaite (2010, p.104)。

[21] de Waal (2019)。其他关于动物情绪的重要研究有 Bekoff (2008) 和 Safina (2015)。

[22] Lazarus (1991)。参见 Nussbaum (2001, ch.2)。

[23] de Waal (2019, p.205)。

[24] Damasio (1994)。我在 Nussbaum (2001, ch.2) 中讨论了他和其他一些神经科学家和认知心理学家的发现。

[25] Damasio (1994, ch. xv)。

[26] 同上。

[27] Damasio (1994, p.36)。

[28] Damasio (1994, pp.44-45).

[29] 参见 Damasio (1994, pp.46-51)。埃利奥特接受了一系列决策测试,这些测试只需要分析,不需要做出个人决定,而且他做得非常好。他想出了大量的行动选项。"'而在完成这一切思考之后,'埃利奥特对达马西奥说,'我还是不知道该怎么做!'"

[30] Nussbaum (1978, ch.7).

[31] Tye (2017, ch.9).

[32] Braithwaite (2010, pp.92-94). 她描述了一些复杂的实验,在这些实验中,鱼在选择如何定位自己相对于潜在对手的位置时,明显使用了这种思维模式。

[33] 参见 Balcombe (2016, pp.25-39),Tye (2017, p.114)。也可参见:Tye (2017, ch.6)。

[34] Braithwaite (2010, p.113).

[35] 实际的分类法更为复杂:两个主要的组别是真骨鱼类和软骨鱼类,其中硬骨鱼是真骨鱼类中的最大亚组,而板鳃亚纲是软骨鱼类中的最大亚组;第三个主要组别则由无颌鱼构成。

[36] Tye (2017, p.102).

[37] Tye (2017, p.103).

[38] Ackerman (2016, p.55)(引用了 Harvey Karten)。

[39] Emery (2016, p.8).

[40] 同上。

[41] Emery (2016, p.11)(引用了 Thorpe [1956])。

[42] Ackerman (2016, p.58)(概述了 Erich Jarvis 的研究)。

[43] Ackerman (2016, ch. 3)(概述了这项研究)。

[44] Pepperberg (2008).

[45] Ackerman (2016, p.40); Ackerman (2016, ch.5); Emery (2016, pp.77-87, 174-175).

[46] Ackerman (2016, ch.4). 也可参见 Emery (2016, p.77)中一张关于园丁鸟建筑作品的非凡照片。

[47] Tye (2017, pp.127-128) 描述了这样的实验:当雏鸟因羽毛被空气吹动而感到不适时,母鸟表现出有精神紧张的生理迹象,并开始用"咯咯

的叫声来安抚雏鸟。许多实验表明，鸦科和鹦鹉能够采取另一只鸟的视角，这往往是为了欺骗。另有实验表明，一只乌鸦对另一只乌鸦的快乐玩耍表现会做出愉悦欢快的反应，也会对他者的不幸做出消极反应，参见 Ackerman (2020, p.162) 和 Emery (2016, pp.158-159)，后者从打架后的安慰行为中找到了共情的证据。也可参见 Safina (2015) 和 Safina (2020) 对于鹦鹉能力的大量论述。

[48] Ackerman (2016, ch.7)（概述了这项研究）。

[49] Tye (2017, pp.131-133)。

[50] Godfrey-Smith (2016); Braithwaite (2010, pp.122, 134)。

[51] Godfrey-Smith (2016, p.9)。

[52] Braithwaite (2010, p.122)。

[53] 参见 Braithwaite (2010, pp.122-129)。有一些关于虾的相关实验。也可参见 Tye (2017, pp.156-158)。

[54] 参见 Tye (2016) 和 Tye (2017, pp.141-156)。

[55] Tye (2017, p.144)。

[56] Tye (2017, p.188)。

[57] 参见 "Jagadish Chandra Bose", at https://www.famousscientists.org/jagadish-chandra-bose/。

[58] 文献参见 Tye (2017, p.189)。

[59] 参见同上。也可参见 Karpinski et al. (1999, p.657)。

[60] Tye (2017, p.189)。

第7章 死亡的伤害

[1] 我在 Nussbaum (1994, ch.6)（引用了伊壁鸠鲁《致美诺寇的信》）中研究了伊壁鸠鲁这个论证，后来我在 Nussbaum (2013) 中立场发生了一些变化。

[2] 参见 Nagel (1979, pp.1-10)。类似的例子在约翰·马丁·费舍尔（John Martin Fischer）的重要文章中得到了发展，我在 Nussbaum (2013) 中对他做出了一种对话式回应。对于费舍尔文章的全部引用，可参见该文。他还编纂了很有价值的文集 Fischer (1993)。他对自己立场的最新总结见 Fischer (2019)。

[3] 这里我是在直接回应费舍尔，这个例子是他构想的。

[4] Furley (1986); McMahan (2002)。

[5] 对于这两位失败的安慰者的更多讨论，参见 Nussbaum (2013)。

[6] 参见 Williams (1983, pp.82-100) 中的 "The Makropulos Case: Reflections on the Tedium of Immortality"。

[7] 参见 Nussbaum (1994)。

[8] 实际上，边沁认为杀戮只能被用来实现重要的人类目的，他排除了"肆意"杀戮，即仅仅为了取乐或愉悦而杀戮。他认为，如果采用人道的做法，那么吃动物是可允许的，而且他一生都在吃肉，这不同于当代很多拒绝吃肉的人。

[9] 但是，请看我在第 3 章对辛格的评价。

[10] Lupo (2019)。

[11] Hare (1999, ch.11)。原文收录于黑尔的《生命伦理学论文集》（*Essays on Bioethics*），但辛格对黑尔的答复仅收录于贾米森（Jamieson）编纂的论文集中。

[12] 参见 Balcombe (2016)。

[13] 对纯素食的辩护，参见 Colb (2013)。

第 8 章　悲剧性冲突及其超越

[1] 家族沿袭的诅咒导致了这个困境，这不是他的错，希腊人也不认为这是一种错。悲剧性困境在世界其他文化中也很重要，比如印度史诗《摩诃婆罗多》讲述了一个关于内战的故事。

[2] 参见 Nussbaum (2000a)。阿伽门农的例子被伯纳德·威廉斯在他的重要文章《伦理一致性》（"Ethical Consistency"）中使用，参见 Williams (1983)。另可参见 Nussbaum (1986, ch.2)。对于如何在逻辑上描摹这些困境，有些人主张放弃"应该意味着能够"，而威廉斯则否认"我应该做 A"和"我应该做 B"可推出"我应该做 A 和 B"。

[3] 对这个问题的一个重要处理方式，参见 Walzer (1973)。

[4] Crawley (2006)。

[5] 3R 源自 Russell and Burch (2012)。

[6] Nuffield Council on Bioethics (2005), https://www.nuffieldbioethics.org/

assets/pdfs/The-ethics-of-research-involving-animals-full-report.pdf。

[7] 包括 Beauchamp and DeGrazia (2020)。

[8] Akhtar (2015)。

[9] Akhtar (2015); Rowan (2015)。

[10] 参见 Kitcher (2015)。

[11] Beauchamp and DeGrazia (2020)。这本有价值的书收录了大量科学家和伦理学家对比彻姆和德格拉齐亚所提出原则的批评。

[12] Beauchamp and DeGrazia (2020, p.15)。

[13] Beauchamp and DeGrazia (2020, p.66)。

[14] 芝加哥白袜队的主场地保证率球场（Guaranteed Rate Field）提供素辣酱和素汉堡，丹佛的库尔斯球场（Coors Field）提供素比萨、素汉堡和素热狗。

[15] 我在本节大量引用了以下两篇文章：Holland and Linch (2017)，以及 Nussbaum (Wichert) and Nussbaum (2017a)。

[16] Holland and Linch (2017, p.322)。

[17] 同上。

[18] 这两个案例取自 Holland and Linch (2017)，该文献提供了它们的更多来源。

[19] 对于这个案例的全面讨论，参见 Nussbaum (Wichert) and Nussbaum (2017a)，该文献参考了关于这场争议的各种资料。这里引用的给予豁免的句子实际上来自 1931 年的前身法律，但与现行的《国际捕鲸管制公约》(1946) 非常相似。

[20] 参见 Whitehead and Rendell (2015, ch.2)，该文献考察了所有相互竞争的重要定义。

[21] 参见 Narayan (1997)。

[22] 参见 Benhabib (1995, pp.235-255)。

[23] 我们可以对比社群主义政治理论家丹·M.卡汉（Dan M. Kahan）和特雷西·L.米尔斯（Tracey L. Meares）的观点，他们认为只要当地非裔美国人社群（即出席会议的任何人）投票决定暂停第四修正案规定的免受无依据搜查和扣押的权利，那就应当悬置这些权利：参见 Kahan and Meares (2014)。

[24] Scully (2002, pp.175-176).

[25] 同上。

[26] 同上。

[27] 参见 Nussbaum (2000b, ch.1)。

[28] Devlin (1959).

[29] D'Amato and Chopra (1991, p.59).

[30] Holland and Linch (2017, pp.322-336).

[31] Lear (2008).

[32] 参见 Burkert (1966)。

[33] 近期最成功的歌剧之一是杰克·赫吉（Jake Heggie）的《白鲸》，它展示了当代媒体如何将对鲸鱼的残暴行为展现在舞台上。

[34] 参见 Connor (2021)。

[35] 参见 Delon (2021)。

[36] 参见 Bever (2019)。

[37] 参见 Swanson (2019)。

[38] 一个正在推动这种复杂解决方案的组织是"群象"（GroupElephant），它在非洲与大象和犀牛协作，同时也与农村协作。参见 groupelephant.com。

[39] Sen (1996).

第9章 与我们一起生活的动物

[1] 由美国宠物产品协会（American Pet Products Association）发起的《2019—2020 全国宠物主人调查》（2019-2020 National Pet Owners Survey）。

[2] 参见 Rollin (2018)。这个数字比 1988 年的 56% 有所上升。

[3] 虽然这是一部虚构的诗作，但它所描绘的动物与人的关系似乎在希腊世界很常见。

[4] Homer, *Odyssey*, Book XVII, pp.290-327.

[5] 参见 Homer, *Odyssey*, Book XVII。

[6] 参见 Rollin (2018)。我将在后面进一步讨论这篇文章。另可参见 Katz (2004)。

[7] Donaldson and Kymlicka (2011).

[8] 关于不对称依赖性的重要哲学作品，参见 Kittay (1999)。

[9] Francione (2008); Francione and Charlton (2015). 对于他的进路的其他一些批评，参见 Donaldson and Kymlicka (2011)，以及 Zamir (2007)。

[10] 当然，一件财产不可能拥有财产权。然而令人惊讶的是，根据现行法律，动物拥有一些财产权，参见我在第5章对卡伦·布拉德肖（Karen Bradshaw）著作的讨论。

[11] "协作者"这个词被用于残障权利运动中，并由 Donaldson and Kymlicka (2011, ch. 2) 很好地转用到人与动物的关系中。

[12] Sunstein (2000, pp.1333, 1342, 1363-1364, 1366).

[13] Cole (2014).

[14] Beam (2009).

[15] Burgess-Jackson (1998).

[16] 感谢罗里·汉伦（Rory Hanlon）提供这条信息。

[17] 参见 Orlans et al. (1988, ch.15, pp.273-287) 中的"Should the Tail Wag the Dog?"。

[18] 美国防止虐待动物协会关于收容所中猫、狗处境的一份有用综述：https://www.aspca.org/animal-homelessness/shelter-intake-and-surrender/pet-statistics。

[19] Aguirre (2019).

[20] Piscopo (2004), https://thehorse.com/16147/injuries-associated-with-steeplechase-racing/.

[21] 参见 Donaldson and Kymlicka (2011, p.139)。

[22] 同上。

[23] Donaldson and Kymlicka (2011, p.136).

[24] 同上。

[25] 参见同上（讨论了"农场庇护所"）。

第10章　野生动物与人类责任

[1] 我在我女儿蕾切尔病危前给她看了这一章的草稿，当时她还在丹佛的"动物之友"工作，担任政府事务律师。她说她同意我的思路，但其他很多人不会同意！

[2] 本节与 Nussbaum (2006, ch.6) 中的一节有重合，但我现在用更强的措辞来阐述这一论点。

[3] 参见同上（讨论了 Botkin [1996]）。

[4] 参见 Bradshaw (2020)。

[5] 例如，参见 Van Doren et al. (2017)。

[6] 参见第 12 章的相关讨论。

[7] Feingold (2019).

[8] 例如，参见 Renkl (2021)。在我自己的城市里，一个提供此类建议的组织是弗林特河野生动物康复组织（Flint Creek Wildlife Rehabilitation），网址为 https://flintcreekwildlife.org/。

[9] Chicago Zoological Society (2021), https://www.czs.org/Chicago-Zoological-Society/About/Press-room/2021-Press-Releases/Update-on-Amur-Tiger's-Second-Surgery-at-Brookfield.

[10] 参见 National Research Council (2013, ch.7) 中的 "Veterinarians in Wildlife and Ecosystem Health"。

[11] Beauchamp and DeGrazia (2020).

[12] 参见 Siebert (2019a)。也可参见 Siebert (2019b)。

[13] Siebert (2019a, p.42).

[14] Siebert (2019a, pp.26-33, 42, 45)。该文讨论了为解决象群所面临的环境压力而提出的其他可行建议，还明确指出，一个名为"群象"的保护组织曾表示愿意支付所有费用，将大象转移到南非的一个野生动物保护区。

[15] *Blackfish* (2013).

[16] 参见 Nussbaum (Wichert) and Nussbaum (2019) 中的讨论。

[17] Stevens (2020), https://8forty.ca/2020/06/10/even-years-after-blackfish-seaworld-still-has-orcas/.

[18] 参见 Whitehead and Rendell (2015)。

[19] 同上。

[20] White (2007, pp.198-215).

[21] Berger (2020), https://www.buckettripper.com/snorkeling-and-diving-with-dolphins-in-eilat-israel/.

[22] 这个例子是由布朗克斯动物园 (Bronx Zoo) 提供的, 然而我在网上已经找不到其来源了。

[23] 参见 https://animals.sandiegozoo.org/animals/leopard。

[24] McMahan (2010). 鉴于该文只给出了简短推断, 如果认为麦克马汉提出了一个关于这个主题的哲学理论, 这是不公平的。

[25] 关于这些问题的新近哲学研究的一个杰出例子, 参见 Delon (2021)。

第 11 章　友谊的能力

[1] 本章部分内容基于 Nussbaum (Wichert) and Nussbaum (2021)。另可参见这次研讨会的其他文章: Bendik-Keymer (2021b), Delon (2021), 以及 Linch (2021)。

[2] Pitcher (1995, p.20).

[3] 参见 Smuts (2001)。

[4] Pitcher (1995).

[5] Pitcher (1995, p.20).

[6] Pitcher (1995, p.32).

[7] 皮彻在那本书中从没为这段关系正名, 部分原因是该书写于一个难以出柜的时代, 部分原因是它是为家庭而写的。但他们在生活中并没有任何遮掩。

[8] Pitcher (1995, pp.30-31).

[9] Pitcher (1995, pp.160-161).

[10] Pitcher (1995, p.161).

[11] Pitcher (1995, p.162).

[12] Pitcher (1995, pp.46-47).

[13] Pitcher (1995, p.53).

[14] 同上。

[15] Smuts (2001).

[16] Smuts (2001, p.295).

[17] 同上。

[18] 同上。

[19] Smuts (2001, p.299).

[20] Smuts (2001, p.300).

[21] Smuts (2001, p.301).

[22] 参见 Poole (1996)。

[23] Poole (1996, p.275).

[24] Poole (1996, p.270).

[25] Poole (1996, p.276). 雄性和雌性非洲象都有这种分泌物。

[26] 同上。

[27] Townley (2011).

[28] 一个典型的例子是1951年的电影《邦佐的就寝时间》(*Bedtime for Bonzo*),其中一位心理学教授(由罗纳德·里根饰演)试图教一只黑猩猩人类道德,证明后天培养优于自然。参与拍摄这部电影的人们似乎对黑猩猩在其自己群体中的真实道德生活没有任何兴趣。

[29] 参见 Whitehead and Rendell (2015)。

[30] Amos(2015)。

[31] 参见 NineMSN (2017)(该文献总结了那些反对动物园收养克努特的活动家的观点):https://web.archive.org/web/20070701010523/http://news.ninemsn.com.au/article.aspx?id=255770。

[32] de Waal (2019).

[33] de Waal (2019, p.20).

[34] de Waal (2019, p.13). 范·霍夫生于1936年,仍健在。

[35] Pepperberg (2008). 更多科研细节参见 Pepperberg (1999)。

[36] 参见 Bekoff (2008)。

第12章 法律的作用

[1] 参见 Sen (2009)。我对森的回应见 Nussbaum (2016b)。

[2] 在本节中,我受益于 Sunstein (2000)。本页参考了该文的研究报告版本,参见 Sunstein (1999)。

[3] Sunstein (1999, pp.5-6).

[4] Animal Welfare Act (AWA), 7 U.S.C. § 2131 et seq (1966).

[5] 同上。

[6] 同上。

[7] 同上。

[8] *Anti-Vivisection Society v. United States Department of Agriculture*, 946 F.3d 615 (D.C. Cir. 2020)。最近,上诉法院授予原告以诉讼地位,并拒绝了美国农业部的驳回动议。

[9] Endangered Species Act (ESA), 16 U.S.C. § 1531 et seq (1973).

[10] The Wild Free-Roaming Horses and Burros Act (WFHBA), 16 U.S.C. § 1331 et seq (1971).

[11] 同上。

[12] Marine Mammal Protection Act (MMPA), 16 U.S.C. § 1361 et seq (1972).

[13] 同上。

[14] 同上。

[15] Migratory Bird Treaty Act (MBTA), 16 U.S.C. § 703 et seq (1918).

[16] 同上。

[17] 关于目前受保护鸟类的名单,参见"List of Migratory Birds," 50 C.F.R. 10.13 (2000), https://www.govinfo.gov/app/details/CFR-2000-title50-vol1/CFR-2000-title50-vol1-sec10-13。

[18] *North Slope Borough v. Andrus*, 486 F.Supp.332, 361-362 (D.C. Cir. 1980).

[19] *United States v. Moon Lake Elec. Association*, 45 F.Supp.2d. 1070, 1074 (D. Colo. 1999)。随后,其他能源公司签订了认罪协议,以避免因同一问题受到审判。

[20] *Newton County Wildlife Association v. United States*, 113 F.3d 110, 115 (8th Cir. 1997).

[21] *Seattle Audubon Soc. v. Evans*, 952 F.2d 297, 302 (9th Cir. 1991).

[22] 参见 Friedman (2021); Friedman and Einhorn (2021)。

[23] 参见"Regulations Governing Take of Migratory Birds," 50 C.F.R. 10 (2021), https://www.govinfo.gov/app/details/FR-2021-01-07/2021-00054。

[24] *Hollingsworth v. Perry*, 570 U.S. 693 (2013)。

[25] *Elk Grove Unified School District v. Newdow*, 542 U.S. 1 (2004).

[26] *Lujan v. Defenders of Wildlife*, 504 U.S. 555 (1992).

[27] *Nair v. Union of India*, Kerala High Court, no. 155/1999, June 2000。至于后续的案例,包括2014年最高法院的一个案例,都得出了同样的结论,

参见 Shah (2019), https://www.nonhumanrights.org/blog/punjab-haryana-animal-rights/。

[28] Sunstein (1999); Sunstein (2000).

[29] *Animal Legal Defense Fund, Inc. v. Espy*, 23 F.3d 496 (D.C. Cir. 1994).

[30] 我忽略了"竞争性伤害",桑斯坦简要地处理了这个问题,并发现它没有前途。

[31] *Lujan v. Defenders of Wildlife*, 504 U.S. 555 (1992); *Sierra Club v. Morton*, 405 U.S. 727 (1972); *Humane Society of the United States v. Babbitt*, 46 F.3d 93 (D.C.Cir.1995).

[32] *Japan Whaling Association v. American Cetacean Society*, 478 U.S. 221 (1986).

[33] *Animal Legal Defense Fund v. Glickman*, 154 F. 3d 426 (1998).

[34] *Animal Legal Defense Fund v. Glickman*, 154 F. 3d 429.

[35] *Sierra Club v. Morton*, 405 U.S. 727 (1972).

[36] *Sierra Club v. Morton*, 405 U.S. 752(道格拉斯法官的异议)。

[37] *Sierra Club v. Morton*, 405 U.S. 745(道格拉斯法官的异议)。

[38] *Sierra Club v. Morton*, 405 U.S. 752(道格拉斯法官的异议)。

[39] *Cetacean Community v. Bush*, 386 F.3d. 1169 (9th Cir. 2004).

[40] *Cetacean Community v. Bush*, 386 F.3d. 1175.

[41] *Palila v. Hawaii Department of Land and Natural Resources*, 639 F.2d 495 (9th Cir.1981).

[42] 对于这个建议,我很感激贾里德·B.迈耶。在我起草这一章之后,知道了戴维·法夫尔(David Favre)的相关工作,参见 Favre (2000) 和 Favre (2010)。法夫尔在法律体系内部工作,这个体系只给予那些作为某人财产的动物以托付权利(fiduciary rights)和地位。因此它假设,至少为了取得切实的进展,允许将动物当作"活的财产"。我当然否认这一点。而且,它只为有限的一类动物带来了法律上的进步,主要是伴侣动物。尽管如此,这仍是一项非常好的工作。令人好奇的是,我们可以借此看到,通过一条植根于现行法律的、存在种种缺陷的进路,保护工作究竟能走多远。

[43] 参见 Scott and Chen (2019, pp.227, 229)。

[44] Mayer (2020).
[45] 关于最新的情况：https://www.humanesociety.org/sites/default/files/docs/2020-Horrible-Hundred.pdf。
[46] Brulliard and Wan (2019).
[47] 参见 SourceWatch：https://www.sourcewatch.org/index.php/Missouri_puppy_mills。
[48] Holman (2020).
[49] Municipal Code of Chicago, § 4-384-015 (2014).
[50] *Part Pet Shop v. City of Chicago*, 872 F.3d 495 (7th Cir. 2017).
[51] Associated Press (2020), https://apnews.com/article/8f5dada41cb7a4afc25403d4c93365f5.
[52] Spielman (2021).
[53] 参见 PAWS：https://www.paws.org/resources/puppy-mills/。
[54] 关于"动物法律保护基金"对这一问题的全面概述，以及一幅展示目前各州情况的地图，参见 https://aldf.org/issue/ag-gag/。
[55] Pachirat (2011).
[56] 参见"欧洲公约"网站对于食品安全的讨论：https://ec.europa.eu/food/sites/food/files/animals/docs/aw_european_convention_protection_animals_en.pdf。
[57] European Parliament and Council Regulation No.2008/20/EC, L47/5 (2018).
[58] 参见世界动物保护协会的"动物保护指数"(Animal Protection Index，2020)：https://api.worldanimalprotection.org/。
[59] 在本节中，我大量引用了我和已故的蕾切尔·努斯鲍姆·维歇特共同撰写的三篇文章。关于《国际捕鲸管制公约》和国际捕鲸委员会的大部分法律分析和讨论都是她的。这些文章参考了大量的法律文献，我不打算在此重述。参见 Nussbaum (Wichert) and Nussbaum (2017a)；Nussbaum (Wichert) and Nussbaum (2017b)；Nussbaum (Wichert) and Nussbaum (2019)。
[60] *Sonic Sea* (2016).
[61] 对该条约及其历史的全面描述，参见 Fitzmaurice (2017)：https://legal.

un.org/avl/pdf/ha/icrw/icrw_e.pdf。也可参见她的著作 Fitzmaurice (2015)。也可参见 Dorsey (2014)。

[62] *Whaling in the Antarctic (Australia v. Japan: New Zealand intervening)* (Int'l Ct. 2014), https://www.icj-cij.org/en/case/148.

[63] Fujise (2020).

[64] *Institute of Cetacean Research v. Sea Shepherd Conservation Society*, 725 F.3d 940 (9th Cir. 2013).

[65] 我对科津斯基因性骚扰指控而辞职的详细描述,参见 Nussbaum (2021)。

[66] Gillespie (2005, pp.218-219)(引用了新西兰驻国际捕鲸委员会代表的发言)。

[67] 参见 http://us.whales.org/issues/aboriginal-subsistence-whaling。

[68] 同上。

[69] 特别引人注目的作品是 Rebecca Giggs (2020)。吉格斯(Giggs)用她生动而热情洋溢的写作,有力地证明了鲸鱼不仅其本身很重要,而且也是一种对我们人性之深度和洞察力的检验。

[70] 然而,当时新西兰并没有完全从不列颠独立出来,而且还有其他省份很早就赋予了女性投票权。

[71] 参见我在 Nussbaum (2021) 中讨论傲慢的章节。

结 语

[1] 参见 White (2015)。他特别引用了我之前的著作 Nussbaum (2006)。

[2] 关于边沁热爱动物的一些例子,参见第 3 章。

[3] 我在 Nussbaum (2018a) 的最后一章更详细地讨论了这种情感。

[4] Rott (2021).

[5] Harvey (2021).

[6] Animal Legal Defense Fund (2021), https://aldf.org/article/animals-recognized-as-legal-persons-for-the-first-time-in-u-s-court/。关于判决意见,参见 *Community of Hippopotamuses Living in the Magdalena River v. Ministerio de Ambiente y Desarrollo Sostenible*, 1:21MC00023 (S.D.Ohio 2021)。

[7] 正如第 12 章所讨论的,印度法院自 2000 年(在喀拉拉邦)和 2014

年（在全国）就赋予动物以人格地位。阿根廷一位法官在 2016 年裁定，黑猩猩锡西利亚是一个有法律地位的人格体，根据裁决将其转移到巴西的一个收容所，参见 Samuels (2016)。巴基斯坦的一头大象卡万在 2020 年赢得了转移到柬埔寨一处收容所的权利，他也被赋予了人格和地位。他的故事是最近上映的纪录片《雪儿和最孤独的大象》的主题，该片记录了演员雪儿以及各种动物福利团体在他获释过程中起到的作用。非人类权利项目称（通过电子邮件），这些（以及来自哥伦比亚的一些新闻）是迄今为止所有承认动物有人格的例子。

[8] Osborne (2021).
[9] Levenson (2021).
[10] Carrington (2020).

参考文献

Ackerman, Jennifer. 2016. *The Genius of Birds*. New York: Penguin Books.

———. 2020. *The Bird Way: A New Look at How Birds Talk, Work, Play, Parent, and Think*. New York: Penguin Press.

Aguirre, Jessica Camille. 2019. "Australia Is Deadly Serious About Killing Millions of Cats." *New York Times*, April 25.

Akhtar, Aysha. 2015. "The Flaws and Human Harms of Animal Experimentation." *Cambridge Quarterly of Healthcare Ethics* 24, no. 4: 407–419.

Alter, Robert. 2004. *The Five Books of Moses: A Translation with Commentary*. New York: W. W. Norton.

American Anti-Vivisection Society v. United States Department of Agriculture, 946 F.3d 615 (D.C. Cir. 2020).

Amos, Jonathan. 2015. "Knut Polar Bear Death Riddle Solved." BBC News, August 27.

Angier, Natalie. 2021. "What Has Four Legs, a Trunk and a Behavioral Database?" *New York Times*, June 4.

Animal Legal Defense Fund. 2021. "Animals Recognized as Legal Persons for the First Time in U.S. Court." October 20. https://aldf.org/article/animals-recognized-as-legal-persons-for-the-first-time-in-u-s-court/.

Animal Legal Defense Fund v. Espy, 23 F.3d 496 (D.C. Cir. 1994).

Animal Legal Defense Fund v. Glickman, 154 F.3d 426 (D.C. Cir. 1998).

Animal Welfare Act (AWA), 7 U.S.C. § 2131 et seq (1966).

Associated Press. 2020. "Iowa AG: Groups Involved in Puppy-Laundering Ring to Disband." March 25. https://apnews.com/article/8f5dada41cb7a4afc25403d4c93365f5.

Balcombe, Jonathan. 2016. *What a Fish Knows: The Inner Lives of Our Underwater Cousins*. New York: Scientific American/Farrar, Straus and Giroux.

Batson, C. Daniel. 2011. *Altruism in Humans*. New York: Oxford University Press.

Beam, Christopher. 2009. "Get This Rat a Lawyer!" *Slate*, September 14.

Beauchamp, Tom L., and David DeGrazia. 2020. *Principles of Animal Research Ethics*. New York: Oxford University Press.

Bekoff, Marc. 2008. *The Emotional Lives of Animals: A Leading Scientist Explores Animal Joy, Sorrow, and Empathy—and Why They Matter*. San Francisco: New World Library.

Bendik-Keymer, Jeremy. 2017. "The Reasonableness of Wonder." *Journal of Human Development and Capabilities* 18, no. 3: 337–355.

———. 2021a. "Beneficial Relations Between Species and the Moral Responsibility of Wondering." *Environmental Politics* 30. https://doi.org/10.1080/09644016.202 0.1868818.

———. 2021b. "The Other Species Capability and the Power of Wonder." *Journal of Human Development and Capabilities* 22, no. 1: 154–179. https://doi.org/10.1080/19452829.2020.1869191.

Benhabib, Seyla. 1995. "Cultural Complexity, Moral Independence, and the Global Dialogical Community." In *Women, Culture and Development*, edited by Martha C. Nussbaum and Jonathan Glover. Oxford, UK: Oxford University Press.

Bentham, Jeremy. (1780) 1948. *An Introduction to the Principles of Morals and Legisla-tion*. Reprint, New York: Hafner.

———. 2013. *Not Paul, but Jesus*. Project Gutenberg. https://www.gutenberg.org/ebooks/42984.

Berger, Karen. 2020. "Snorkeling and Diving with Dolphins in Eilat, Israel."

BucketTripper. February 25. https://www.buckettripper.com/snorkeling-and-diving-with-dolphins-in-eilat-israel/.

Bever, Lindsey. 2019. "A Trail Runner Survived a Life-or-Death 'Wrestling Match' with a Mountain Lion. Here's His Story." *Washington Post*, February 15.

BirdLife International. 2017. "10 Amazing Birds That Have Gone Extinct." January 24. https://www.birdlife.org/news/2017/01/24/10-amazing-birds-have-gone-extinct/.

Botkin, Daniel B. 1996. "Adjusting Law to Nature's Discordant Harmonies." *Duke En-vironmental Law & Policy Forum* 7: 25–38.

Bradshaw, Karen. 2020. *Wildlife as Property Owners: A New Conception of Animal Rights*. Chicago: University of Chicago Press.

Braithwaite, Victoria. 2010. *Do Fish Feel Pain?* New York: Oxford University Press.

Brink, David O. 2013. *Mill's Progressive Principles*. Oxford, UK: Clarendon Press.

Brulliard, Karin. 2018. "A Judge Just Raised Deep Questions About Chimpanzees' Legal Rights." *Washington Post*, May 9.

Brulliard, Karin, and William Wan. 2019. "Caged Raccoons Drooled in 100-Degree Heat. But Federal Enforcement Has Faded." *Washington Post*, August 22.

Burgess-Jackson, Keith. 1998. "Doing Right by Our Animal Companions." *The Journal of Ethics* 2: 159–185.

Burkert, Walter. 1966. "Greek Tragedy and Sacrificial Ritual." *Greek, Roman and Byzantine Studies* 7: 87–121.

Campos Boralevi, Lea. 1984. *Bentham and the Oppressed*. Berlin: Walter de Gruyter.

Carrington, Damian. 2020. "No-Kill, Lab-Grown Meat to Go on Sale for First Time." *Guardian*, December 1.

Cetacean Community v. Bush, 386 F.3d. 1169 (9th Cir. 2004).

Chicago Zoological Society. 2021. "Media Statement: Update on Amur Tiger's Second Surgery at Brookfield Zoo." February 1. https://www.czs.org/Chicago-Zoo logical-Society/About/Press-room/2021-Press-Releases/Update-on-Amur-Tiger's-Second-Surgery-at-Brookfield.

Colb, Sherry F. 2013. *Mind If I Order the Cheeseburger?: And Other Questions People Ask Vegans*. New York: Lantern Books.

Cole, David. 2014. "Our Nudge in Chief." *The Atlantic*, May.

Comay del Junco, Elena. 2020. "Aristotle's Cosmological Ethics," PhD diss. Chicago: University of Chicago.

Community of Hippopotamuses Living in the Magdalena River v. Ministerio de Ambiente y Desarrollo Sostenible, 1:21MC00023 (S.D. Ohio 2021).

Connor, Michael. 2021. "Progress, Change and Opportunity: Managing Wild Horses on the Public Lands." The Hill, March 12.

Cowperthwaite, Gabriela, dir. 2013. *Blackfish*. CNN Films.

Crawley, William. 2006. "Peter Singer Defends Animal Experimentation." BBC, November 26.

Damasio, Antonio. 1994. *Descartes' Error: Emotion, Reason and the Human Brain*. New York: G. P. Putnam's Sons.

D'Amato, Anthony, and Sudhir K. Chopra. 1991. "Whales: Their Emerging Right to Life." *The American Journal of International Law* 85, no. 1: 21–62.

Dawkins, Marian Stamp. 2012. *Why Animals Matter: Animal Consciousness, Animal Welfare, and Human Well-Being*. New York: Oxford University Press.

de Lazari-Radek, Katarzyna and Peter Singer. 2014. *The Point of View of the Universe: Sidgwick and Contemporary Ethics*. New York: Oxford University Press.

Delon, Nicolas. 2021. "Animal Capabilities and Freedom in the City." *Journal of Human Development and Capabilities* 22, no. 1: 131–153. https://doi.org/10.1080/19452829.2020.1869190.

Devlin, Patrick. 1959. *The Enforcement of Morals*. Oxford, UK: Oxford University Press.

de Waal, Frans. 1989. *Peacemaking Among Primates*. Cambridge, MA: Harvard University Press.

———. 1996. *Good Natured: The Origins of Right and Wrong in Humans and Other Animals*. Cambridge, MA: Harvard University Press.

———. 2006. *Primates and Philosophers: How Morality Evolved*. Princeton, NJ: Princeton University Press.

———. 2019. *Mama's Last Hug: Animal Emotions and What They Tell Us About Ourselves*. New York: W. W. Norton.

Dickens, Charles. (1854) 2021. *Hard Times*. Project Gutenberg. https://www.gutenberg.org/ebooks/786.

Donaldson, Sue, and Will Kymlicka. 2011. *Zoopolis: A Political Theory of Animal Rights*. Oxford, UK: Oxford University Press.

Dorsey, Kurkpatrick. 2014. *Whales and Nations: Environmental Diplomacy on the High Seas*. Seattle: University of Washington Press.

Dworkin, Gerald. 1988. *The Theory and Practice of Autonomy*. Cambridge, UK: Cambridge University Press.

Elk Grove Unified School District v. Newdow, 542 U.S.1 (2004).

Elster, Jon. 1983. *Sour Grapes: Studies in the Subversion of Rationality*. Cambridge, UK: Cambridge University Press.

Emery, Nathan. 2016. *Bird Brain: An Exploration of Avian Intelligence*. Princeton, NJ: Princeton University Press.

Endangered Species Act (ESA), 16 U.S.C. § 1531 et seq (1973).

European Parliament and Council, Regulation No. 2008/20/EC, L47/5 (2018).

Favre, David. 2000. "Equitable Self-Ownership for Animals." *Duke Law Journal* 50: 473–502.

———. 2010. "Living Property: A New Status for Animals Within the Legal System." *Marquette Law Review* 93: 1021–1070.

Feingold, Lindsey. 2019. "Big Cities, Bright Lights and up to 1 Billion Bird Collisions." NPR, April 7.

Fischer, John Martin. 1993. *The Metaphysics of Death*. Palo Alto, CA: Stanford University Press.

———. 2019. *Death, Immortality, and Meaning in Life*. New York: Oxford University Press.

Fitzmaurice, Malgosia. 2015. *Whaling and International Law*. Cambridge, UK: Cambridge University Press.

———. 2017. "International Convention for the Regulation of Whaling." United Nations Audiovisual Library of International Law. https://legal.un.org/avl/

pdf/ha/icrw/icrw_e.pdf.

Francione, Gary L. 2008. *Animals as Persons: Essays on the Abolition of Animal Exploitation*. New York: Columbia University Press.

Francione, Gary L., and Anna Charlton. 2015. *Animal Rights: The Abolitionist Approach*. New York: Exempla Press.

Friedman, Lisa. 2021. "Trump Administration, in Parting Gift to Industry, Reverses Bird Protections," *New York Times*, January 5.

Friedman, Lisa, and Catrin Einhorn. 2021. "Biden Administration Restores Bird Protections, Repealing Trump Rule." *New York Times*, September 29.

Fujise, Dr. Yoshihiro. 2020. "Foreword." In *Technical Reports of the Institute of Cetacean Research (TERPEP-ICR)*, no. 4, December. Tokyo: Institute of Cetacean Research (ICR).

Furley, David. 1986. "Nothing to Us?" In *The Norms of Nature*, edited by Malcom Schofield and Gisela Striker. Cambridge, UK: Cambridge University Press.

Giggs, Rebecca. 2020. *Fathoms: The World in the Whale*. New York: Simon & Schuster.

Gillespie, Alexander. 2005. *Whaling Diplomacy: Defining Issues in International Envi-ronmental Law*. Northampton, MA: Edward Elgar.

Godfrey-Smith, Peter. 2016. *Other Minds: The Octopus, the Sea, and the Deep Origins of Consciousness*. New York: Farrar, Straus and Giroux.

Gordon, Yvonne. 2020. "A Fun-Loving Dolphin Disappears into the Deep, and Ireland Fears the Worst." *Washington Post*, October 23.

Gowdy, Barbara. 1999. *The White Bone*. New York: HarperCollins.

Hare, Richard M. 1999. "Why I Am Only a Demi-Vegetarian." In *Singer and His Critics*, edited by Dale Jamieson. Hoboken, NJ: Wiley-Blackwell.

Harris, Michael Ray. 2021. "What Happy Deserves: Elephants Have Rights Too, at Least They Should." New York *Daily News*, August 30.

Harvey, Fiona. 2021. "Animals to Be Formally Recognised as Sentient Beings in UK Law." *Guardian*, May 12.

Hasan, Zoya, Aziz Z. Huq, Martha C. Nussbaum, and Vidhu Verma, eds. 2018. *The Empire of Disgust: Prejudice, Discrimination, and Policy in India and the*

U.S. New York: Oxford University Press.

Hegedus, Chris, and D. A. Pennebaker, dirs. 2016. *Unlocking the Cage*. Pennebaker Hegedus Films and HBO Documentary Films.

Hinerfeld, Daniel, and Michelle Dougherty, dirs. 2016. *Sonic Sea*. Imaginary Forces.

Holland, Breena, and Amy Linch. 2017. "Cultural Killing and Human-Animal Capability Conflict." *Journal of Human Development and Capabilities* 18, no. 3 (June): 322–336.

Hollingsworth v. Perry, 570 U.S. 693 (2013).

Holman, Gregory J. 2020. "Missouri Tops 'Horrible Hundred' Puppy Mill Report Again, but Has More Enforcement Than Some States." *Springfield News-Leader*, May 11.

Horwitz, Joshua. 2015. *War of the Whales: A True Story*. Reprint edition. New York: Simon & Schuster.

Humane Society of the United States v. Babbitt, 46 F.3d 93 (D.C. Cir. 1995).

Institute of Cetacean Research v. Sea Shepherd Conservation Society, 725 F.3d 940 (9th Cir. 2013).

James, Henry. (1897) 2021. *What Maisie Knew*. Project Gutenberg. https://www.gutenberg.org/ebooks/7118.

Japan Whaling Association v. American Cetacean Society, 478 U.S. 221 (1986).

Kahan, Dan M., and Tracey L. Meares. 2014. "When Rights Are Wrong." *Boston Review*, August 5.

Kant, Immanuel. (1788) 1955. *Critique of Practical Reason*. Translated by Mary Gregor. 2nd ed. Cambridge, UK: Cambridge University Press.

———. (1798) 1974. *Anthropology from a Pragmatic Point of View*. Translated by Mary Gregor. The Hague: Martinus Nijhoff

———. (1785) 2012. *Groundwork of the Metaphysics of Morals*. Translated by Mary Gregor and Jens Timmermann. 2nd ed. Cambridge, UK: Cambridge University Press.

Karpinski, Stanislaw, et al. 1999. "Systemic Signaling and Acclimation in Response to Excess Excitation Energy in Arabidopsis." *Science* 284, no. 5414 (April 23): 654–657.

Katz, Jon. 2004. *The New Work of Dogs: Tending to Life, Love, and Family*. New York:Random House.

Kitcher, Philip. 2015. "Experimental Animals." *Philosophy & Public Affairs* 43, no. 4 (Fall): 287–311.

Kittay, Eva. 1999. *Love's Labor: Essays on Women, Equality, and Dependency*. New York: Routledge.

Korsgaard, Christine. 1981. "The Standpoint of Practical Reason," PhD diss. Cambridge, MA: Harvard University.

———. 1996a. *Creating the Kingdom of Ends*. New York: Cambridge University Press.

———. 1996b. *The Sources of Normativity*. Cambridge, UK: Cambridge University Press.

———. 2004. "Fellow Creatures: Kantian Ethics and Our Duties to Animals." In *Tanner Lectures on Human Values*, vols. 25/26, edited by Grethe B Peterson. Salt Lake City: University of Utah Press.

———. 2006. "Morality and the Distinctiveness of Human Action." In de Waal, *Primates and Philosophers: How Morality Evolved*, edited by Stephen Macedo and Josiah Ober. Princeton, NJ: Princeton University Press.

———. 2013. "Kantian Ethics, Animals, and the Law." *Oxford Journal of Legal Studies* 33, no. 4 (Winter): 629–648.

———. 2018a. "The Claims of Animals and the Needs of Strangers: Two Cases of Imperfect Right." *Journal of Practical Ethics* 6, no. 1 (July): 19–51.

———. 2018b. *Fellow Creatures: Our Obligations to the Other Animals*. New York: Oxford University Press.

Kraut, Richard H. 2010. "What Is Intrinsic Goodness?" *Classical Philology* 105, no. 4 (October 1): 450–462.

Lazarus, Richard. 1991. *Emotion and Adaptation*. New York: Oxford University Press.

Lear, Jonathan. 2008. *Radical Hope: Ethics in the Face of Cultural Devastation*. Cambridge, MA: Harvard University Press.

Lee, Ascha. 2021. "UChicago Animal Rights Philosopher Fights for Bronx Zoo

Elephant's Freedom." WBBM, August 30.

Lee, Jadran. 2003. "Bentham on Animals," PhD diss. Chicago: University of Chicago.

Leonard, Pat. 2020. "Study: Air Pollution Laws Aimed at Human Health Also Help Birds." *Cornell Chronicle*, November 24.

Levenson, Eric. 2021. "What We Know So Far About the California Oil Spill." CNN, October 5.

Linch, Amy. 2021. "Friendship in Captivity? Plato's Lysis as a Guide to Interspecies Justice." *Journal of Human Development and Capabilities* 22, no. 1: 108–130. https:// doi.org/10.1080/19452829.2020.1865289.

"List of Migratory Birds." 50 C.F.R. 10.13 (2000). https://www.govinfo.gov/app/de tails/CFR-2000-title50-vol1/CFR-2000-title50-vol1-sec10-13.

Lujan v. Defenders of Wildlife, 504 U.S. 555 (1992).

Lupo, Lisa. 2019. "Rodent Fertility Control: What It Is and Why It's Important." Pest Control Technology, April 12.

Maestripieri, Dario, and Jill M. Mateo, eds. 2009. *Maternal Effects in Mammals*. Chicago: University of Chicago Press.

Marine Mammal Protection Act (MMPA), 16 U.S.C. § 1361 et seq (1972).

Maritain, Jacques. 1951. *Man and the State*. Chicago: University of Chicago Press.

Mayer, Jared B. 2020. "Memorandum to Martha C. Nussbaum." November 17.

McMahan, Jeff. 2002. *The Ethics of Killing: Problems at the Margins of Life*. New York: Oxford University Press.

———. 2010. "The Meat Eaters." *New York Times*. September 19.

Migratory Bird Treaty Act (MBTA), 16 U.S.C. § 703 et seq (1918).

Mill, John Stuart. 1963. *The Collected Works of John Stuart Mill*, edited by J. M. Robson. Toronto: University of Toronto Press.

Moss, Cynthia. 1988. *Elephant Memories: Thirteen Years in the Life of an Elephant Family*. Chicago: University of Chicago Press.

Municipal Code of Chicago, § 4-384-015 (2014).

Nagel, Thomas. 1979. *Mortal Questions*. Cambridge, UK: Cambridge University Press.

Nair v. Union of India, Kerala High Court, no. 155/1999, June 2000.

Narayan, Uma. 1997. *Dislocating Cultures: Identities, Traditions, and Third-World Feminism*. New York: Routledge.

National Research Council. 2013. *Workforce Needs in Veterinary Medicine*. Washington, DC: National Academies Press.

Natural Resources Defense Council, Inc. v. Pritzker, 828 F.3d 1125 (9th Cir. 2016).

Newton County Wildlife Association v. United States Forest Service, 113 F.3d 110 (8th Cir. 1997).

NineMSN. 2017. "Berlin Zoo's Baby Polar Bear Must Die: Activists" March 21. https:// web.archive.org/web/20070701010523/http://news.ninemsn.com.au/article.aspx?id=255770.

North Slope Borough v. Andrus, 486 F.Supp. 332 (D.C. Cir. 1980).

Nozick, Robert. 1974. *Anarchy, State, and Utopia*. New York: Basic Books.

Nuffield Council on Bioethics. 2005. *The Ethics of Research Involving Animals*. https:// www.nuffieldbioethics.org/assets/pdfs/The-ethics-of-research-involving-ani mals-full-report.pdf.

Nussbaum, Martha C. 1978. *Aristotle's De Motu Animalium*. Princeton, NJ: Princeton University Press.

———. 1986. *The Fragility of Goodness: Luck and Ethics in Greek Tragedy and Philosophy*. Cambridge, UK: Cambridge University Press.

———. 1994. *The Therapy of Desire: Theory and Practice in Hellenistic Ethics*. Princeton, NJ: Princeton University Press.

———. 1996. *Poetic Justice: The Literary Imagination and Public Life*. Boston: Beacon Press.

———. 2000a. "The Costs of Tragedy: Some Moral Limits of Cost-Benefit Analysis." In *Cost-Benefit Analysis: Legal, Economic and Philosophical Perspectives*, edited by Matthew D. Adler and Eric A. Posner. Chicago: University of Chicago Press.

———. 2000b. *Women and Human Development: The Capabilities Approach*. New York: Cambridge University Press.

———. 2001. *Upheavals of Thought: The Intelligence of Emotions*. New York:

Cambridge University Press.

———. 2004. *Hiding from Humanity: Disgust, Shame, and the Law*. Princeton, NJ: Princeton University Press.

———. (2004) 2005. "Mill Between Bentham and Aristotle." *Daedalus*, 60–68. Reprinted in *Economics and Happiness*, edited by Lulgino Bruni and Pier Luigi Porta. Oxford, UK: Oxford University Press, 170–183.

———. 2006. *Frontiers of Justice: Disability, Nationality, Species Membership*. Cambridge, MA: Harvard University Press.

———. 2008. "Human Dignity and Political Entitlements." In *Human Dignity and Bioethics: Essays Commissioned by the President's Council on Bioethics*. Washington, DC: President's Council on Bioethics, 351–380.

———. 2010a. *From Disgust to Humanity: Sexual Orientation and Constitutional Law*. New York: Oxford University Press.

———. 2010b. "Mill's Feminism: Liberal, Radical, and Queer." In *John Stuart Mill: Thought and Influence*, edited by Georgios Varouxakis and Paul Kelly. London: Routledge.

———. 2010c. "Response to Kraut." *Classical Philology* 105, no. 4, 463–470.

———. 2011. "Perfectionist Liberalism and Political Liberalism." *Philosophy and Public Affairs* 39, no. 1 (Winter): 3–45.

———. 2012. *Creating Capabilities: The Human Development Approach*. Cambridge, MA: Harvard University Press.

———. 2013. "The Damage of Death: Incomplete Arguments and False Consolations." In *The Metaphysics and Ethics of Death*, edited by James S. Taylor. New York: Oxford University Press.

———. 2016a. *Anger and Forgiveness: Resentment, Generosity, Justice*. New York: Oxford University Press.

———. 2016b. "Aspiration and the Capabilities List." *Journal of Human Development and Capabilities* 17: 1–8.

———. 2018a. *The Monarchy of Fear: A Philosopher Looks at Our Political Crisis*. New York: Simon & Schuster.

———. 2018b. "Why Freedom of Speech Is an Important Right and Why Animals

Should Have It." *Denver Law Review* 95, no. 4 (January): 843–855.

———. 2019. "Preface: Amartya Sen and the HDCA." *Journal of Human Development and Capabilities* 20, no. 2 (April): 124–126.

———. 2021. *Citadels of Pride: Sexual Abuse, Accountability, and Reconciliation*. New York: W. W. Norton.

Nussbaum, Martha C., and Hilary Putnam. 1992. "Changing Aristotle's Mind." In *Essays on Aristotle's De Anima*, edited by Martha C. Nussbaum and Amélie Oksenberg Rorty. Oxford, UK: Clarendon Press.

Nussbaum (Wichert), Rachel, and Martha C. Nussbaum. 2017a. "Legal Protection for Whales: Capabilities, Entitlements, and Culture." In *Animals, Race, and Multiculturalism*, edited by Luis Cordeiro Rodrigues and Les Mitchell. Cham, Switzerland: Palgrave Macmillan.

———. 2017b. "Scientific Whaling? The Scientific Research Exception and the Future of the International Whaling Commission." *Journal of Human Development and Capabilities* 18, no. 3 (October): 356–369.

———. 2019. "The Legal Status of Whales and Dolphins: From Bentham to the Capabilities Approach." In *Agency and Democracy in Development Ethics*, 259–288, edited by Lori Keleher and Stacy J. Kosko. Cambridge, UK: Cambridge University Press.

———. 2021. "Can There Be Friendship Between Human Beings and Wild Animals?" *Journal of Human Development and Capabilities* 22, no. 1 (January): 87–107.

Nuwer, Rachel. 2019. "This Songbird Is Nearly Extinct in the Wild. An International Treaty Could Help Save It—But Won't." *New York Times*, March 15.

Orlans, Barbara F., Tom L. Beauchamp, Rebecca Dresser, David B. Morton, and John P. Gluck. 1998. *The Human Use of Animals: Case Studies in Ethical Choice*. New York: Oxford University Press.

Osborne, Emily. 2021. "New Law Will Protect Illinois Birds from Deadly Building Collisions." Audubon Great Lakes, July 29.

Pachirat, Timothy. 2011. *Every Twelve Seconds: Industrial Slaughter and the*

Politics of Sight. New Haven: Yale University Press.

Palila v. Hawaii Department of Land and Natural Resources, 639 F.2d 495 (9th Cir. 1981).

Part Pet Shop v. City of Chicago, 872 F.3d 495 (7th Cir. 2017).

Pepperberg, Irene. 1999. *The Alex Studies: Cognitive and Communicative Abilities of Grey Parrots*. Cambridge, MA: Harvard University Press.

———. 2008. *Alex & Me*. New York: HarperCollins.

Piscopo, Susan. 2004. "Injuries Associated with Steeplechase Racing." *The Horse*, August 1. https://thehorse.com/16147/injuries-associated-with-steeplechase-racing/.

Pitcher, George. 1995. *The Dogs Who Came to Stay*. New York: Dutton.

Platt, John R. 2021. "I Know Why the Caged Songbird Goes Extinct." *The Revelator*, March 3.

Poole, Joyce. 1997. *Coming of Age with Elephants: A Memoir*. New York: Hyperion.

Poole, Joyce, et al. 2021. "The Elephant Ethogram." Elephant Voices, May. https://www.elephantvoices.org/elephant-ethogram.html.

Rawls, John. 1986. *Political Liberalism*. Expanded ed. New York: Columbia University Press.

"Regulations Governing Take of Migratory Birds," 50 C.F.R. 10 (2021). https://www.govinfo.gov/app/details/FR-2021-01-07/2021-00054.

Renkl, Margaret. 2021. "Think Twice Before Helping That Baby Bird You Found." *New York Times*, June 7.

Rollin, Bernard. 1995. *Farm Animal Welfare: Social, Bioethical, and Research Issues*. Ames: Iowa State University Press.

———. 2018. " 'We Always Hurt the Things We Love' —Unnoticed Abuse of Companion Animals." *Animals* 8 (September 18): 157.

Rose, James D., et al. 2013. "Can Fish Really Feel Pain?" *Fish and Fisheries* 15, no. 1 (January): 97–133.

Rott, Nathan. 2021. "Biden Moves to Make It Illegal (Again) to Accidentally Kill Migratory Birds." NPR, March 9.

Rowan, Andrew. 2015. "Ending the Use of Animals in Toxicity Studies and Risk

Evaluation." *Cambridge Quarterly of Healthcare Ethics* 24, no. 4 (October): 448–458.

Russell, W. M. S., and R. L. Burch. 2012. "Guidelines for Ethical Conduct in the Care and Use of Nonhuman Animals in Research." American Psychological Association Committee on Animal Research and Ethics, February 24.

Safina, Carl. 2015. *Beyond Words: What Animals Think and Feel*. New York: Picador.

———. 2020. *Becoming Wild: How Animal Cultures Raise Families, Create Beauty, and Achieve Peace*. New York: Henry Holt.

Samuels, Gabriel. 2016. "Chimpanzees Have Rights, Says Argentine Judge as She Orders Cecilia be Released from Zoo." *The Independent*, November 7.

Schneewind, Jerome B. 1998. *The Invention of Autonomy: A History of Modern Moral Philosophy*. New York: Cambridge University Press.

Schultz, Bart. 2004. *Henry Sidgwick: Eye of the Universe: An Intellectual Biography*. New York: Cambridge University Press.

Scott, Elizabeth S., and Ben Chen. 2019. "Fiduciary Principles in Family Law." In *Oxford Handbook of Fiduciary Law*, edited by Evan J. Criddle, Paul B. Miller, and Robert H. Sitkoff. New York: Oxford University Press.

Scruton, Roger. 1999. *On Hunting: A Short Polemic*. London: Vintage UK.

Scully, Matthew. 2002. *Dominion: The Power of Man, the Suffering of Animals, and the Call to Mercy*. New York: St. Martin's Press.

Seattle Audubon Society v. Evans, 952 F.2d 297 (9th Cir. 1991).

Sen, Amartya. 1983. *Poverty and Famines: An Essay on Entitlement and Deprivation*, Reprint ed. New York: Oxford University Press.

———. 1996. "Fertility and Coercion." *The University of Chicago Law Review* 63, no. 3: 1035–1061.

———. 2009. *The Idea of Justice*. Cambridge, MA: Harvard University Press.

Shah, Sonia. 2019. "Indian High Court Recognizes Animals as Legal Entities." *Nonhuman Rights Blog*, July 10. https://www.nonhumanrights.org/blog/punjab-haryana-animal-rights/.

Shapiro, Paul. 2007. "Pork Industry Should Phase Out Gestation Crates." *Globe*

Gazette, January 10.

Siebert, Charles. 2019a. "The Swazi 17." *New York Times Magazine*, July 14.

———. 2019b. "They Called It a 'Rescue.' But Are Elephants Really Better Off?" *New York Times*, July 9.

Sierra Club v. Morton, 405 U.S. 727 (1972).

Sidgwick, Henry. (1907) 1981. *The Methods of Ethics*. Reprint of 7th ed. London: Macmillan; Indianapolis: Hackett.

Singer, Peter. 1975. *Animal Liberation: A New Ethics for Our Treatment of Animals*. New York: HarperCollins.

———. 2011. *Practical Ethics*. Cambridge, UK: Cambridge University Press.

Smuts, Barbara. 2001. "Encounters with Animal Minds." *Journal of Consciousness Studies* 8, nos. 5–7: 293–309.

Sorabji, Richard. 1995. *Animal Minds and Human Morals: The Origins of the Western Debate*. Ithaca, NY: Cornell University Press.

Spielman, Fran. 2021. "Aldermen Vote to Close Loophole in Chicago's Puppy Mill Ordinance." *Chicago Sun-Times*, April 12.

Stevens, Blair. 2020. "Even Years After Blackfish, SeaWorld Still Has Orcas." 8forty, June%10. https://8forty.ca/2020/06/10/even-years-after-blackfish-seaworld-still-has-orcas/.

Sunstein, Cass R. 1999. "Standing for Animals." University of Chicago Law School, Public Law and Legal Theory, Working Paper No. 06.

———. 2000. "Standing for Animals (With Notes on Animal Rights) A Tribute to Kenneth L. Karst." *UCLA Law Review* 47: 1333–1368.

Swanson, Sady. 2019. "Survival Story: Colorado Runner's 'Worst Fears Confirmed' When Mountain Lion Attacked." *Coloradoan*, February 14.

Swift, Jonathan. (1726) 2005. *Gulliver's Travels*. 5th ed. Oxford, UK: Oxford University Press.

Thorpe, William. 1956. *Learning and Instinct in Animals*. Cambridge, MA: Harvard University Press.

Townley, Cynthia. 2011. "Animals as Friends." *Between the Species* 13, no. 10: 45–59.

Tye, Michael. 2016. "Are Insects Sentient? Commentary on Klein & Barron on Insect Experience." *Animal Sentience* 9, no. 5.

———. 2017. *Tense Bees and Shell-Shocked Crabs: Are Animals Conscious?* New York: Oxford University Press.

Ul Haq, Mahbub. 1990. *Human Development Report 1990*. New York: United Nations Development Programme.

United States v. Moon Lake Electric Association, 45 F.Supp.2d. 1070 (D. Colo. 1999).

Van Doren, Benjamin M., et al. 2017. "High-Intensity Urban Light Installation Dramatically Alters' Nocturnal Bird Migration." *PNAS* 114, no. 42 (October 2): 11175–11180.

Victor, Daniel. 2019. "Dead Whale Found with 88 Pounds of Plastic Inside Body in the Philippines." *New York Times*, March 18.

Walzer, Michael. 1973. "Political Action and the Problem of Dirty Hands." *Philosophy and Public Affairs* 2, no. 2: 160–180.

Watkins, Frances, and Sam Truelove. 2021. "Fungie the Dolphin 'Spotted Off Irish Coast' Six Months After Vanishing from Home." *Mirror*, April 11.

Whaling in the Antarctic (Australia v. Japan: New Zealand intervening) (Int'l Ct. 2014). https://www.icj-cij.org/en/case/148.

White, Thomas. 2007. *In Defense of Dolphins: The New Moral Frontier*. Hoboken, NJ: Wiley-Blackwell.

———. 2015. "Whales, Dolphins and Ethics: A Primer." In *Dolphin Communication & Cognition: Past, Present, Future*, edited by Denise L. Herzing and Christine M. Johnson. Cambridge, MA: MIT Press.

Whitehead, Hal, and Luke Rendell. 2015. *The Cultural Lives of Whales and Dolphins*. Chicago: University of Chicago Press.

Wild Free-Roaming Horses and Burros Act, The (WFHBA), 16 U.S.C. § 1331 et seq (1971).

Williams, Bernard. 1983. *Problems of the Self*. Cambridge, UK: Cambridge University Press.

Wise, Steven M. 2000. *Rattling the Cage: Toward Legal Rights for Animals*. New

York: Perseus Books.

Wodehouse, P. G. (1935) 2008. "Pig-Hoo-o-o-o-ey!" In *Blandings Castle*. London: Penguin.

———. (1952) 2008. *Pigs Have Wings*. New York: Random House.

Wolff, Jonathan, and Avner de-Shalit. 2007. *Disadvantage*. New York: Oxford University Press.

World Animal Protection. 2020. *World Animal Protection Index 2020*. https://api.worldanimalprotection.org/.

Zamir, Tzachi. 2007. *Ethics and the Beast: A Speciesist Argument for Animal Liberation*. Princeton, NJ: Princeton University Press.

玛莎·努斯鲍姆主要作品

Aristotle's De Motu Animalium (1978)

The Fragility of Goodness: Luck and Ethics in Greek Tragedy and Philosophy (1986)

Love's Knowledge: Essays on Philosophy and Literature (1990)

The Therapy of Desire: Theory and Practice in Hellenistic Ethics (1994)

Poetic Justice: The Literary Imagination and Public Life (1995)

Cultivating Humanity: A Classical Defense of Reform in Liberal Education (1997)

Sex and Social Justice (1999)

Women and Human Development: The Capabilities Approach (2000)

Upheavals of Thought: The Intelligence of Emotions (2001)

Hiding from Humanity: Disgust, Shame, and the Law (2004)

Frontiers of Justice: Disability, Nationality, Species Membership (2006)

The Clash Within: Democracy, Religious Violence, and India's Future (2007)

Liberty of Conscience: In Defense of America's Tradition of Religious Equality (2008)

From Disgust to Humanity: Sexual Orientation and Constitutional Law (2010)

Not for Profit: Why Democracy Needs the Humanities (2010)

Creating Capabilities: The Human Development Approach (2011)

Philosophical Interventions: Reviews 1986—2011 (2012)

The New Religious Intolerance: Overcoming the Politics of Fear in an Anxious Age (2012)

Political Emotions: Why Love Matters for Justice (2013)

Anger and Forgiveness: Resentment, Generosity, Justice (2016)

Aging Thoughtfully: Conversations about Retirement, Romance, Wrinkles, and Regret (with Saul Levmore) (2017)

The Monarchy of Fear: A Philosopher Looks at Our Political Crisis (2018)

The Cosmopolitan Tradition: A Noble but Flawed Ideal (2019)

Citadels of Pride: Sexual Abuse, Accountability, and Reconciliation (2021)

Justice for Animals: Our Collective Responsibility（2022）